時間と時計の歴史

日時計から原子時計へ

ジェームズ・ジェスパーセン
ジェーン・フィッツ＝ランドルフ

U.S. Department of Commerce,
National Institute of Standards and Technology, Monograph 155, 1999 Edition

高田誠二・盛永篤郎 訳

原書房

序　文

時間は天文学から核物理学にわたる科学のあらゆる分野で必須の要素である。私たちが毎日の生活を営む上でも、時間で働くように明確に、そして、この本で述べられている無数の方法で多くの人が気づかずに時間を利用している。本書は一般の読者を対象として、時間と時間管理、時間情報の科学的・技術的な基礎的知識について書かれている。限られたページでの理にかなった時間の解説を目標としており、時間に対して歴史家や哲学者がこれまで行ってきた研究や貢献については詳細に取りあげていない。わかりやすい科学的な時間の解説とご理解いただきたい。

以上の趣旨の第1版が出版されてから20年が経過している。出版後の20年間に、人工衛星の打ちあげが定期的に行われ、電子計算機は日用品になり、デジタルメッセージは通信衛星や光ファイバーによって日常的に国境を越え人々の社会を行きかうようになった。天文学者はブラックホールを見つけ、科学者は1個の原子や少数の原子集団を操作する技術を習得した。これらは、時間の管理と配布の方法においても、時間と空間の性質を理解するにあたっても重要な影響をもたらした。

第2版では著者は第1版に記された項目の他に多くの項目を取りあげ、新たに6つの章を加えた。また第1版で取りあげた章には少なからず加筆と修正を加えている。

私たちは当初、一般読者に多く読まれるように興味をひかれる本を企画した。本書は、私がこれまでに吟味を重ねてきた科学と技術分野における時間、時間管理、時間の利用などの概説であるが、私の多くの仲間が関心をもち、多岐にわたる項目を練りあげてくれた。時間と周波数測定技術を開発し、管理、応用する仕事は巨大な事業であるからだ。第2版では詳細な説明をあえてせずに、科学的に正しい範囲内で一般の読者が理解できるように工夫している。

本書の灰色地の「余談」ページは、各分野を詳しく知りたい読者のために書かれている。しかし「余談」を読まなくても、この本の言わんとすることはわかるだろう。

1988年に米国国立標準局（NBS）は米国国立標準技術研究所（NIST）に名称を変更したため、本書は1988年までについて書かれている箇所でNBSを使用し、以後は現在の名称NISTを使用している。

ジェームズ・ジェスパーセン

1999年3月

日本語版はじめに

時間と空間は私たちの生活舞台の構成要素である。宇宙のはじまりから時間は一方向に流れるだけで、私たちは時間を止めたり、戻したり、進めたりすることはできない。そのかわりに人は時間を利用する。古代から太陽や星を利用して時間をはかりはじめ、今では原子から出る光を使い、宇宙の年齢とほぼ同じ100億年に1秒しか狂わない原子時計を開発した。時間を正確にはかれるようになって、一般相対論の検証や宇宙の解明ができるようになってきた。正確な時間測定は、精密科学の構築やグローバル化した大容量の情報通信や交通管理にも活用され、私たちの日々の営みを支えている。

本書は時間の正確な測定法（時計開発）の歴史的発展の経路をたどり、時間、時間管理、時間情報の利用法を、高校生から一般読者までを対象として科学的・技術的にわかりやすく説明した名著である。

第1版は1977年に米国国立標準局（NBS）モノグラフ155として出版された。その後原子を冷却する技術の開発によって冷却原子を用いた原子時計が開発されたため、新たに多くの章を追加した改訂版が1999年に米国国立標準技術研究所（NIST）モノグラフ155として作られ、米国の出版社Dover Publicationsから出版された。著者のジェスパーセンはNISTの研究員で、電波天文学、情報理論が専門で精通している。共著者のフィッツ＝ランドルフは児童・若者向け書籍の書き方を指導している教育者である。

本書はこの2人の共著で書かれた一般向け科学書である。生き生きとした文体で随所に登場する物理や技術の先端を、読者が気軽に理解できる工夫がなされている。原子共鳴、レーザー冷却、一般相対性理論、ブラックホール、エントロピー、重力波、宇宙の終わり、時間の矢、カオス、不確定性、対称性の破れなどである。時間の技術的応用として、全地球測位システム（GPS)、交通管理、情報通信、制御や計測などがコンパクトに洗練されて取りあげられている。笑いを誘う漫画やさりげなく描かれているイラスト、身近な故事や警句のたとえが豊富に使われており、読者は数式を使わなくても内容を容易に理解できる。近代科学史/技術史のユニークな手引き書であり、「時間」をめぐる思索のヒントとなる文化史の側面も併せもっている。

改訂からすでに20年が経ち科学や技術がさらに進展したため、いささか古い内容もある。しかし訳注を補えば今なお一般読者の興味に十分応え得ると考え、本書の邦訳を出版した。訳していく中でみつかった原著のミスも修正してある。米国に特有の話や、引用される文学作品なども端的な注をつけ対処した。本書が日本の一般読者に、特に「時間と科学技術」に関心をもつ人にとって、座右の書となることを願っている。

盛永篤郎

2018年5月

目 次 / Contents

Ⅲ．時間の発見と管理

Ⅳ．時間の利用

Ⅴ．時間と科学技術

FROM SUNDIALS TO ATOMIC CLOCKS

Understanding Time and Frequency

Second Revised Edition

by James Jespersen and Jane Fitz-Randolph
Illustrated by John Robb and Dar Miner

First published 1999 by Dover Publications INC., Mineola, New York, USA,
this Dover edition is an unabridged republication of the work as Monograph 155, 1999 edition, by the National Institute of Standards and Technology, a division of the U.S. Department of Commerce.
This Japanese edition published 2018 by HARASHOBO, INC., Tokyo, Japan.

DEDICATION

The authors dedicate this book to the many who have contributed to humanity's understanding of the concept of time, and especially, to Andrew James Jespersen, father of one of the authors, who – as a railroad man for almost 40 years – understands better than most the need for accurate time, and who contributed substantially to one of the chapters.

Ⅰ.時間の謎

Ⅰ．時間の謎

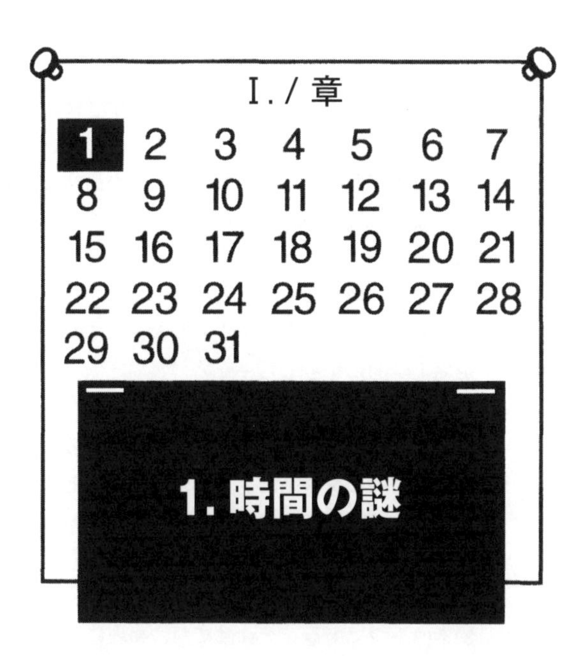

1. 時間の謎

- それは、どこにでもあるのだが、空間を占めることはない。
- それをはかることはできるが、見たり、触れたり、除いたり、箱に納めたりすることはできない。
- 誰もが知っていて、毎日利用しているが、それを定義できた人はひとりもいない。
- それを使ったり、節約したり、無駄にしたり、潰したりすることはできるけれども、壊すことはできず、変えることすらできない。それ以上のものとかそれ以下のものではない。

以上の文は、どれも時間の説明に当てはまる。ニュートン、デカルト、アインシュタインらの科学者は、何年もかけて、時間というものを研究、考察、議論し、時間を定義しようと努めたのだが、それでも満足のいく答えが出せなかったのは不思議ではない。現代の科学者たちにも同じことが言える。時間の謎は、彼らを当惑させ混乱させるが、魅了し挑ませ続けている。物理学者は得てして実用主義者であるのだけれども、時間という捉えにくい概念を追求するとどうしても哲学的に、さらには形而上学的になってしまう。

時間にかんする学術的、哲学的記述は、数多くなされてきている。しかし、時間は私たちの日頃の暮らしの中で、不可欠であり実務的な役も果たす。本書ではこの実用性を探っていく。

長さ
質量
時間
温度

時間の性質

時間は、たくさんの数学公式や物理学公式において不可欠な要素の１つである。それはまた、物理における多くの測定体系を導く基本量の１つでもある。それと並ぶべきものとしては長さ、温度および質量があるわけだが、時間は、いくつかの面で、長さ・温度・質量とは違うところがある。たとえば——

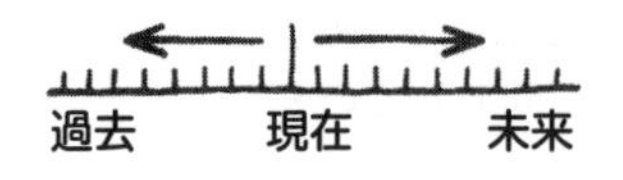

・私たちは、距離間隔を目で見ることができ、重さや温度を感知するが、時間は、どんな身体感覚を用いても認知できない。時間を見たり聞いたり感じたり嗅いだり味わったりすることはできない。私たちは、意識を通して、あるいは、時間がもたらす効果を観察することによってのみ時間を知る。

・時間は「過ぎ行き」、１つの向きにのみ動く。私たち人間はニューヨークからサンフランシスコへ、反対にサンフランシスコからニューヨークへ、いずれの場合にも「行先を目指して」旅する。他方、１エーカーの土地から取れた穀物の重さをはかる場合なら、どの１エーカーから始めてもよく、その「次に」どの１エーカーへ進んでもよいわけだ。ところが、時間を考える場合だと、言い方がどうであれ、常に今なのか、以前なのか、以後なのかをわきまえなければならない。私たちが何かすることができるのは、過去や未来ではなく「今」だけだ。

・「今」は、いつも変化する。立派なメートル尺とか、１グラムの分銅とか、温度計などは購入し、引き出しにしまい込むことも、いつなりと使うこともできる。使わない間は、1日だろうと1週間だろうと10年だろうと放っておいて、必要になったら、しまい込んだ場所から出して使えば用は足りる。ところが、「時計」という時間の「測定道具」は、「動いている」時にしか役立たない。引出しにしまい込んで忘れ「止まって」しまったなら、「再起動」し別の時計から得られる情報に従って「リセット」してやらない限り、無用のものとなる。

・友人にハガキを書いて、君のゴルフクラブの長さはいくら、君のボーリングのボールの重さはいくらと訊ねれば、遠からず彼からの返信で、所望の情報が届く。ところが、手紙を書いて「今何時」と訊ねると、彼は、正確に返信を書こうと思い立った瞬間から大いに悩むことになる。と言うのも、彼の情報は、返信を書く前から、明らかに無効つまり無用のものとなってしまうからである。

はかなく定まらない性質をもつ時間の測定は、長さ・質量・温度の測定の場合よりもずっと複雑になる。反面、現今の測定の基本単位の多くが、「時間測定」に基づくことはのちの22章で述べるとおりである。

時間とは何か？

時間は物理量である。観測でき、機械式時計、電気時計、その他の物理現象を使った時計ではかることができる。複数の辞書の定義から興味深い点が明らかになる。

・**時間**——空間とは異種の連続体であり、この連続体では、過去から現在を経て未来へ向かう明白に逆行のできない事象が起きる。この連続体の中の2点の間隔は、日の出のように規則正しく生起する事象を選び出し、次にその事象が、一定の期間に繰り返される回数を数えることにより基本的にはかられる。

American Heritage Dictionary

・**時間**——

1. ある行為、過程などが続く期間。計測された、あるいは計測可能な期間……

7. 特定な瞬間、時間、日あるいは年であって、時計または暦で表示または定められる。

Webster's New Collegiate Dictionary

時間が何であるかを定義する場合に最低限解決させないといけない問題は、時間という1つの言葉が2つの異なる概念を表すことである。1つは出来事の起こった日付、すなわち「いつ」であり、もう1つは2つの出来事の時間間隔すなわち時間の「長さ」である。これらの区別は重要で、時間測定に関係した問題の根底をなしている。それについて本書で多くのことを取り扱っていく。

日付・時間間隔・同期

ある出来事の日付は、太陽が空に昇る、また太陽をまわる地球の運動のような周期的な事象について、合意された出発点からの周期の数とその端数を数えることによって決められる。ある出来事の日付は、たとえば1961年2月13日8時35分37.27秒であるかもしれない。24時間制では、午後の2時は14時である。

（米国の航法、衛星追尾、測地学の文献では、「epoch」が時々「date（日付）」と同じ意味で使われる。しかし、「epoch」にはかなりの曖昧さがあるので、ここでは「日付」という用語を使う。その正確な意味には、曖昧さも、他のもっと一般的な用法との混乱もない。）

時間間隔は特定の日付と関連することもあるし、しないこともある。たとえば、競馬場のコースを走る馬の速さをはかる人は、馬がゲートを離れてからゴールに至る瞬間までの分、秒、秒の端数に関心がある。馬がある日のある時間に特定のコースにいなければならないなら、日付に関心がある。

いつ？
どのくらい長く？
一緒に！

時間間隔は同期において極めて重要である。それは文字どおりに「同じ時間にする」ことである。戦場において、数キロメートル離れて配置される2つの部隊が、敵を挟んで、同時刻に不意打ちをかけ襲撃するとしよう。2カ所に分かれる前にそれぞれの兵士たちは腕時計を同期する。おたがいに通信しようとする2人は、彼らの通信の日付には関心がなく、通信時間の長さにさえ関心がないかもしれない。しかし、彼らの装置が厳密に同期していなければ、彼らの通信は支障をきたすだろう。多くの精巧な電子通信システム、航法システム、そして推奨された航空機衝突回避システムは正確な日付を必要としないが、まさにその特性として極端に厳密な同期によっているのだ。

2つもしくはそれ以上の時間測定装置を同期する――それらに時間間隔を、正確にかつ同時に1000分の1秒、100万分の1秒まで精密にはからせる――ことは、電子技術にとって尽きることのない課題である。

時間を見守った古代人

いくつもの古代文明遺跡の中で際立って印象的な例として、苦心して作った、時を見守る仕掛けを挙げることができる。英国南部にあるストーンヘンジや、アイルランドのダブリンに近いニューグレンジにある4000年前の石室墓などの巨大な石造構造物は、人類学者、考古学者の何世紀にもわたる研究の対象となり、天体の動きを見守るための観測所であったことが確かめられた。文字が使われる何世紀も前から、こうした原始的な時計や暦が、地球上の各地で人々により作り出されたのである。

米大陸ではマヤ、インカ、アステカの文明圏で、苦心して暦が作り出された。いわゆる征服者コンキスタドール*は、「新世界」を探査した際、高度に発展した都市国家を見てたじろいだ。それらは「旧世界」で見聞していた都市よりもはるかに大規模で、手の込んだ建造物や寺院がすでにいくつもあったからである。そうした建造物は、しばしば精巧な暦の働きをし、宗教上の重要な祝日や穀物の種まきや、他の重要な農作業の日程を示した。すべての文明に言えることだが、時間と時刻管理は、その社会の組織に組み込まれた自然の秩序を反映しているのだ。

*メキシコ、ペルーなどを征服したスペイン人。

インカの首都クスコでは、都市自体が壮大な暦だった。都市のいたるところで、太陽までを見通せる明快な線が、主要

な行事日における日の出と日の入りの位置を指し示していたのである。後年の研究によって、スペイン人が太陽の神殿と呼んだコリカンチャから放射状に設けられた、41本の見通し線の存在が明らかにされた。

マヤ文明の古典期は2世紀から10世紀にわたるが、そこでの「日」は、日の出と日の入りとで定められ、時間の単位の基本とされていた。ただしマヤ人にとって「日」は、分割したり倍増したりするための構成要素を超えた、時間そのものであった。時間は、早朝の東の空に太陽が現れる時に始まり、西の空に太陽が沈む時消失するのだ。マヤの人々はまた、日の出・日の入りのたびに向きを反転させる周期的時間という概念をもっていた。

アステカ暦
1年＝260日
1年＝365日

現代のメキシコシティは、1325年にテスココ湖の島に築かれた古代アステカの首都テノチティトランの廃墟の上に構築されている。地下に埋もれたこの古代都市や同時代のその他の場所がのちに発掘され、アステカ人が2種の暦をもっていたこと、そして、その1つは260日をもとにするもの、もう1つは365日をもとにするものであったことが明らかになった。彼らはこれら2つの暦を組み合わせて52年の周期を作りだした。それはおそらく当時の平均寿命だったのだろう。ある周期の終わりと次の周期のはじまりは、天体の事象——夜空の特定の場所をすばる星が通過する現象——を合図とした*。この通過現象は、神が悦ばれ、次の52年の生命の周期を更新する証とされた。

* すばる（プレアデス星団）が真夜中に子午線を通過するのはメキシコでは毎年11月中旬であり、52年の周期の年はこの日に終末がくると恐れられ厳粛な儀式が行われた。

米国の平原に原住した、他の世界を知らない先住民たちでさえ、計時については苦心していた。これについては現今の科学者が徐々に証拠を見出している。特定の形に並べられた石、たとえばワイオミング北部で見られるメディスンホイール（環状列石）は、かつては宗教的な目的だけをもつと考えられていたが、現実には巨大な時計である。と言うのも、生活の中の繰り返しは宗教的な意味をもっていたからである。潮の干満や季節の移り変わりのような自然の力は、現代の私たちの暮らしを支配するのと同様、原始の人たちの暮らしをも字義どおりに支配し、当然ながら神秘の情感を誘い出し畏敬と祈りの念を呼び醒ました。天文学と時間は、明らかに人の側からの影響や「支配」を受けないし、また明らかに種族の最年長者が思い起こすことができる事柄以上に古く、人間が理解し得る何ものと比べてもほとんど「永遠のもの」であるが、両者ともあらゆる地域の古代人にとっての重大な関心事だったのである。

自然界の時計

太陽、月そして星の動きは観察しやすく、それらを意識せずにいることは難しい。しかし考えてみれば、それ以外にも私たちの周りでは——また、私たちの中にさえ——無数の周期現象が絶えず進行している。生物学者や植物学者のような生命科学者は、動物の懐胎期、穀物の成熟期から、鳥の渡りや魚の回遊の周期まで、あるいは、心拍や呼吸から雌の繁殖周期までといった生命の基本過程を調節している「体内に組み込まれた」さまざまな時計を研究している。けれども十分な理解はまだできていない。この方面の学者は「生物学的時間」について話し、たくさんの本を書いている。

地質学者もまた周期に注意を払っているが、どれも数千年、数百万年にわたる長い周期で、「地質学的時間」という観点で話し、本を書いている。他の科学者たちは、さまざまな放射性元素、たとえば炭素14の崩壊の時間を正確に求め、炭素14を含むものの年代をかなり確実に告げることができるようになった。その対象は、かつて生きていたあらゆるもの、たとえばノアの箱舟の一部分だったと思われる木片や、ミイラ化した王の遺体や、コロンブス到来以前のアメリカ先住民の農民の遺体などである。

のちの章で述べるが、レーザーが可能にした年代確定の新技術は、これまでの地球と太陽系にかんする知識に革新をもたらした。

太陽と月の追跡

最古の時間観測者たちが使った石造の構造物のいくつかは、夏の特定の日、夏至を祝うことを目的とするものであった。すなわち、日の出と日の入りとの間隔が最も長い真夏の日で、その年がうるう年に近いかどうかで、6月の21日または22日になる。地球と太陽とを組み合わせた「時計」は、数千年にわたって日々の活動を規則的に行うのに十分役立っていた。私たちの遠い祖先は、日の出と共に起きて働き、日の入りと共に仕事を終えた。彼らは正午頃に休憩し、正餐を取った。これ以上細かく時を知る必要はなかったのだ。

原始時代

ところが、その他の日があり、記念日はめぐってくるので、多くの文化圏では太陽、月および季節の繰り返しを拠り所とする暦が作り出された。

さて、時間について考える際、規則的に起きる出来事の繰り返しを根拠にするのなら、計時は基本的には、こうした繰り返しを数えあげる仕組なのだと理解できる。その場合、最も簡単で最も明解なのは、まず日を決めることで、1日を日の出から日の出まで、もっと有用なのは、正午から正午の時間間隔とすることである。なぜなら、日の出の時刻は季節で変動するのに対し、正午から正午の時間間隔は、実際の生活にはほぼ支障をきたさない範囲で常に等しいと言えるからである。

正午から正午の繰り返しを数えるには、ごく単純な道具を使えばよい。砂地に立てた棒とか、すでにある道標や樹木とかでもよいし、自分の影でさえよい。北半球ならば、影が真北を指す時あるいは影がいちばん短くなる時は、太陽が天頂にあり、時刻はちょうど正午である。半永久的な目印をつけるとか、石などをあらかじめ計画したように置くとかして、太陽の動きから日数を数えあげることができる。いくらか工夫した仕掛けを使えば、満月の回数、つまり「月」数を数えることもでき、さらに、太陽の周りを地球がまわる回数、つまり「年」数を数えることもできる。

1日をさらに短い単位に初めて分割したのは、おそらくエジプト人だっただろう。考古学者は、紀元前3500年のオベリスクと呼ばれる高くて細い構造物を調べ、その影の動きからたやすく1日の経過をたどっていたことを明らかにした。後年、もっと発達したオベリスクでは、周りに石の指標が設けられ、1日の経過を提供する一層よい手段となった。

紀元前1500年頃にはエジプト人は、もち運べる影時計つまり日時計を作り出した。それは、日の出ている時間帯を10に分割し、それ以外に朝と夕方の薄明（たそがれ）時を示す2つの時を加えたものだった。

とうの昔に新式の時計に取ってかわられてしまったにもかかわらず、見栄えのする日時計が、今なお私たちの庭や建物に飾られている。しばしば見られることだが、それらの日時計には、「影の時間」の補正のための目盛がつけられていて、季節に応じ修正をすることができる。ここで書いておくが、最も高度な日時計でさえ、処置を要する問題をいくつか抱えているのである。その1つは、日・月・年の周期が、おたがいに割り切れる関係にないことである。地球が太陽の周りを1周するには365と4分の1日を要するし、月が地球をまわるのは354日間におよそ12回である。この事実は昔の天文学者、数学者や暦作り師らにとって、いささか面倒な処置を必要とする課題であったのだ。

〈数についての余談〉——大きな区切りと小さな区切り

地質学や古生物学の専門家は、時間の話と言えば1000年ないし100万年を区切りとして考えている。彼らにしてみれば、100年など認識したり計測したりするに当たらないほど短くて無意味なのだ。反面、精巧な通信システムやナビゲーション・システムの類を設計する技術者は、1年間に1秒か2秒の狂いでもあれば、ありとあらゆる問題が出てくるから、見逃すことはできない。彼らは、1秒の1000分の1、100万分の1、10億分の1までも考える。

このように極めて小さい時間の「小片」を表現する時に使う数字は、とても桁が大きい。例を挙げれば、1秒の100万分の1が1マイクロ秒だし、1秒の10億分の1が1ナノ秒である。

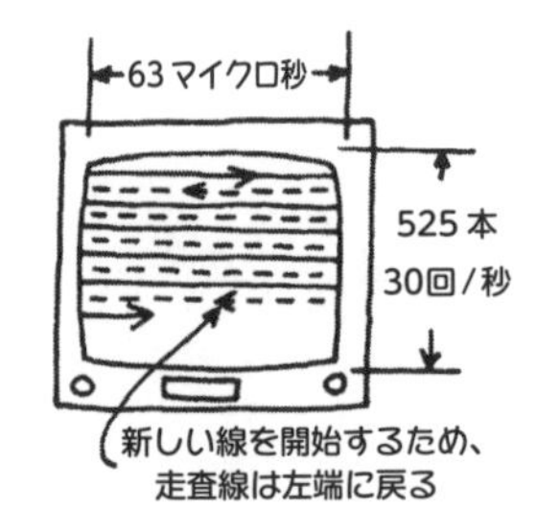

こんなに面倒な数字を数式の中で扱うのは避けたいから、一種の省略記号を使う。それは、数学者がある数を何回も掛け算する際、たとえば$2 \times 2 \times 2$と書くかわりに2^3と書いて「2の3乗」と称するのに似ている。同様に、科学者も、ごく小さい分数を100万分の1あるいは0.000001と書くかわりに、0.1を6回掛けたという意味で10^{-6}と書く。1秒の10億分の1すなわちナノ秒は、0.1を9回掛けたという意味で、10^{-9}と書く。読み方は「10のマイナス9乗」となる。

1秒の10億分の1とは、ほとんど理解しがたいほど小さい時間の小片である。それは、計測可能な長さや質量の場合の最小の区切りと比べてさらに何千分の1も小さい。ナノ秒とはどれほど小さい区切りなのか。それを具体的に考えることは難しいけれども、ヒントを得るために考えてみる。テレビジョン画面上で画像線を「トリガー」するパルスは、毎秒15 750の割合で、つまり左から右へ流れる画像線525本の線を毎秒像数30回の割合で走査し終わる。この場合、1本の線を走査する時間は63 000ナノ秒である。

1秒の100万分の1、10億分の1は、もちろん機械式の時計では決してはかれない。しかしながら現代の電子装置はそれを正確に数え、しかも使いやすく意味のある言葉で表示する。

時間を、あるいはマイクロ秒を数える計時の仕方は基本的に同じである。それは、単に数えるために、扱いやすいよう等しいグループに分ければよい。そして、時間は定常的に「直線」に沿って一方向にだけ進むので、振り子の振動、またはタイマーの時を刻む音、すなわちそれらが作る周波数をはかることは、たとえば、バケツ1杯に入った散弾の数を数えることより容易である。大きさがどうあれ、時間の「小片」は糸に通したビーズのように、1列につながっている。そして、たとえば時間の小片を10個扱おうが、あるいはマイクロ秒の小片を2000億個扱おうが、すべきことは「門」を通過した小片を数え、記憶しておくことである。

時計の「時」針は文字盤と機構のデザインしだいで1日を等しく12または24時間に分割する。「分」針は1時間を等しく60分に分割する。そして、「秒」針は分を等しく60秒に分割する。「ストップウォッチ」にはさらに細かく、秒を10分の1秒に分割する針がある。

大量にある同じものを数える時、10、12、100などを区切りにして数えると効率的にはやく数えられることが多い。同じ原理により、電子装置を使い周波数源からの時を刻む音すなわち振動数を数え、それらを加えて、その結果を望まれる任意の方法で表示することができる。たとえば、セシウムビーム原子周波数標準の9 192 631 770振動数を数えることができる装置をもつとしよう。その数に到達した各々の時間に特別な信号音を送る。すると、信号音の間隔である1秒を非常に精密に測定できる。あるいは、ずっと小さな小片、マイクロ秒が必要なら、電子分周器を1秒の100万分の1ごとにまとめて数えるように設定し、オシロスコープに表示する。

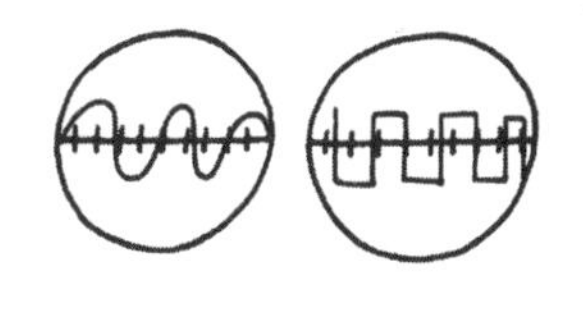

電子カウンター、分周器、乗算器は、科学者たちに必要な装置があれば、10^{11}分の1ないし2の正確さで測定された時間の非常に小さな小片を「見る」ことを可能にし、さまざまに実用される。この正確さは3000年に約1秒に相当する。日、年、世紀は、ナノ秒、マイクロ秒、秒の集積された単位にすぎない。

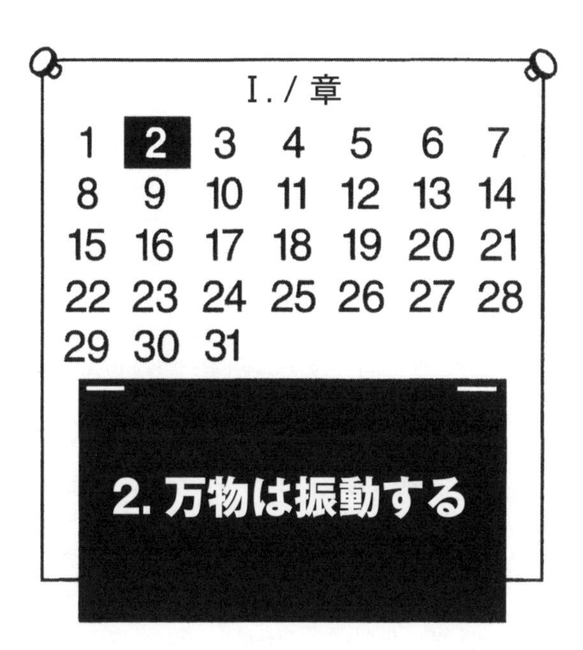

2. 万物は振動する

地球は太陽の周りをめぐり、月は地球の周りをめぐる。地球は自身の軸の周りを「自転する」。これらの運動は、地表のほとんどの点で観測、図示できる。昔の観測者たちは、この運動を誤解し、天体相互間の関係について完全に誤って理解していたことさえあったのだが、それにもかかわらず観測は、時間の経過をとらえる上で有用であったし、今も同様なのである。その「回転」は、何千年と数えられないほどの歳月にわたって信頼できる規則性を示す現象であり、それゆえに観測者たちは、季節や月食・日食その他の現象を、極めて正確に、しかも何年も前に予測することができたのである。

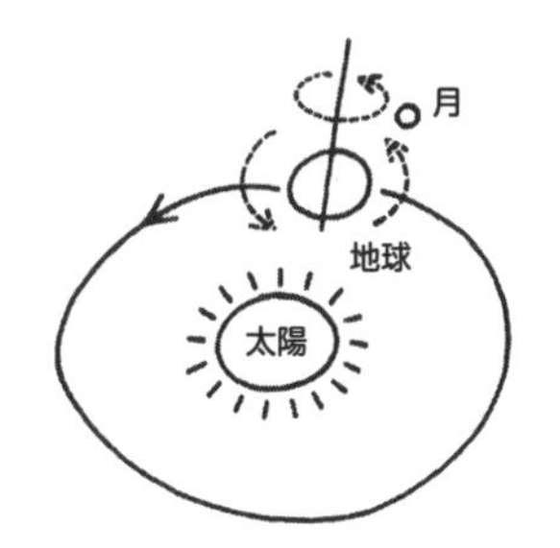

地球がその軸の周りを回転するのを私たちが観測する時、太陽が水平線を昇ってからまた沈むまでの自転の一部分、すなわち１つの弧のみで見ることができる。ところが、時間管理の面での１つのブレークスルーは、自由振動する振り子の弧のような、それとは違う弧が時間経過をとらえる上で役立つことに気づいた時成し遂げられた。さらに、その振動は調節した上で数えることもできた。振り子時計の正確さは、水時計、砂時計、ろうそくなどといったそれまでの時計道具と比べて、はるかに優れていた。のみならず振り子は、時間をそれまで計測可能

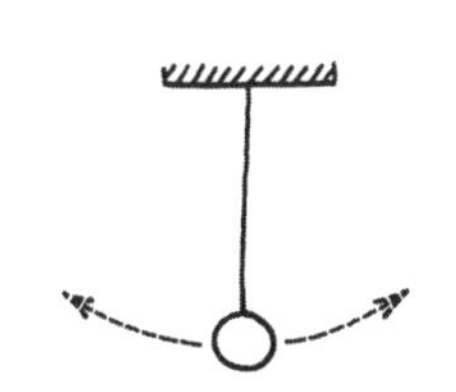

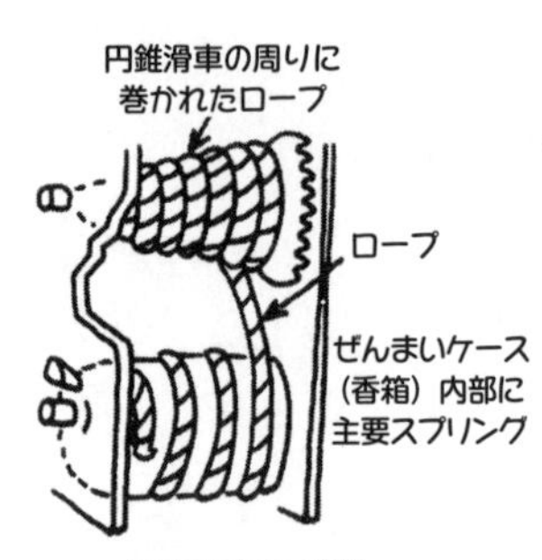

主要スプリングが
解かれるにつれ、
ぜんまいケースと円錐滑車の間の
てこの作用が変化する

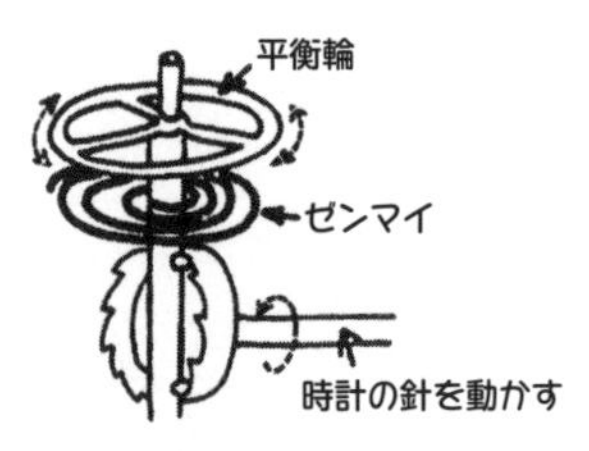

だったよりも小さく細かな量まで「切り刻む」、つまり分割することに役立った。おおよそだが、秒ないし秒以下さえはかることができた。このことは大きな進歩であった。

振り子を規則正しく振動させるという問題は、はめば歯車と「脱進機」と呼ばれるシステムで初めて解決されたが、このシステムは、振り子がひと振れするたびに軽く押す力を加えるものであって、子どものブランコを誰かが押すことで揺れ続けるのと似ている。鎖についた錘が脱進機のレバーに作用して振り子を押し続けるのだから、今も多くの家庭にあるハト時計の場合と同じだ。

その後、振り子の振れを保つための別の方法が考え出された。ある程度まで緩んだゼンマイからの「押し」作用を、目いっぱい巻かれたゼンマイからの押し作用と同じにする方法があれば、巻かれたゼンマイは所要のエネルギーを供給できるはずだ。それへの答えは「円錐滑車」という複雑な機構だったのだが、ごく短い期間しか使われなかった。

さて、ここまでくれば、時計の針をまわすピニオン歯車、またははめば歯車に、スプリングと「平衡輪」とからなるシステムをつなぎ、振り子を使わずにすませるところまで話はあと1歩となる。「振動するもの」はすべて時計の内部に納まったので場所の節約が可能となり、その結果、時計をもち運んだりそばに置いたりする時でさえ、時計を動かし続けることができるようになった。

しかし、従来の機械式時計で得られるより精密な時間計測の必要性を感じた科学者は、人間の感覚で捉えられる速さを超える速さで振動するような他の事物を探し始めた。たとえば音叉の振動が440サイクル毎秒で振動すれば、楽音の「中央のド（C）のすぐ上のラ（A）」という基準の役をする。音叉式腕時計の中の小さな音叉は、電池からの電気的パルスで駆動され、毎秒数百回の周期で振動し続ける。

交流の電気は、普通安定した60回毎秒、つまり60ヘルツ（地域により50ヘルツ）で供給される。今私たちが使っている最も一般的に信頼される時計装置がこの振動を使っているのは当然だ。各地の送電線からの電気で運転される廉価な電気式の壁掛けや卓上の置き時計は、日常的に使うのに十分な「時計」装置となっているのである。

しかし、精密な時間を使用する人たちにとっては、上述のような日常的な測定用具は、香水を小さな容器で細かくはかって売る商人が1リットルの計量カップを使うのと同じで、扱いにくくままならない。60分の1あるいは100分の1秒よりもずっとはやい振動で時間を細かく刻む時計が必要なのである。60ヘルツという一定の周波数で電気を供給する電力会社自体が、それを格段に超える速さで振動をはかることができなくてはならないのだ。

精密な時間を使用する電力会社、電話会社、ラジオ・テレビの放送局、その他多数の事業所は、これまで長い間、秒をメガヘルツすなわち100万サイクル毎秒に分割するために、電流で駆動する水晶発振器の振動を頼りにしてきた。この結晶が振動する率は、結晶が磨きあげられる厚さ――と言うより薄さ――で決まる。代表的な周波数は、2.5または5メガヘルツ（MHz）、すなわち250万または500万サイクル毎秒の振動である。

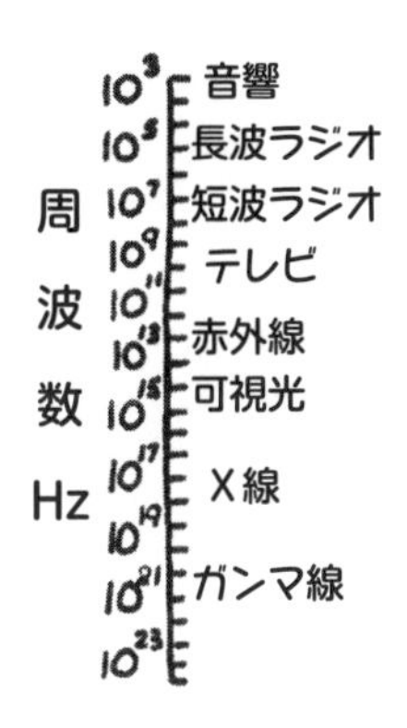

信じがたいことのように思えるかもしれないが、それよりもっとはやい振動をはかることは比較的たやすい。もっとはやい振動とは何か？　原子がそうである。化学の周期表の各元素の性質の1つに、原子が振動する、言いかえれば、共鳴が起こる特定の率がある。たとえば水素原子は、1 420 405 752サイクル毎秒（ヘルツ）の共鳴周波数をもつ。ルビジウム原子では6 834 682 608ヘルツ、セシウム原子では9 192 631 770ヘルツである。これらは、精密な時間測定の基準――テレビのネットワークの主要局や科学研究所などで維持されている「原子時計」――として最もよく用いられる原子のいくつかである。米国の海軍天文台や国立標準技術研究所（NIST）で維持されているような一次時間標準は、「原子時計」なのである。

万物は振動するが、一定の率で振動するものはどれも、時間間隔をはかるための標準として利用できるのだ。

周波数から時間を求める

空に現れる太陽――いわば「外見上の太陽」――は、1日に1回つまり1年に365回と4分の1という「周波数」で、天頂すなわち弧の最高点を通る。メトロノームは、均等な時間間隔で振れを繰り返し、音楽家がその時取り組んでいる楽曲の時間、すなわちテンポを保つことができるように手助けをする。音楽家は、メトロノームについている錘を上下させれば、「周波数」つまり速さを変えることができる。

一定に振動するものは、どれも、時間間隔の測定に使える。1日、1時間、1分あるいは1秒のような時間の単位は、何回振動するかわかっていれば、振動の回数を数え続ければよいのである。換言すれば、私たちはこれらの振動の周波数を知ってさえいれば、時間間隔をはかることができる。穴倉に閉じ込められた人は、太陽を見ることはできないけれども、自分の心臓の鼓動が1分に何回であるかを知っているなら、そして、その回数をもれなく数えること以外に何もすることがなければ、脈拍を数えることによって、経過した時間をかなり正確に記録することができる。

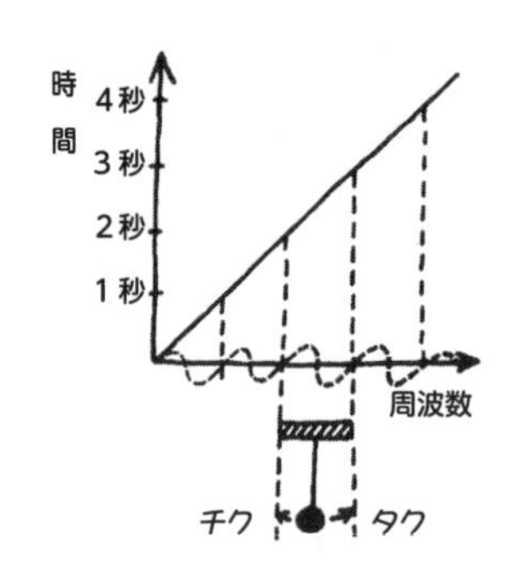

周波数という語は、一般にはやすぎて頭では数えられないような振動を表すのに使われ、1秒間当たりの振動数（サイクル）で表現され、ヘルツ（Hz）と呼ばれる。これは電波の存在を初めて立証したハインリッヒ・ヘルツの名に由来する。

振動する装置のサイクル数を漏れなく数えることができれば、私たちは、100万分の1秒だろうと10億分の1秒だろうと、少なくともその装置自体と同等な正確さで時間間隔を設定することができる。そしてその同等で微小な間隔を集めれば、任意の時間の「長さ」を秒の端数から時間まで、さらには週、月ないし世紀までもはかることができる。

現存している最も精密で正確な測定装置でさえ、振動をいつから数え始めるかという起点を設定しておかなければ、日付を知ることはできない。しかし、起点がわかっていて振動する装置を動かし続けておけば、その装置のサイクル数を数えることによって、時間間隔と日付の両方を知ることができるのだ。

時計とは？

「計時」とは、要するにサイクルを数える、すなわち時間の量である。時計とは、その計数をする道具だ。もっと厳密な定義をすれば、時計とはその計数をたゆまず続け、数えた結果を表示するものである。ただし、広い意味でなら、地球と太陽はいわば１つの時計である。それらは私たちの身近にあって、しかも最も古い時計であり、他のすべての時計の基礎をなしている。

古代の人々が地上に棒を立ててその影の動きを日の出から日の入りまで観察した時、「正午」その他の時刻に影が届く点に印をつけること——つまり日時計を作ること——は、さほど面倒ではなく、自然な一歩であった。日時計は、太陽が輝いている間は確実に時間を知らせてくれる。だが、太陽が輝いていなければ、何の役にも立たない。そこで人々は、太陽を用いた測定の合間を補間するために時計と呼ばれる機械的な装置を作った。太陽をいわゆる「マスター時計」として時間の第１次目盛とし、それをもとに第２次の機械時計を校正し調整したのである。

初期の時計に、水や砂の流れを利用して時の経過をはかったものがあったものの、最も有用だったのは、振り子または平衡輪の振動を数える時計であった。最近では電流で駆動する水晶振動子の振動を数えるものや、ルビジウム、セシウムのような選ばれた元素の原子の共鳴を数えるものなど、正確な時計が計時の歴史に登場し発展を見せた。こうした時計を「読む」には、「地球・太陽」時計のゆっくりした24時間周期の場合とは対照的に、毎秒何百万ないし何十億という周期を数えなければならない。原子時計について言えば、その計数には高性能な装置が必要になる。とは言うものの、所要の装置があれば、原子時計は「地球・太陽」時計を読むよりはるかに容易であり、ずっと短時間で、しかも何千倍かの精密さで読むことができるのである。

腕時計で使われる水晶振動子を納めた金属容器

振動するだけという機構——たとえば、振り子はついていても針や文字盤を備えていない機構——は、厳密に言えば、時計ではない。振動は、計数しないかぎり無意味で使用目的が定まらない。その他に、いつから計数を始めるのかという何らかの根拠を設けてやって初めて、計数値は意味をもつのである。別の言葉で言うと、計数の経過を具体的に表す「針」を組み込み、振動を数え、その積算値を読み取るのに役立つ数字つきの文字盤の上でこれらの針を働かせてやることをしない限り、有用な装置を仕上げたとは言えないのである。

見慣れた12時間制の文字盤は、私たちの目的とする形に振動数をまとめる最も一般的なものである。時、分、秒という時間間隔を、最大12時間まではかるにはまことに都合がよい。それほど見慣れないが、24時間制の文字盤は、最大24時間までの時間間隔をはかるのに役立つ。ただし、どちらも日、月あるいは年については、何も知らせてくれないのだ。

地球・太陽時計

すでにご存知のとおり、地球は自転し太陽の周りを公転することによって、1個の時計の構成要素としての働きをする。それは実にすばらしい時計であって、私たちは、それなしには暮らしていけないだろう。この時計は、今日の科学社会が機能するのに必要なこの上もなく厳密な要件の多くを満たしてくれるのである。

利用性

・それは、普遍的な利用が可能である。地上のほとんどすべての場所で、誰もが、たやすく読み取って利用することができる。

信頼性

・それは、信頼できる。人工の時計では起こり得る、止まったり、「数え落と」したりするようなことが、全く予想されない。

安定性

・総合的な安定性がある。その時間の尺度をもとに、科学者は地上のあらゆる地点での、日の出、日の入りの時・分・秒の値をはじめ、太陽や月の食といった時間がらみの事象を何百年、何千年先のことまで予測できる。

それのみならず、運用するために誰も費用を払う必要はない。「誰の」太陽が公式かの国際的な意見の相違などもあり得ないし、管理や調整をする責務もない。

とはいえ、この古代の崇敬すべき時計装置にも限界があった。計時のための装置が改善され普及するにつれて、また地球と宇宙の研究の進展と共に、古代の観測者が築きあげた知識や観測

原始時代

B.C. JOHNNY HART AND FIELD ENTERPRISES, INC. の許可で転載

値への追補がなされるにつれて、古くから一般的に知られていた現象、または少なくとも疑問視されつつ信じられてきた現象について、より精密な計測ができるようになった。その結果、地球・太陽時計は、より精密な標準に照らせば、十分安定した時計装置とは言えないという事実が明らかになった。

・太陽をまわる地球の軌道は完全な円ではなくて楕円だから、地球は太陽から離れている時よりも、近くにある時のほうがはやく進む。
・地球の回転軸は、地球が太陽をまわる軌道を含む平面に対して傾いている。
・地球は回転軸の周りを不規則な速さで自転する。
・地軸はふらついている。

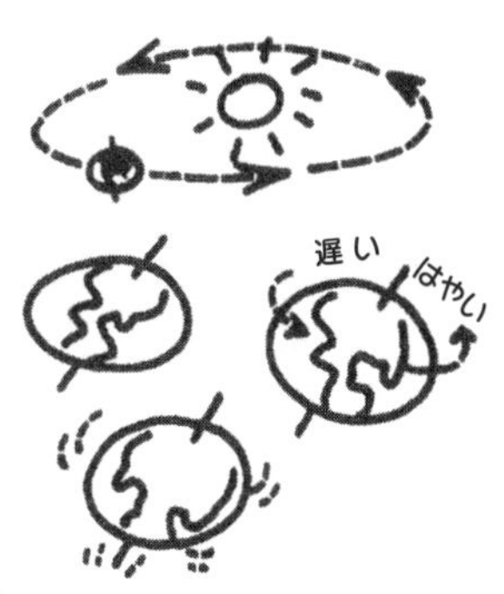

こうした理由のどれからも言えることだが、地球・太陽時計は正確ではない。上記の最初の２項だけで、日時計ではかった１日の長さは、計算で今日わかっているとおり、２月と 11 月におよそ 15 分も違ってしまう。これらの影響は予知できるから、深刻な問題にはならない。しかし、重要で予知不可能な変化もある。

太陽時間に必要な「補正」を施すべく短い時間間隔をはかるためには、時計のほうが徐々に地球・太陽の時計よりも安定性があり精密なものになってきた。機械式または電気式の時計は、次第に一般的なもの、信頼できるもの、そして使いやすいものとなり、ほぼすべての人が、時間を知るためにこうした時計装置を見て、マスター時計としての地球・太陽時計を忘れるようになった。人々は、今が何時かを知るために日の出を見るのではなく、太陽が昇る時間を知るために時計を見ることになったのだ。

原始時代

B.C. JOHNNY HART AND FIELD ENTERPRISES, INC. の許可で転載

時間のメートル尺

風呂場の体重計は、トラック1台分の砂の目方をはかるには役立たないし、手紙に貼る切手の枚数を知るためにも全く役立たない。メートル尺は、1000メートル、1万メートルはさておいて、何センチメートルかをはかるのには最適だけれども、眼鏡レンズの厚さを正確にはかるのには適していない。

さらに、私たちが直径5/16インチ、長さ8と3/16インチのボルトを注文した場合、販売者がメートル尺しかもっていないとすれば、彼は、注文に応えるためには多少の計算をしなければならない。売り手と買い手の尺度が異なっているのだ。長さや質量は、あらかじめ望まれる量に区切っておくことができる。ある大きさは、他の大きさより取り扱いやすく、一般的な使用に向いていた。重要な点は、計測にかかわる誰もが、使われている尺度に同意していることである。さもないと、ジュース販売機ではかったトマトジュース1リットルと、石油会社ではかったガソリン1リットルとは、量が異なるかもしれないのだ。

それらと同様に、時間も目盛ではかれる。実用的な判断に従い、地球の自転と地球の公転とで定められた既存の尺度を基盤として、そこから他の目盛を導き出すのである。

標準とは何か？

測定において重要なのは、どの尺度を用いるか、また、その尺度の基本単位はどう定義するべきかを、厳格に、一般的な合意として成り立たせておくことである。換言すれば、標準にかんする合意を基とし、それとの比較を通じて、他のあらゆる測定および演算がなされることが必要なのだ。米国では、長さをはかるための標準単位はメートルである。質量の測定のための基本単位はキログラムである。

時間の測定の基本的な単位は秒である。秒は、必ず60倍すれば分となり、3600倍すれば時となる。日の長さも、年の長ささえも、時間の基本単位、秒ではかる。1秒より短い時間間隔は、10分の1、100分の1、1000分の1秒ではかり、さらに10億分の1秒あるいはもっと小さい単位とさえなる。

測定の基本単位は、それぞれ国際的な合意のもとに、極めて厳格かつ明快に定義されている。各国は、国民誰もが標準単位を利用できるように政府機関を指導している。米国では、商務省に属するメリーランド州ゲイザースバーグを拠点とする国立標準技術研究所（NIST）が、商取引きに使用する計測器を検査するのに必要な多数の測定標準の最終校正のための1次標準器を提供している*。それらは、薬剤店や食品店の量り、ガソリンをポンプで車に入れる時のメーター、そのガソリンのオクタン価、宝石や歯科治療に使う金の純度、自動車や子どもの三輪車の部品に使われる鋼材の強さをはじめ、日々の暮らしの安全、効率、快適さにかかわる、数えきれないほど多数の項目にわたる。

*日本では秒を含む単位の標準は産業技術総合研究所計量標準総合センター（NMIJ)、時刻・周波数は情報通信研究機構（NICT）が提供している。

国立標準技術研究所はまた、秒――時間間隔の標準単位――が時間の多くの使用者にどこでも利用できるようにする役目を担っている。陸上にいる人々に限らず、海上の船、空の航空機から宇宙空間のロケットに乗っている人々にまで及ぶ。それは途方もない難題なのだ。なぜなら秒は、キログラムとは違って封筒や箱に入れて送ることもできず、のちに参照すればよいのだからと棚に載せておくわけにもいかず、一刻一刻、休みなく供給しなければならないし、日付を知るためには数え続けることさえ必要なのだから。

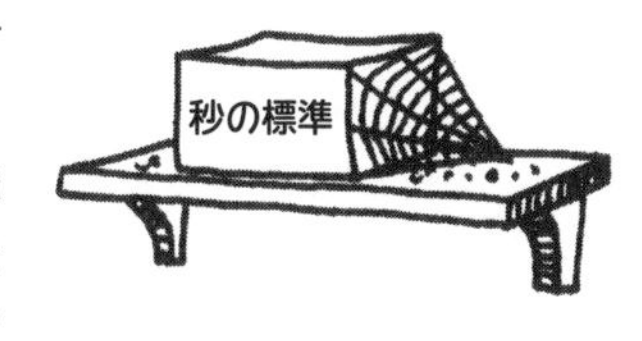

時間は位置を教える

精密な時間情報が必要な理由として、古くから、しかも今日なお広く重要であるものを1つ挙げるとすれば、それは、現在地を知るためである。海上の船舶や空の航空機、小さな娯楽用ボートや自家用飛行機で航行する人たちは、現在地や航路を地図に表すために、絶えず時間情報に頼っている。そのことをなんとなく知っている人は多いが、その仕組を理解している人はわずかである。

古代の人たちは、ずっと以前から太陽と星が旅の助けになることを、とりわけ見慣れた「道しるべ」などない水路ではそうであることをよく知っていた。草分けの探検家や冒険家で、北半球を移動する人たちは、北方の夜空に現れて静止した星、北極星を知っているという点で、特段に幸運だった。それは、他の星とは違い、天空を回転することはなく、つまり地球に対する位置を変えることがない。

古代の旅行者たちは、北を目指して進むにつれ北極星が少しずつ高く見えるようになることも知っていた。そこで航海士は、地平線からの角度で北極星の高さをはかることができ、北極までの距離を、また逆に赤道からの距離を知ることができた。この高さは、六分儀と呼ばれる測定器で正確に測定できた。その際に得られるのは緯度であって、数値は、赤道の緯度0度から、北極の緯度90度までとなる。

ところが、東西方向の距離測定と航路作成は、地球の自転のためにより複雑な問題であった。しかし、ここでも問題の中に解決の鍵が用意されていた。

東西方向の測定のために、地表は経度の線すなわち子午線で分割されている。地表の全周は経度360度に等しく、経線はすべて北極および南極で交わる。国際的な合意によって、英国のグリニッジを通る経線がゼロ子午線と定められており、経度はこのゼロ子午線から東西へ向かって増し、ゼロ子午線から見て地表のちょうど裏側に当たる両方が180度となる位置で終わるのである。

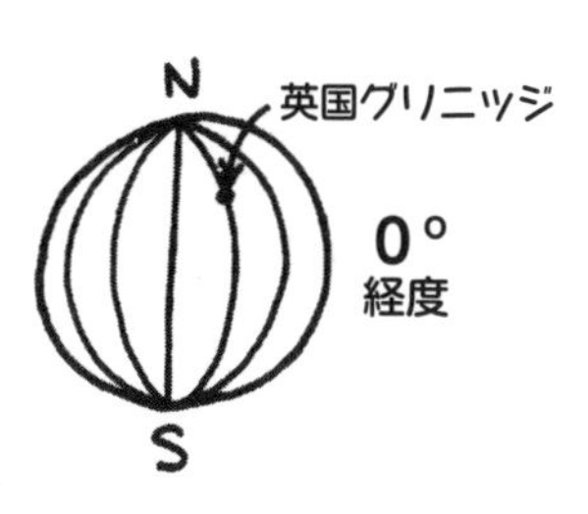

地上の任意の点で、太陽は東から西へ、1時間に15度つまり4分に1度の割合で天空を移動する。そこで、もしも航海者が極めて正確な時計を——それもグリニッジつまりゼロ子午線における時刻を極めて正確に知らせてくれるような時計を——船上で所持しているとすれば、何の苦もなく経度の値を知ることができるのである。今いる地点での時刻のほうは、太陽を見ればすぐわかる。グリニッジ時刻を示す時計と、今いる地点で太陽を見て求めた時刻が4分だけ違うとすれば、船は今、グリニッジから経度1度だけ離れた地点にいることになる。

夜なら、2個以上の星の位置を観測して、自分の地点を知ることができる。その方法は、北極星から緯度を求めるのと似ている。違いと言えば、北極星は天空の1点に留まっているのに、他の星は北極星の周りの円軌道上を動くように見えるという点である。そのため、航海者は、現在地を知るために時刻を知らなければならない。時刻は知らなくても、北極星の周りを「動いていく」星から星に対する自分の位置を読み出すことはできるのだが、彼らは自分たちが地球上のどこにいるのか全くわからない。航海図を見れば、年間のどの季節についても、任意の時刻での星の位置がわかる。したがって、時刻を知っているなら、2つ以上の星に着目しそれらを航海図で読み出すことで今どこにいるのかわかるのである。

原理は図に示したとおりである。どの星についても、その星がちょうど観測者の頭上にくる地表面上の点が存在する。図では、星#1に対してA点、星#2に対してB点である。点Oにいる旅行者は、星#1を、頭上方向とはいくらかずれた角度で見る。しかし、図が示すように、破線の円の上にいる旅行者は、星#1を見る時、同じ角度で見るのである。また、星#2を見る時、旅行者は別の灰色の線の円の上にいる。それで、旅行者の位置は、灰色の円と黒色破線の円の2つの交点のどちらかだということになる。

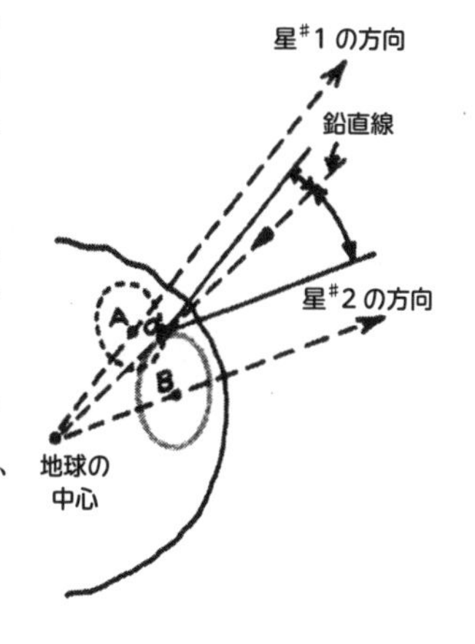

正しい交点を選択するには、第3の星を見ればよい。ただし多くの場合、自分の位置については、少なくともある程度の予

想がついているので、追加の観測はしなくても正しい交点を選ぶことができる。

以上のとおり、理論は簡単だ。だが、200年ほど前まで、海上で正確に計時できる時計を作れる人がいなかったということが深刻な問題だったのだ。

船酔いしない時計を作る

海図のない大海原を何千海里も探検した数世紀の間、航海機器の高度化は緊急なものとなった。造船技術は進歩し、商業上——のみならず軍事上——巨大で強力な船舶を建造する重要性が高まった。しかしそれと並行して、値もつかぬほど貴重な財貨を載せた船が、嵐によって航路を外れて海上で迷い、船乗りたちは自分の居場所もわからず、安全な港への航路を海図でたどることも不可能なことがよく起きた。

航海者たちはかねてから、水平線と北極星とがなす角度をはかって赤道以北では緯度を読み取ることができた。けれども、東西の航法と言えば、ほとんど「推測航法」に近かった。英国のグリニッジ時刻を告げてくれる時計が船に搭載されさえすれば、今自分のいる地点がゼロ経線から東西どれだけの位置にあるのかを、たやすく知ることができたのだが。

正確で信頼できる時計を船に積むことがこんなにも緊急の課題となってきたので、発明家たちは、もっともっとよい時計を作り出そうと力を尽くした。振り子時計は、それまで作られた時計装置に対して革新的であり、大きな進歩であった。だが、

荒れる海
温度
潮しぶき

海では全く無用だったのだ。船の縦揺れ横揺れで、振り子が機能しなくなってしまったのである。

1713年、英国政府は、経度を2分の1度の精度で測定するのに役立つクロノメーターの製作に、2万ポンドの賞金を用意した。この魅力ある賞を狙った多数の職人のひとりだった英国の時計師、ジョン・ハリソンはこの設計条件に見合うよう、40年以上も工夫を続けた。海の揺れ、デリケートな金属スプリングの膨張・収縮を起こす気温変化、さらに、船上のすべてのものを腐食させる塩水のしぶきに対処するために新技法を編み出していくにつれ、試作品はその都度、わずかにもせよ希望に値するものとなってきた。

そして遂に、ハリソン自身としてはほぼ申し分ないと考えてよいようなクロノメーターが完成したのだが、時の政府の委員会は見本とするために、最初のものと同じ2号機ができるまで、試運転を延期した。1761年になってようやく、ハリソンの息子ウィリアムがテストをするためジャマイカへの航海に派遣された。激しい嵐が何日も続き船が航路からひどく外れたにもかかわらず、クロノメーターは、数カ月を超える期間中の時刻遅れを1分以内に収め、経度誤差を18分以内、すなわち3分の1度以内という驚異的な正確さではかることができた。ハリソンは、2万ポンドの賞金を請求した。その一部をすでに受け取っていたのだが、残りは翌年から翌々年にかけて段階的に支払われた。ハリソンが亡くなったのはその3年後であった。

ハリソンが、彼にふさわしい賞金を受け取るのに難儀した理由は、技術的というよりはむしろ政治的なものであった。彼がクロノメーターの改良をしていた頃、天文学者たちは、依然として経度問題の天文学的な解決にこだわり続けていた。彼らのアイデアは、ハリソンのクロノメーターのかわりに、天空の「時計」を利用するというものであった。そもそもこのアイデアの由来は1530年にまでさかのぼるというほど古くて、発想は単純なのだが、実際には当時の天文学者たちの測定技量をはるかに超えていた。その手法を理解するために、1610年のガリレオ・ガリレイによるある提案を述べておきたい。

ガリレオは、当時新しく発明された望遠鏡を天空に向けた最初の人だった。彼が観察した胸躍る事実の中には、木星の4個の月の発見が含まれていた。彼一流の几帳面な取り組み方天空の時計...
長々しい計算

ハリソンの時計...
比較的簡単な計算

で、ガリレオは4つの月の軌道を求め、やがては丸い木星の後ろに月が隠される――すなわち「食」が起きる――時刻を予測できるようになった。こうして、天空の時計の有力な鍵がみつかった。ガリレオは、木星の衛星の食が起きる時刻の表をもっている航海者たちは、手持ちの時計を校正できるだろうと推論したのだ。たとえば仮に、ある月の食がグリニッジ時刻の朝9時33分に起きるとすれば、航海者は食を待ち受け、彼自身の所持する現地の時計が示す時刻を見て、それをもとに補正を施す。衛星の食はかなり頻繁に起きるから、時計の補正をするために長い間待つ必要はない。これは、ともかくも1つの提案ではあった。

木星

ガリレオは4つの
月を発見した

実現するには問題があった。1つは、航海者が所要の観測をするのに必要な望遠鏡である。望遠鏡自体はさほどの妨げではないにしても、外洋で揺れ動く船のデッキから木星の月を観測するとなると別問題だ。のみならず観測は夜間に行わなければならず、空は曇ることもある。それやこれやで天空の時計は、航海術の有望な解決策とは思われなくなった。とはいえ、この手法および改良案は、真に正確な世界地図の第1号を作るための陸地図の制作には十分役立った。

ハリソンの時代になる頃には、天文学者が天界の地図の制作を発達させていた。天空の時計は、必要な計算処理に数時間を要したとはいえ、期待のもてるものではあった。一方、ハリソンの時計では、計算が比較的簡単で何分かで片づいた。

ハリソンにとっては不幸な話だったけれども、賞委員会のメンバーのひとりは天文学的な方法を強く擁護した人物であり、おまけに王立の天文学者だった。結局ハリソンはジョージ3世に直訴することとなり、王は彼の請願を聞き入れて、賞金の残額を支払うよう議会に圧力をかけた。正式には賞委員会の承認を得てはいないのだから、ハリソンは賞を完全な形で受けたとは言えないのである。

天文学者と時計メーカーの間のもめごとは、かなり友好的になったとはいえ、現在も依然として続いているのである。その点は、秒の原子的な定義を論ずる時にもう1度取りあげよう。

ハリソンのクロノメーターが広く認められてから半世紀以上もの間、それに似た設計の計測器が、1個ずつ腕利きの時計師たちだけの手仕事で作られ、甚だ貴重で値段の高い装置となった。それは船舶搭載機器の中で最も重要で欠かせざるものとなった。それは、丁寧に取り扱う必要があるので、管理責任者は重大な責任を負うことになった。

今日、大洋航海の船では、乗組員とほぼ同数の腕時計がもち込まれていて、その多くは、ハリソンが受賞したクロノメーターより正確で信頼できるであろう。しかし、船のクロノメーターは、本質的にはハリソンの計器と同じ基本原理をもとに作られており、航海計測器と総称される精巧な備品の中でも際立って重要とされ、今なお尊重されているのである。

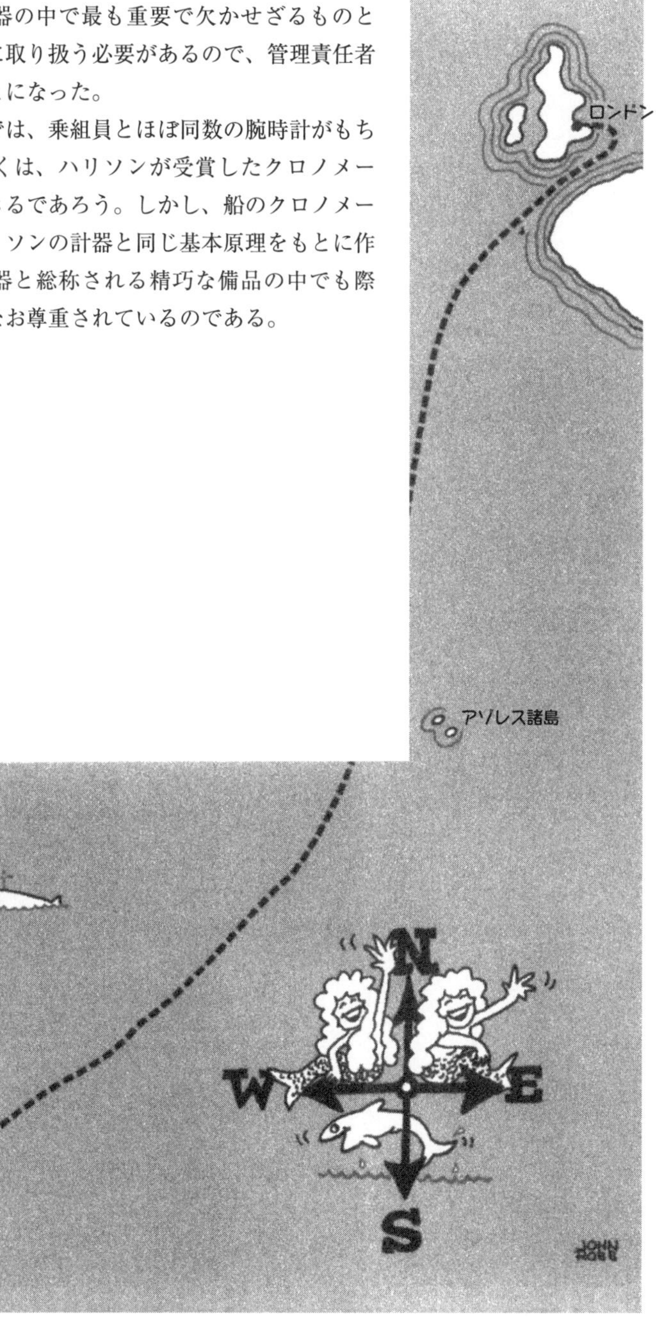

Ⅱ. 手作り時計と携行用時計

II. 手作り時計と携行用時計

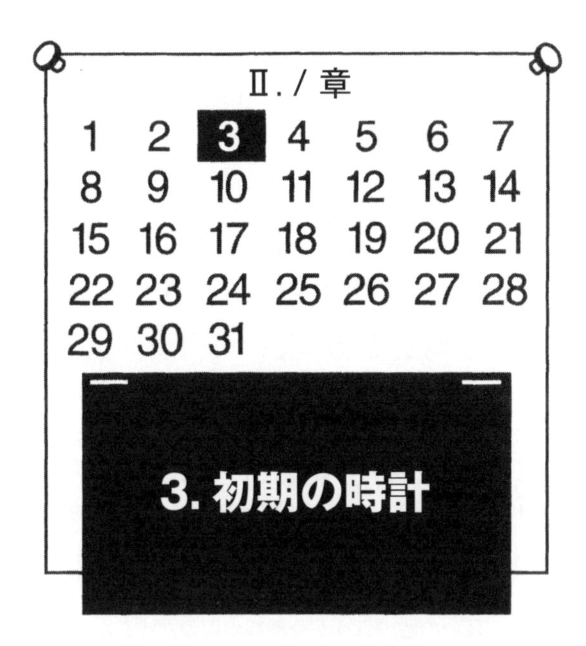

3. 初期の時計

3人の少年が、暖かい春の日、よい天気に誘われて午後の授業をさぼる相談をした。母親には普段どおりに学校から帰ったのだと思われなくてはまずいので、帰宅する時間を知る方法が問題であった。少年のひとりが古くてもう動かない目覚まし時計をもっていたので、3人はすぐに以下の作戦をたてた。その少年は、昼食後自宅の時計が12時45分を示している時、問題の時計をそれに合わせて出かける。3人がそろったところで、順番に時計係となり、60数えるたびにその時計の分針を1分だけ進める。

ところが、始めてからいくらも経っていないのに、少年2人ともうひとりの少年は数える速さについて口論となった。数えていた少年は、自分の数え方が正しいと言おうとして数えるのをやめた。彼らは、肝心の冒険を始める前に、彼らの方法が機能しないままなのと同様に時間を「失い」、午後はかわるがわる仲間の悪口ばかり言い合いながら、数え損なった時間はどの位だったろうかと推し量ろうとして過ごした。

時間を「失う」ことは、壊れた目覚まし時計を用いたこの少年たちとは桁違いに洗練されている時間管理者にとっても、絶えることのない課題である。さらに、時間を正確に保つように時計を調整することは、高性能な装置をもっていても一層大変な仕事なのだ。そうした困難さについては、たとえば長さや質量をはかる場合のどちらかと言えば簡単な機器と比較しながらすでに述べた。時計とは何かについても語り、いくつかの異なる種類の時計について簡単に述べた。ここからは、あらゆる時計の機構に共通する要素や、各種の時計を区別する特徴などを、もっと具体的に見ていくことにする。

水時計と砂時計

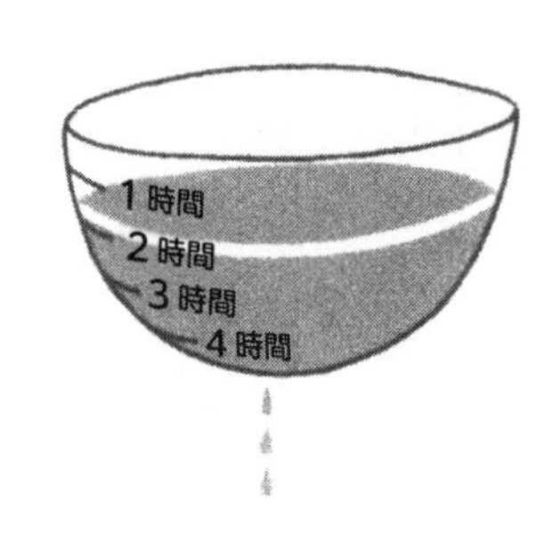

現存している最古の時計は、エジプトで作られた。日時計も水時計も、エジプト人の手で作られたのである。最も簡単な形式の水時計は、上面は広く底は狭いアバラスター（大理石の一種）のお椀で、内側には水平の線で「時間」が示されていた。この器に満たされた水は、底部の小さな穴から漏れ出ていく。器が空に近くなり水がゆっくり漏れ出る時より、水がいっぱいの時のほうが時刻線の間のたくさんの水が流れ出ていくので、この時計はかなり一様に時間を保持する。

ギリシャ人とローマ人は水時計と砂時計をずっと頼りにしていた。8 世紀から 11 世紀の間に、中国人はこののちの「機械式」時計の特徴をもつ時計を作った。その中国式時計は基本的には水時計であったが、落下する水が水車に動力を供給する形であった。水車の外輪には等間隔で小さな桶がつけられていた。桶は水でいっぱいになると、その重さで留め具が外れ下へ下がり、同時に次の空の桶がその場所にくる。このように、水車は時間の間隔を一定に保ちながら段階的に回転した。

初期の中国式水時計

中国式水時計にはたくさんの同じような仕組が使われ、13 世紀初頭までにはかなり普及し、ドイツでは製造会社間で特別の同業組合が作られた。その時計が実際には正確に時間を保持していなかったという事実はさておき、西欧の冬期、しばしば水が凍ってしまうことが難点だった。

この凍結問題を避けるために、14 世紀、砂時計が導入された。しかしながら、砂の重さのせいで短い間隔の測定に限られた。砂時計は主に船上で使われた。船乗りたちは、丸太に長いロープをつけて海面に投げ出す。砂時計で決めた一定の時間に船の進行と共に繰り出されるロープの長さを、ロープに一定の間隔で結ばれた結び目の数ではかる。これでその船が動いてい

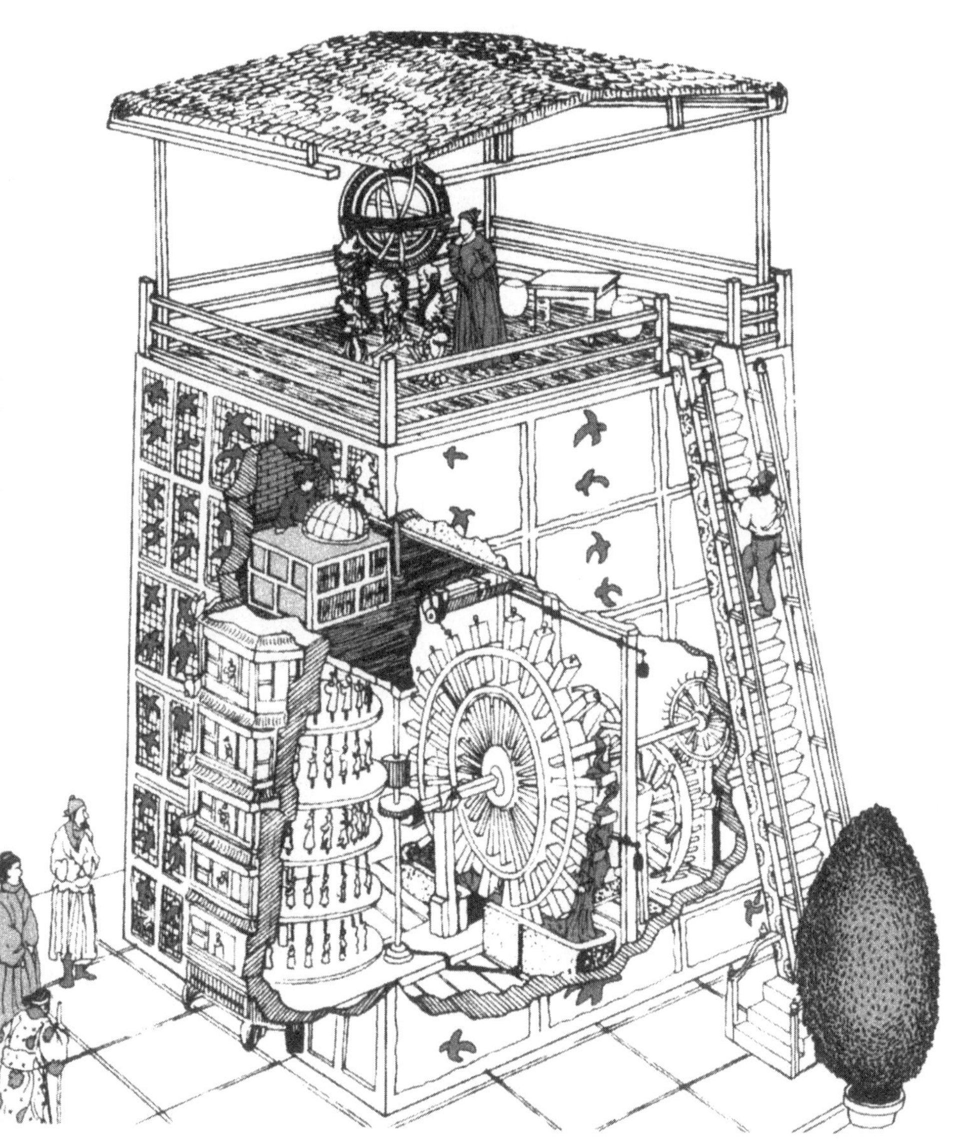

14 世紀の中国式水時計

る速さ、つまり「ノット」のおおよその見積もりを得ることができた。

機械式の時計

最初の機械式の時計は、おそらく14世紀に作られた。円筒に巻きつけた紐に錘をつけて動力を供給した。円筒は、縁に刻みのついた冠歯車につながれた。この冠歯車は、バージ脱進機と呼ばれる鉛直に置かれた機構をステップ状に回転する。脱進機の上部には、棒テンプという名の、両端に移動できる錘のついた鉄製の水平な棒が設けられていた。バージ脱進機の鉛直棒には冠歯車の上下に当たるところに金属のつめがついていて、つめは冠歯車とかみ合う。その結果、棒テンプはまず一方向に、次いで他の方向に押され、冠歯車の1つの歯が解放された。時計の歩度は、棒テンプの錘を外側あるいは内側へ動かすことによって調節できた。

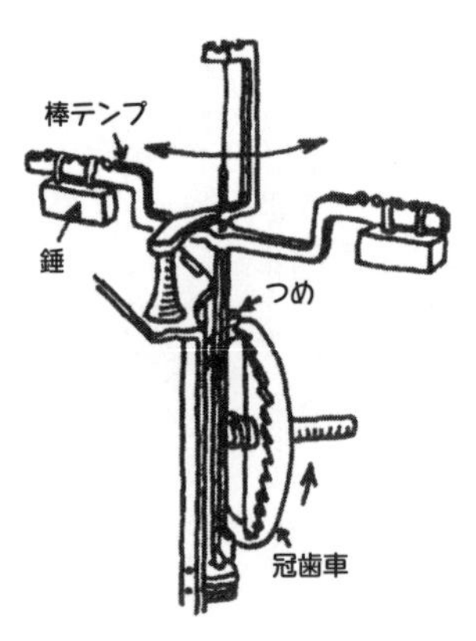

この種の時計は、1日およそ15分程度の正確さだったので、

(“hand”: ①手 ②時計の針)

分針は不要だった。その歩度は、部品相互の摩擦、時計を動かす錘の他、時計各部の組み立て精度の厳密さの影響を強く受けたから、同じ時刻を示す時計は2つとはなかった。15世紀の終わりには、錘のかわりにスプリングを使う時計もあったけれども、スプリングが緩むと駆動力が弱まるので、依然として改良の余地があった。

・振り子時計

時計の歩度が、部品の間の摩擦、駆動のための錘やスプリングの力、また時計職人の技量などの影響を受ける限り、時計製造は不確かな仕事であった。正確な時間を保持するなど思いもよらず、ましてや2つの時計が同じ時刻を示すことはなかった。必要だったのは、周期的な装置の周波数が本質的にそれ自身の性質で決まり、いくつもの外部条件の影響を受けないことであった。

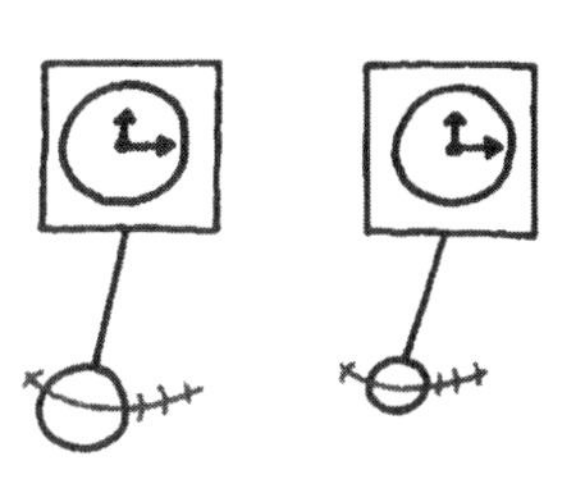

振り子は、まさにそれにかなう装置だった。ガリレオは、振り子が時計の周波数を定めることができる装置であり得ることを初めて発見した人物として広く知られている。当時のガリレオの知識では、振り子の周期はその長さで決まり、揺れの振幅や吊り糸の下端の錘の重さには左右されなかった。のちの研究によれば、周期は揺れの振幅にいくらか左右されることがわかったが、振幅が小さい限りわずかである。

ガリレオは、1642年の死去に至るまで、振り子時計の製作には手をつけなかったようで、この原理の応用は、オランダの科学者クリスティアーン・ホイヘンスを待つことになる。彼が初めて時計を作ったのは1656年だった。ホイヘンスの時計は、1日に10秒以内という正確さを備えていた。棒テンプ時計からの劇的な進歩であった。

・ゼンマイ時計

ホイヘンスが振り子時計の開発をしていた頃、英国の科学者ロバート・フックは、直線状の金属のスプリングを使って時計の歩度を調節するというアイデアの実験をしていた。しかし、1675年にスプリングで調節した時計の実用に初めて成功したのはホイヘンスだった。彼はゼンマイを使ったのだが、それを改良した「ひげぜんまい」は、現在なお携行用時計に使われている。航海で使用できる時計を製作した英国人ジョン・ハリソンのことはすでに話題にした。ハリソンのクロノメーターが刻む周期は、スプリングの規則正しい巻きあげと巻き戻しとで保持される。ハリソンのクロノメーターのうちの1台は、ジャマイカまでの5カ月の航海の間にたった54秒進んだだけだった。これは、1日あたりおよそ3分の1秒に相当する。

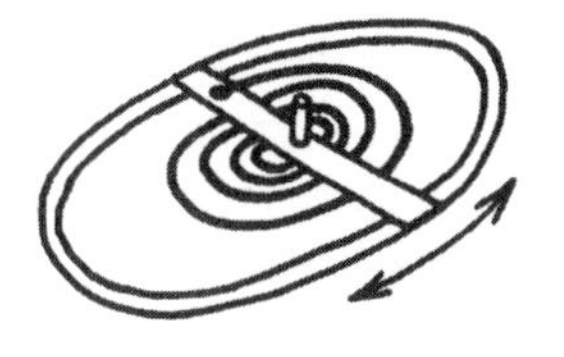

・さらなる改良

振り子の導入は、時間計測の歴史の中の大きな一歩であった。とはいえ、完璧と言える材料はなかった。ガリレオは、振り子の周期が長さによって変わることに気がついた。そして、温度変化がもたらす振り子の膨張・収縮を克服するための探究が始まった。さまざまな物質や金属の組み合わせを実験したことで、問題は大きく改善された。

振り子は往復振動する間に空気抵抗による摩擦を受けるが、その度合いは気圧によって変化する。この問題は、振り子を真空容器内に置けば解決されるのだが、この点を改善しても微小な摩擦までは完全に避けることはできない。それで、振り子は時々エネルギーを補充する必要があるのだが、これにより振り子の周期がわずかながら変化してしまう。

こうした難点のすべてを処理するための模索から、2つの振り子――「自由」な振り子と「従属」の振り子――をもつ時計が考案された。自由な振り子は、周波数を保持するための装置であり、他方、従属の振り子は、自由な振り子へのエネルギーを供給しその振動を数える役をする。ウィリアム・ショートが開発したこの自由振り子時計は、5年間に2、3秒以内という正確さだった。

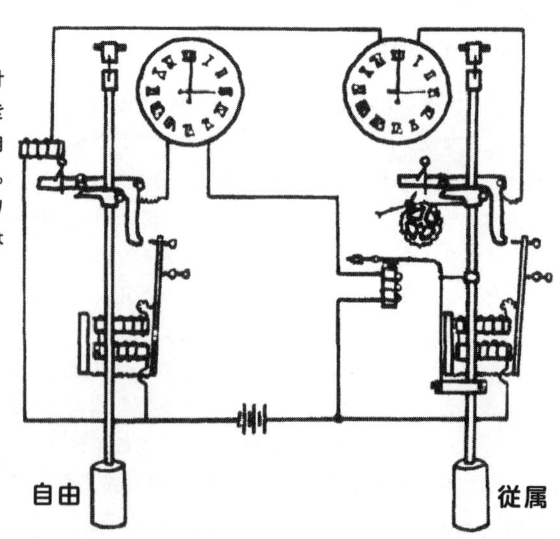

初期の2つの振り子をもつ時計の概要図。従属振り子は、頃合を見計らって電気回路を経由して自由振り子へエネルギーを供給する。そのため、自由振り子と従属振り子間の直接の構造上のつながりは回避されている。

より優れた時計を求めて

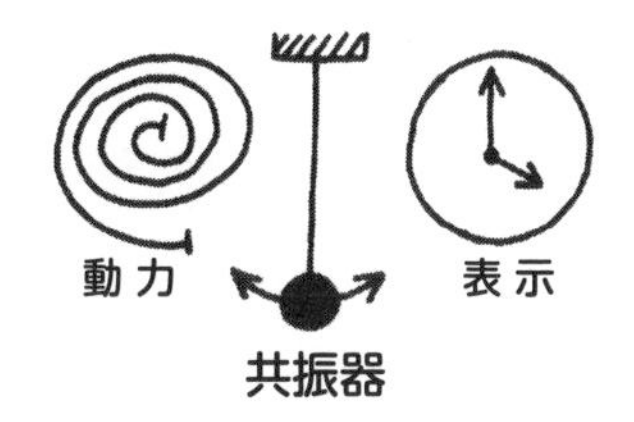

もっと優れた時計を作ろうとするのであれば、私たちは、時計の主たる構成要素が性能に対してどう関わるかを一層詳しく知らなければならない。「時計に時を刻ませる仕組」を知る必要があるのだ。そこで、今日最先端の原子時計について述べるのに先立ち、あらゆる時計に共通な基本的構成要素について、また、それらの性能がどのように測定されるかについて述べよう。

これまで述べてきたことから、すべての時計に共通する3つの要点を挙げておく。

- 「周期的な現象」を生じさせる装置が必要である。この装置を共振器と呼ぶことにする。
- 共振器にエネルギーを供給して、周期運動を持続させる必要がある。共振器とエネルギー源とを総称して振動子と呼ぶことにする。
- 振動子の振動数を計数、積算し表示するためのいくつかの手段、たとえば時計の針が必要である。

どんな時計もこれら3つの構成要素を共通にもつ。

1 時間時計

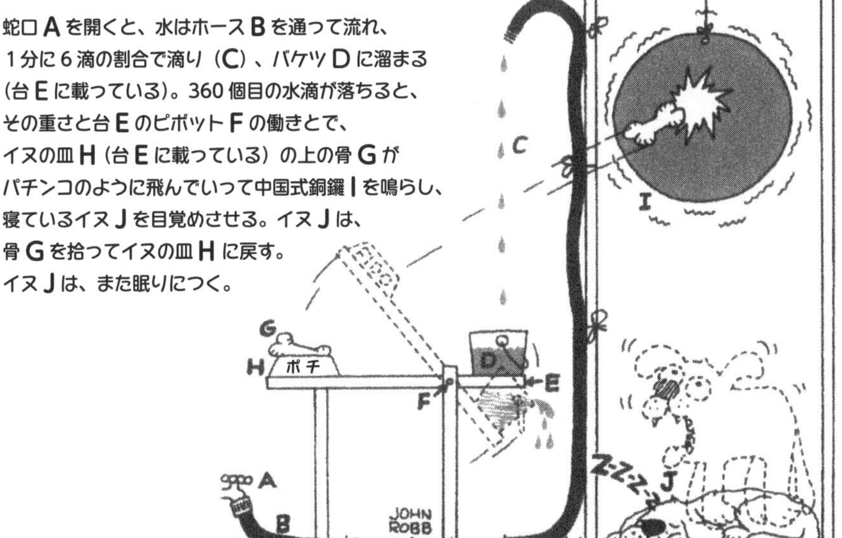

蛇口Aを開くと、水はホースBを通って流れ、1分に6滴の割合で滴り（C）、バケツDに溜まる（台Eに載っている）。360個目の水滴が落ちると、その重さと台EのピボットFの働きとで、イヌの皿H（台Eに載っている）の上の骨Gがパチンコのように飛んでいって中国式銅鑼Iを鳴らし、寝ているイヌJを目覚めさせる。イヌJは、骨Gを拾ってイヌの皿Hに戻す。イヌJは、また眠りにつく。

4. Q値は性能を表す

理想的な共振器とは、最初の一押しで永久的に動き続けるものをいう。だが自然界では、それはもちろん不可能だ。摩擦のせいで万物の動きは「減衰する」からである。振動する振り子も、エネルギーを補給して動作を保持しない限り静止状態となる。

Q値＝性能因子

しかしながら、共振器の性能はそれぞれに異なる。そこで、最初の一押しの後振動し続ける回数が、各共振器の相対的な性能の評価に役立つ。そうした評価尺度の1つが、「性能因子」すなわち「Q値」と呼ばれる。Q値は、ある振動のエネルギーが最初の一押しで得たエネルギーの2～3%に減少するまでの

共振器の振動回数である。かなりの摩擦があるとすれば共振器はすぐに減衰するので、摩擦の大きい共振器のQ値は低い。逆もまた同様である。一般的な機械式時計のQ値は100程度だが、研究に使われる時計のQ値は100万にもおよぶ。

型	Q
安価なゼンマイ時計	1000
音叉時計	2000
水晶時計	10^5-10^6
ルビジウム時計	10^7
セシウム時計	10^7-10^8
水素メーザー時計	10^9

正確さ 安定度

Q値の高い共振器の際立った特長の1つは、エネルギーを頻繁に注入することによる固有つまり共振（共鳴）周波数の阻害をしないですむ点にある。だが、その他にも大きな利点がある。Q値の高い共振器は、その固有周波数、またはその近傍の周波数でしか振動しないのである。この特徴は、共振器の正確さおよび安定度と密接に関係している。固有周波数に近い値でない限り作動しないという共振器は、異なるいくつもの周波数で作動する共振器と比べた場合、潜在的により正確なのである。同様に、共振器の作動可能な周波数の範囲が広いならば、共振器の周波数は可能な周波数範囲内を動きまわることになり、結局は安定度が高いとは言えない。

共振曲線

このような意味合いをさらに深く理解するため、図に示す装置を使った実験の結果を考察しよう。木製の枠に振り子を1つ納めただけのものだが、装置の上端の丸い木製の棒に、図のように長さの異なる振り子を掛けることができる。

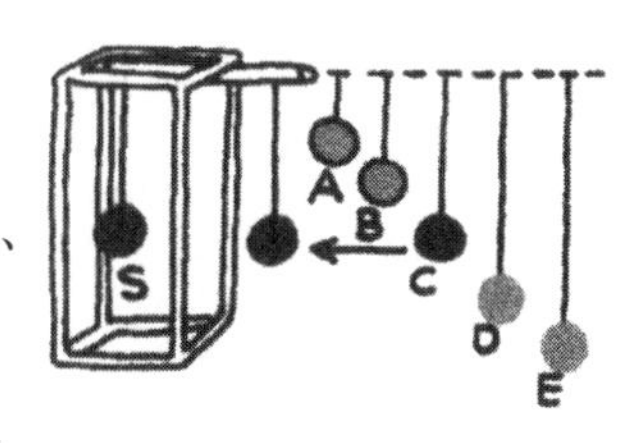

まず、振り子Cを棒に掛け、押してみる。Cの振動運動の一部分が枠の中の振り子Sに伝わる。SとCとは長さが同じなので、両者の共振周波数は等しい。これは、SとCとが同じ周波数で揺れるという意味であって、Cの振動エネルギーは、たやすくSへ伝達されていくことになる。これは、公園のブランコに乗っている人を、タイミングよく押してあげるのと似ている。いつでも揺れに合わせて押すのであって、揺れを妨げるような押し方は決してしないものだ。

いくらか時間を置いて、Sの揺れの幅をはかってみる。これは、CからSへ伝達されたエネルギーの大きさでもある。測定の結果を図に示してある。グラフの中央の黒い点が、この実験の結果を示す。

さて、実験を繰り返すのだが、今度は振り子Dを棒に掛ける。DはSよりやや長いから、その周期はわずかに長くなる。結局どうなるかと言えば、Dは一時はSが「揺れたい」向きにSを押すけれども、その後の時間に、Sは、Dが戻り始めるより前に、戻りたいと思うようになるわけだ。差し引きの結果は、グラフのD点の上の灰色の点に示すとおりであって、DはCほどたやすくエネルギーを伝達できない。

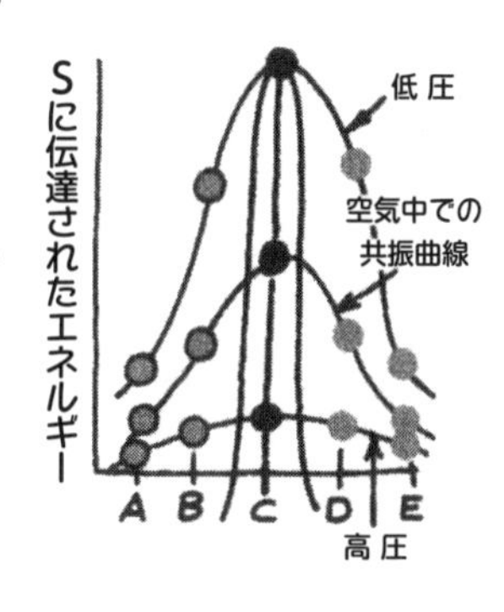

次も同様だが、棒に掛けた振り子Eで実験をすると、Eは一段と長いからSへのエネルギー伝達は一段と難しくなる。同様に、長さがSより短い振り子を掛けた場合にも、エネルギーの伝達はやはり難しくなることが予想される。これらの場合に、Sは短い振り子よりもゆっくり向きを変えたいと思うだろうから、話は私たちが予想したとおりなのだ。

すべての実験の結果は、グラフの2本目、すなわち真ん中の曲線で示してある。その種の曲線を今後、共振曲線と呼ぶことにする。

この測定をさらに2回くり返してみたい。木製の枠を箱に納め、1回目は箱の中に圧力をかけた状態で行い、2回目は箱の中をある程度の真空に保って行う。結果は図に示してある。圧力がかけられた状態での実験から得られた共振曲線は、予想通り、通常の空気の中での実験から得られた曲線よりもはるかに平坦である。圧力が高い状態では空気中の分子が濃密なので、振り子は空気抵抗を強く受けるからだ。同様の実験をある程度の真空で行えば、空気抵抗は小さいのだから、結果としてより鋭く、より尖った形の共振曲線が得られる。

これらの実験は、時計製作者にとって重要な事実を指し示している。摩擦すなわちエネルギー損失が小さいほど、より鋭く、より尖った形の共振曲線が得られる。Q 値は、摩擦損失と密接につながっているのだ。与えられた共振器に対する摩擦が小さければ Q 値は高い。そこで、Q 値の高い共振器は鋭く尖った共振曲線をもち、Q 値の低い共振器は低く平坦な共振曲線をもつと言える。少々違った表現をすれば、一押しされたあと静止するまでに、つまり「減衰」し切るまでにより長い時間を要すれば、共振曲線はより鋭くなるのだ。

〈Q 値についての余談〉
——エネルギーの蓄積と共振曲線

長い「減衰時間」をもつ共振器は、なぜ固有周波数以外の周波数で作動するのを嫌うのか？　Q 値が高い振り子は、一押ししてやるだけで何分も、それどころか何時間も振動し続けるのに、非常に Q 値が低い振り子——たとえば蜂蜜の中に吊るした振り子——は、最初の一押しの後の一振れを終えることさえまず不可能だろう。後者は、振れごとに押し直す必要があり、

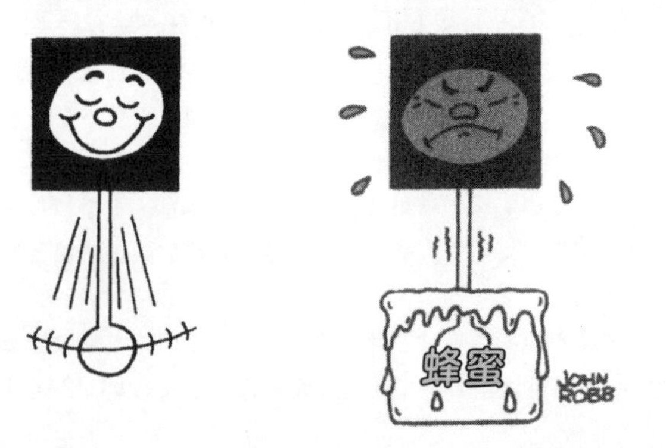

一振動以上させるのに足りるエネルギーを蓄積することはない。

しかし、Q値の高い振り子の場合、振り子自身の本来のリズムつまり固有周波数に合わせて押せば、付与されたエネルギーは蓄積されることになる。こうして、振り子すなわち振動子のエネルギーは、最終的に1回押した分のエネルギーをはるかに超える量に達する。これは、トランポリンで遊ぶ人を観察すればわかる。ジャンプする人が、自分の筋肉を動かすリズムと、トランポリンに全身をあずけるリズムとをうまく合わせていけば、ジャンプのたびに高さが増していくことになる。人がジャンプごとにエネルギーを蓄えていくからである。

同じ原理は、公園のブランコに乗る人にも当てはまる。最適なタイミングで、ブランコの揺れと同じリズムで押すことで、乗り手は「高く振れる」ことができる。このようにすれば、一押しによって加わった余分のエネルギーは蓄積される。こうして揺れは大きくなっていくが、実は押すタイミングが悪いと、ブランコはエネルギーの送り手に抵抗して、送り手を「跳ね飛ばす」ことになる。ブランコで誰かを押してあげた経験のある人なら、みな知っているとおりである。

Q値の高い共振器は、以上に述べたような経過で、「押し手」つまり発振器から受け渡されたエネルギーを蓄積する。だが、Q値の低い共振器は、まとまったエネルギーを蓄積することはできず、むしろ摩擦の影響下にあるために、エネルギーは供給を受けるのとほぼ同じ率で絶えず「漏れ出ていく」のである。たとえ共振器の固有周波数に合わせた周波数でエネルギーを供

給しても、振幅が増幅されることはない。また一方、固有周波数に合わせず共振器にエネルギーを補給してやると、タイミングの悪い押しに逆らい、固有周波数で押された場合に得るだけのエネルギーを蓄積しようとはしないだろう。

こうして、共振曲線の形は、発振器からのエネルギーで駆動される共振器のQ値で定まり、発振器から共振器へのエネルギーの受け渡しは、共振器の固有周波数と発振器の周波数との間の一致度で定まる。

共振曲線と減衰時間

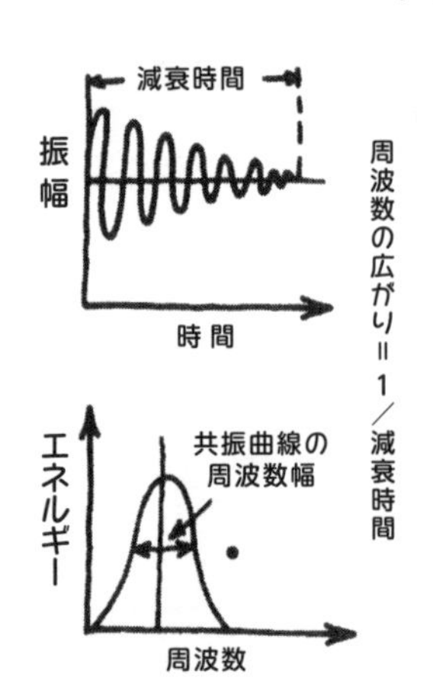

すでに見たとおり、Q値が高い、すなわち減衰時間が長い共振器は、鋭い共振曲線を示す。綿密な数学的解析が示すように、ある特定の方法で共振曲線の鋭さを計測すれば、減衰時間と共振曲線の鋭さとの間には密接な関係が成り立っている。その計測方法というのは、共振曲線の高さが最大値の半分になるような点で共振曲線の幅（単位はヘルツ）を求めることである。

その原理を表すために、高圧下の容器内の共振器と低圧下での共振器とに対する既出の共振曲線2つを、もう1度図示する。高圧下での実験に対応する曲線のエネルギー半値点では、幅はおよそ10ヘルツ、他方低圧下での実験に対応する曲線のエネルギー半値点では、幅はおよそ1ヘルツである。共振曲線の幅にかんするこの測定をもとに数学的解析を進めると、共振曲線のエネルギー半値点における幅は、ちょうど共振器の減衰時間の逆数になっていることがわかる。一例として、ある共振器の共振が10秒で停止に達する、すなわち、減衰するものとしよう。その場合、共振曲線の半値点での幅は、10秒分の1、つまり0.1ヘルツである。

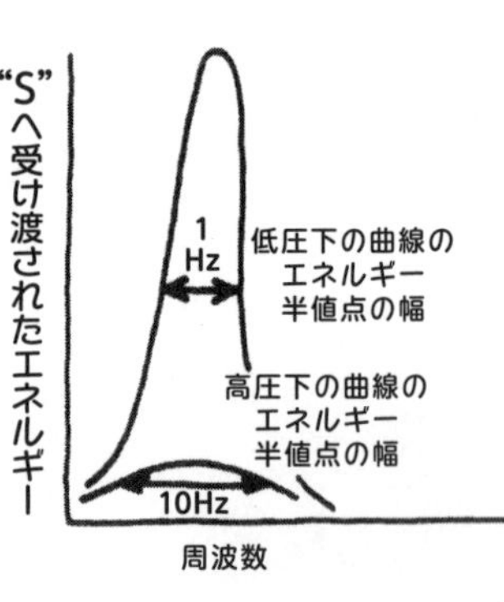

そこで、以下のように考えることができる。エネルギー半値点における曲線の幅は、押しを与える駆動側の発振器の周波数が、共振器の固有周波数にどれほど近くなければならないかを表している。

正確さ・安定度とQ値

時計製作者にとって極めて重要な概念と言えば、正確さと安定度の２つである。そして、前に触れたように、どちらもQ値と密接に結ばれている。

正確さと安定度との区別をはっきり理解するには、ソフトドリンクをボトルに注入する機械を考えるとよい。ある機械を調べると、どのボトルに対してもほぼ正確に10分の１オンス（約30ml）以下のバラツキで液を注入しているのがわかる。この場合、この機械の注入の安定度は極めて優れていると言ってよいであろう。ただし、どのボトルも例外なく、半分――と言っても、ほぼ正確に半分――までしか注入されていないことをみつけるかもしれない。この時、この機械はよい安定度をもつが正確さに欠けると評価する。

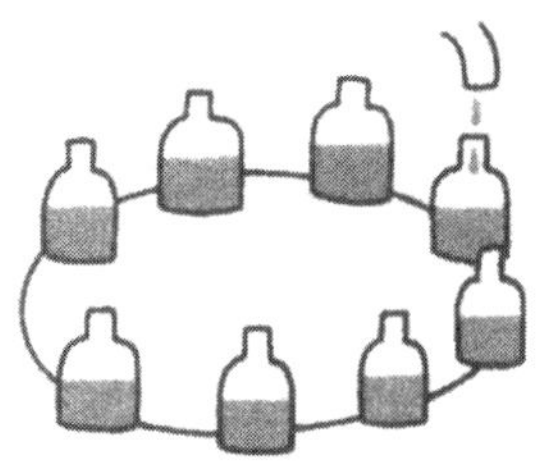
どのボトルも、半分まで液を含む

しかしながら、事情が反する場合がある。別の機械について調べると、いくつかのボトルは規定の量より１オンスほど余分の液を含み、他のボトルは１オンスほど少ない液を含むが、平均としては正当な液量を注いでいる。私たちとしては、この機械は安定度に欠けるけれども、その日の作業を通じて言えば優れた正確さをもっていると評価できよう。

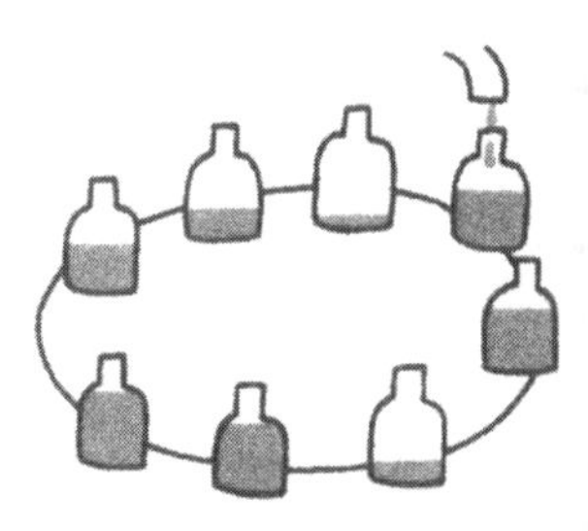
ボトルごとに、含む液量が違う

共振器について言えば、優れた安定度をもつものもあり、優れた正確さをもつものもあるわけだが、時計製作者の側から言えば、両者を兼備するものこそ最高なのだ。

・高いQ値と正確さ

これもすでに知ったことだが、Q値の高い共振器は、長い減衰時間を、ひいては鋭く狭い共振曲線をもつ。この事実はまた、共振器が自分の固有周波数、すなわち共振周波数にごく近い率で押されている以外、押しに追随しないという意味ももっている。言い方を変えれば、Q値の高い時計は、それ自身の共振周波数で動作する場合以外は、本来は決して動作しないのだ。

今日、秒はセシウム原子の特定の共鳴周波数で定義される。そこでもし、私たちが、セシウム原子の固有周波数を共振器の共振周波数とするような共振器を作ることができるとし、さらにまた、この共振器が極度に高いQ値をもっているならば、秒の定義に従う秒を、正確に発生する装置が手に入ることとなる。

・高いQ値と安定度

すでに見たとおり、安定度の低い液体注入機械は、各ボトルに同量の液体を注入する能力の上で信頼できるものではない。また、優れた安定度は、必ずしも高い正確さを意味しない。Q値の高い、すなわち共振曲線の狭い共振器はよい安定度をもつ。と言うのは、狭い共振曲線は発振器の動作に制約を課して、常に共振器の固有周波数に近い周波数で動作するようにしているからだ。しかし、優れた安定度をもつ共振器ではあるにせよ、その共振周波数は秒の定義――つまりセシウム原子の固有周波数――に一致していない。こうした共振器で構成される時計は、安定度の面では優れているが、正確さの面では劣っているのである。

・時間を知るための待ち時間

ボトルに液体を注入する機械について論じた際、望みの分量を各ボトルに注入するのではなくて、1日の作業の平均として正当な総量を消費する機械を考えた。私たちは、この機械を、安定度の優れたものとは呼ばず、1日での平均として優れた正確さをもつものと称した。同じことは、時計についても言える。与えられたある時計の周波数は、その共振曲線の範囲内で「ふらつく」のであるから、その周波数にかんして与えられた測定結果は、誤差を伴っている。しかしながら、この共振器の固有周波数は正しい周波数だと仮定するならば、この測定を長期にわたって――あるいは、さまざまな時計が同時に示す時刻を――平均すれば、より優れた正確さを得ることができる。

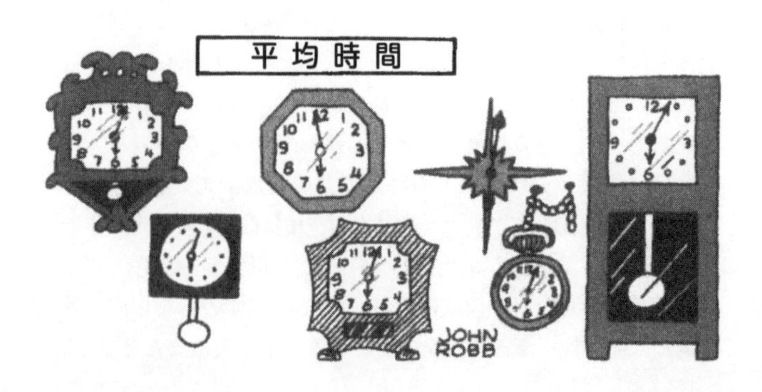

時計の誤差というものは、一見したところ、長期にわたる十分な測定を平均すれば、望むままに小さくすることができるように見える。だが、経験によるとそれは真実ではない。測定を平均し始めると、最初は周波数のゆらぎは減少するかに見えるのだが、ある点を超えたあと、平均を続けてもゆらぎは減少せず、むしろ一定になる。そして最終的には、測定を追加しても周波数安定度はかえって悪化し始めるのである。

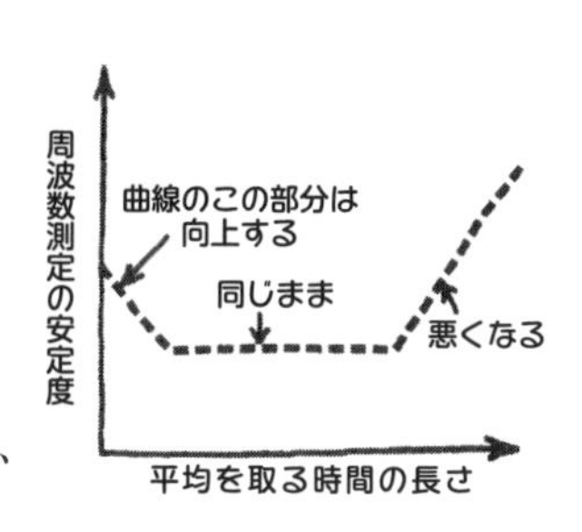

平均化がある限度を超えると時計の性能を改善するものではないということの理由は、完全には理解されていない。しかし、「フリッカー」雑音と呼ばれる1つの理由が他の電子装置で観測されている。そして、興味ある事実として、ナイル川の水位のゆらぎについても、それが見られるという。

Q 値の限界に迫る

Q 値はどこまで高くなれるのか、その限度はないのかと疑問視する読者もあろう。言い方を変えれば、どこまでも高い正確さおよび安定度をもつ時計を作ることは、果たして可能なのか？　実際問題として、とりわけ Q 値が高い場合には、考慮を要する課題がいくつかある。それにしても Q 値をどこまでも高くすることはできないという根本的な理由は実はあり得ないのである。この問題は、原子の現象に基づく共振器を論ずる際、さらに詳しく取りあげることとし、ここでは多少の一般的なコメントをしておこう。

極端に高い Q 値とは、共振曲線が極度に狭いことを意味するが、またこの事実は、共振器はそれ自身の共振周波数にごく近い周波数で駆動されない限り、共振しないことを意味する。とすると私たちは、所要の周波数での駆動信号を発生させるのに、どのようにすればよいのか？

答えは、いわば、あるラジオ局の電波に合わせること、ないしは、弦楽器をたがいに調弦することと似ている。私たちは、駆動側の信号の周波数を変えていき、Q 値の高い共振器からの応答が最高になるまで、それを続ける。最高の応答がいったん得られたら、その応答を生ずる周波数に駆動信号の周波数を維持するように手を尽くすことである。実際にそれを行うには、図に示すような「フィードバック」系を利用する。

箱の中に、Q 値の高い共振器を納め、それに向けて発振周波

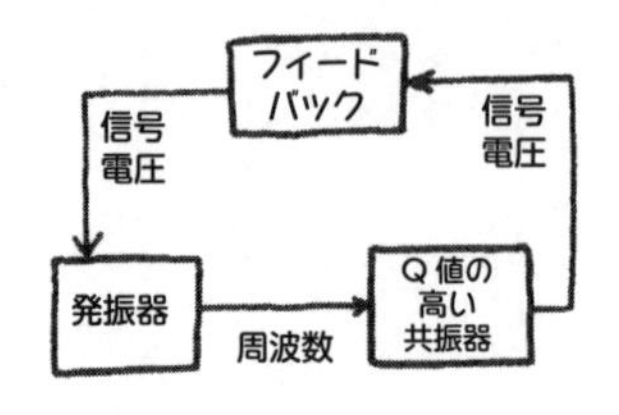

数可変の発振器からの信号を供給する。振動子からの信号周波数と、Q値の高い共振器の共振周波数とが近ければ、それなりの応答があるだろうし、応答の度合いに比例する出力信号電圧が発生するだろう。この信号が共振器の出力周波数をコントロールするように、発振器にフィードバックされる。このシステムは、Q値の高い共振器から最大の応答を引き出すような周波数を発振器から探し出し、引き続きその周波数を維持することになる。

次章では、原子の現象に基づく共振器について述べるが、その折にフィードバック問題を再考するだろう。Q値とはそもそも何なのか、Q値は時計の潜在的な安定度と正確さとをどのように示すのか、といったことについての適切な概念をもって、本書の後半で紹介する多くの他の概念を理解する準備が整った。

5. もっとよい時計を作る

1921年にウィリアム・ハミルトン・ショートが開発した2つの振り子をもつ自由振り子時計は、機械式時計の技術の粋を集めたものであったので、それに続く意義ある成果を得るためには新機軸が必要だった。ご存知のように、新機軸を発見し利用できるようになったのは、自然の、とりわけ電気、磁気、さらに物質の原子的構造の理解が深められるようになってからである。とはいえ、新機軸は古い原理の枠組の中で使われた。今日でも時計の心臓部は200年前と同じく、できる限り一様な周期で振動する何らかの装置なのだから。

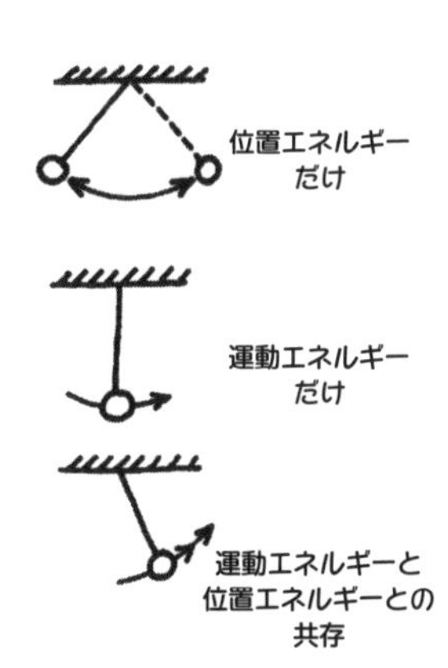

さらに、周期的な現象と言えば、今も昔も変わらず、2つの異なるエネルギー形態の間でのエネルギー変換の繰り返しである。振動する振り子の場合、エネルギーは振れの下端で最大となる運動エネルギーから、振れの上端での地球重力の引き下げ作用で蓄えられたエネルギー、すなわち位置エネルギーへと交互に繰り返し変換されているのである。摩擦による「漏れ」がなければ、振り子はエネルギーの2つの形態の間を行き来しながら、永久に振動するのだ。

エネルギーは多種多様な形態――運動、位置、熱、化学、光線、電気そして磁気――となって現れる。本章の議論においては、原子と、それを取り巻く電波や光の場との間でエネルギーがどんなふうに受け渡しされるのか、その点に特段の関心を寄せていくことにする。以下の節で見るように、そうした現象に基づく共振器のQ値は1億ほどにも達するのである。

水晶（クォーツ）時計 ― Q値＝10^5～2×10^6

新しい方向への大きな一歩を踏み出したのは、1927年に水晶時計を開発した米国の科学者ウォーレン・A・マリソンであった。この時計の共振器は、「圧電効果」に基づくものである。水晶時計は、水晶結晶の小片に交流電圧をかけて振動させるものなのだから、ある意味で機械式時計の一種である。その一方、結晶は振動を加えれば、振動する電圧を発生する。これら2つの現象が共存する。水晶結晶の内部摩擦は極めて小さいから、そのQ値は10万から200万を超える程度になる。水晶共振器が時計製作技術に劇的に寄与したのは当然といえる。

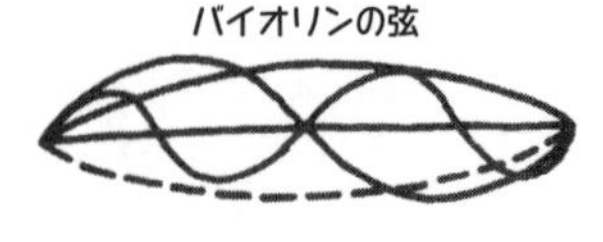

結晶の共振周波数は、結晶のカットの仕方、結晶の大きさ、駆動電圧により結晶内に励起される特定の共振周波数に複雑な形で左右される。言いかえれば、ある特定の結晶がいくつもの周波数で作動するということもあり得るわけで、バイオリンの弦が、倍音と呼ばれるいくつもの異なった周波数で振動し得るのと同じである。結晶の振動は、サイクル毎秒で表せば2、3000から数百万の範囲にわたる。一般論で言えば、振動が可能な共振周波数は、結晶が小さいほど高い。最も高い周波数における結晶の厚さは1ミリメートル以下である。そうしたことからわかるように、結晶共振器の限界の1つは、結晶をごく小さい寸法に精密にカットする能力にかかっている。

結晶共振器は、前に述べた回路に似た方法で動作するフィードバック回路に組み込まれている。このシステムの自己制御によって、結晶の出力周波数は、常に共振周波数に等しいか、または、それに近い値をもつことになる。最初の水晶時計は、たくさんの必要部品を組み込むため、高さ3メートル、幅2.5メートル、奥行き1メートルのキャビネットに納められた。今では、水晶結晶を用いた腕時計が市販されている。それは、20世紀後半の数年になされた電子回路の小形化という大幅な進歩の証拠でもある。

最も優れた水晶時計は1カ月あたり1ミリ秒以下で時間を保持するが、質の劣る水晶時計は数日の間に1ミリ秒ほどのずれを見せることがある。水晶振動子のずれの主要な原因は2つある。まず、温度に伴う周波数の変化、次にゆっくりした長期にわたるずれだが、これは不純物による結晶の汚染や、振動に由来する結晶内部の変化、「老朽化」によるその他の原因であることが知られている。

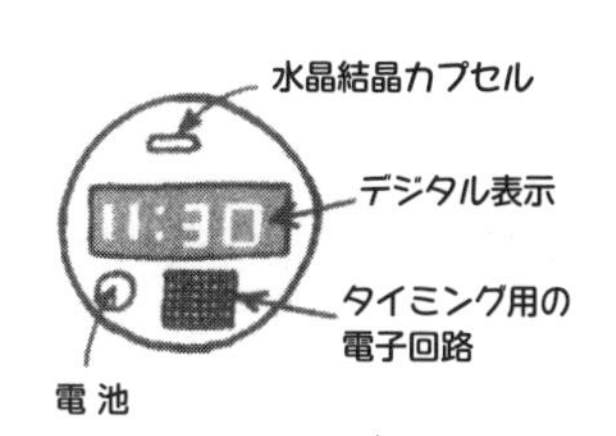

これらの難点を克服するために、温度制御された「オーブン」や汚染防止の容器に結晶を納めるなどの、入念な処置がなされてきた。しかし、ショートの自由振り子時計の場合と全く同様に、努力すればするほど成果が少なくなるという、折り返し点が待ち受けていた。

原子時計 — Q 値 = 10^7 ～ 10^8

共振器の次の大きな一歩は、原子（実際には、最初は分子）の利用であった。原子の共振器のQ値が1億を超えるというだけでも完成度の高さは評価できる。

さて、これを理解するためには、振り子の振動や振動する物質を記述するニュートンの法則を放棄し、それにかえて、原子の運動と原子と外界との相互作用を記述する諸法則に関心を移すことが必要である。一括して「量子力学」と呼ばれるこれらの法則は、1900年前後からさまざまな科学者たちの労をもって発展した。ここでは、デンマークの若い物理学者ニールス・ボーアにかかわる1913年前後の話題を取りあげることとしよう。彼は、世界的に傑出した実験物理学者のひとりだったアーネスト・T・ラザフォードのもと、英国で研究に従事した。ラザフォードは、放射性物質から出るアルファ粒子を原子に衝突させ、「原子は、中心にある核と、その周りを囲む、太陽の周りをめぐる惑星に似た軌道電子から成り立っている」という結論に至った。

しかしながら、ラザフォードの原子概念には、かなり腑に落ちない点があった。原子はなぜ、最後には壊れないのか？　太陽の周りをまわっている惑星でさえ、ゆっくりとエネルギーを失い、より小さい軌道へ移って、遂には太陽に落ち込むではないか。それと同様に、電子もゆっくりとエネルギーを失い、遂には原子の中心に落ち込むのではないか。実はそうでなく、電子はエネルギーを減らすことなく、つまり永久運動の機械と同様に、核の周りをめぐり、ある時突然一定量のエネルギーを解放して内側の軌道にジャンプするかのように見えるのだ。ボーアは革命的な着想を得た。「電子は、徐々にエネルギーを失うのではなく、定まった軌道の間をジャンプする際に、『固まり』の形でエネルギーを失う」ということ、「また、そのエネルギーは特定周波数の放射の形で解放される」ということである。

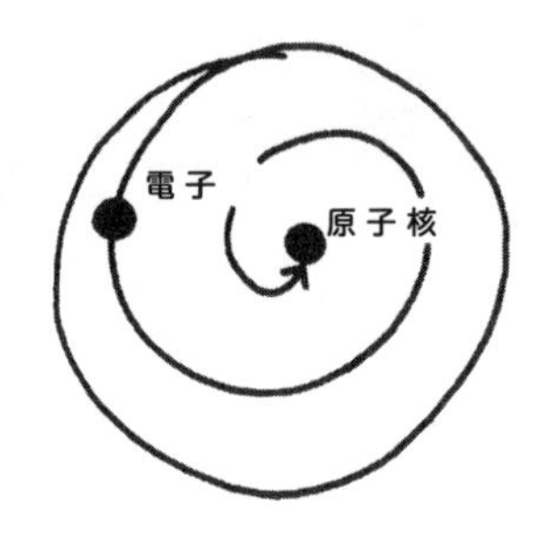

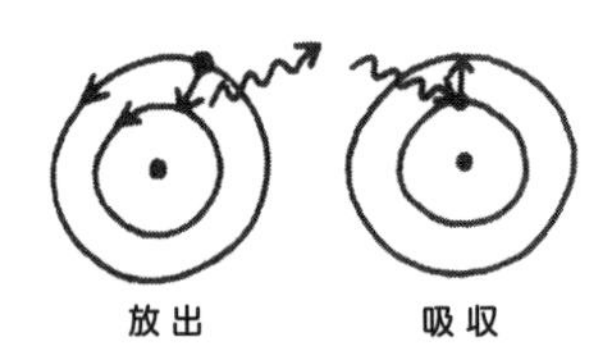

その反対に、原子は、放射の場に置かれたら、固まりの形で不連続にエネルギーを吸収し、その結果として電子は、内側の軌道から外側の軌道へとジャンプする。今もしも、その放射の場が許容されるジャンプのエネルギーに相当する周波数でないとすれば、エネルギーは吸収されない。しかし、その周波数であるとすれば、原子は放射の場からエネルギーを吸収することができるのだ。

この放射の周波数とエネルギーの固まりすなわち量子とは、極めて特殊な関係にある。エネルギー量子が大きいほど、放射される周波数は高い。このエネルギーと周波数の関係は、あるエネルギー量子だけ、つまり特定の軌道の間での電子ジャンプに関連するエネルギー量子だけが許容されるという事実とも関連していて、時計を作る上で重要な現象の1つなのだ。そこでは、原子が共振器として利用可能であること、さらに加えて、放射される周波数、すなわち共鳴（振）周波数は原子そのものの性質であることが、暗に語られているのである。

これは大きな前進だった。なぜなら、振り子を正確な寸法で作り出すとか、結晶を適正なサイズにカットするとか、そういった面倒な作業に煩わされずにすむからである。原子は、天然の共振器であり、その共鳴周波数は、これまでの機械式時計の働きを損なってきた温度や摩擦の影響とは、実質的に無縁である。原子は、理想的な共振器であるように見える。

とはいえ、原子共振器を作製するまでの道のりは、まだまだ長い。このような共振器の「刻み」を数える、つまり周波数を計数するには、どうすべきなのか？　最適な原子はどれか？採用した原子の中の電子を、望みどおりの軌道の間でジャンプさせて、所期の周波数を発生させるにはどうすればよいのか？

これらの問いに対して、「Q値の限界に迫る」の節で部分的に答えた。そこでは、3要素——発振器、Q値の高い共振器、およびフィードバック接続——で構成されるフィードバック系について述べた。発振器が発生する信号は、Q値の高い共振器に伝えられて振動を引き起こす。次いでこの振動は、的確な電子回路を経て、周波数再調整のための発振器へフィードバックされ、振動の大きさに比例する信号を発生する。この過程は、Q値の高い共振器の振幅が最大になるまで繰り返される。それはすなわち共振周波数で振動していることに他ならない。

このあとで述べる原子時計では、発振器は例外なく前章で述べた水晶発振器であるが、Q値の高い共振器のほうは各原子の固有共鳴周波数に基づくものである。

原子時計は、ある意味で、ショートの自由振り子時計の「後継」であり、その水晶発振器は一方の振り子、Q値の高い共振器は他方の振り子に、それぞれ対応しているのである。

・アンモニア共振器 — Q値＝ 10^8

1949年にNBS（米国国立標準局。NIST（米国国立標準技術研究所）の前身）は、原子的な粒子の固有周波数に結びつけられた世界初の時計を発表した。粒子はアンモニア分子で、その固有周波数はおよそ23 870メガヘルツだった。この周波数は、電波スペクトルのマイクロ波領域、すなわちレーダーシステムを操作する周波数領域にある。第二次世界大戦中、マイクロ波の応用分野が目覚ましく発展して、アンモニア分子などの共鳴周波数に注目が集まっていたのである。その方面の活動とあいまって原子的な周波数装置が初めて生まれたのは、自然の成り行きであった。

アンモニア分子は3個の水素原子と1個の窒素原子とで構成され、その形は、底部に水素原子、てっぺんに窒素原子が置かれたピラミッド状をなしている。量子力学の規則によって、原子が量子の形で不連続にエネルギーを放出し吸収するということはすでに述べた。これらの規則によれば、窒素原子はピラミッドの底部を通り抜けて、反対側に跳び降りて、逆ピラミッドを形成することができる。また、これも予想のとおりだが、窒素原子は底部を通り抜けてもとの位置に跳び戻ることもできる。分子は、さらにさまざまな回転軸を中心に回転することもできる。図は1つの可能性を示す。起こり得る回転それぞれが、

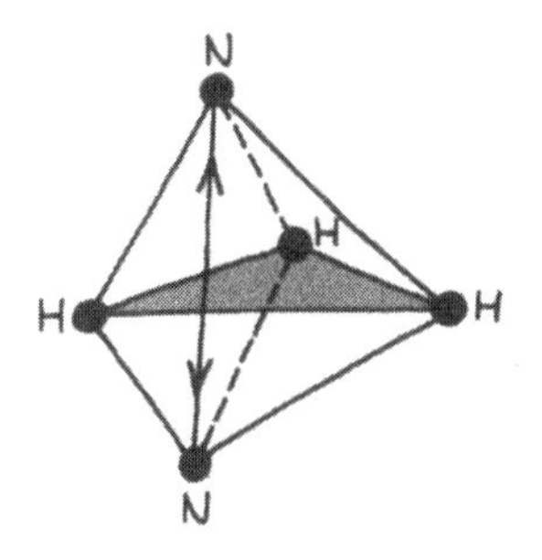

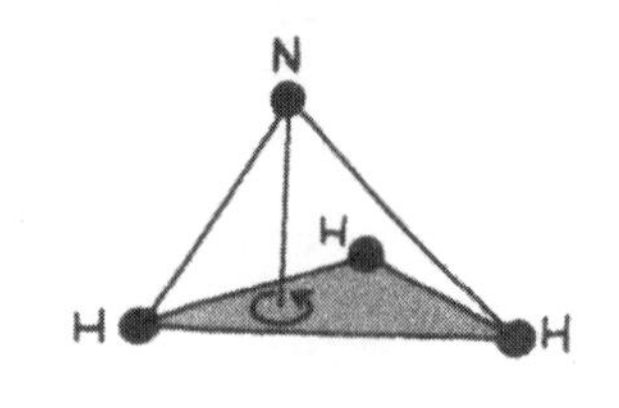

分子の個別のエネルギー状態に対応するのである。これらの状態の1つを細かく調べればわかるのだが、実際には、2つの別個の、しかし密接したエネルギー準位で成り立っている。この2つのエネルギー準位は、窒素原子が、ピラミッドの底面の上か下かのどちらかにある結果である。そしてこの1対の準位の間のエネルギー差が、およそ23 870メガヘルツの周波数に相当する。

この周波数を利用するには、2つの「振り子」からなるフィードバック系が使われる。つまり、水晶発振器とアンモニア分子である。この水晶発振器は、アンモニア分子の周波数に近い周波数を発生する。この信号は、アンモニア分子を納めた容器の中に送り込まれた弱い電波と考えることができる。電波信号が、正確にアンモニア分子の共鳴周波数であれば、分子は振動し電波のエネルギーを強く吸収するから、わずかな信号しか容器を通過しない。電波周波数とアンモニアの共鳴周波数との差にほぼ比例して吸収されにくいので、その他の周波数では信号はアンモニアを通過する。アンモニアを通過したこの電波が、水晶振動子の周波数をアンモニアの共鳴周波数に合わせ込むのに使われる。アンモニア分子は、このようにして、水晶発振器が所期の周波数で作動し続けるための役割を担うのである。

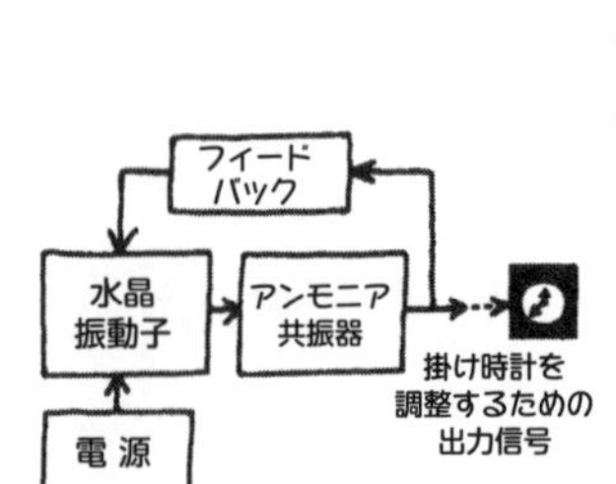

水晶振動子は、次いで掛け時計のような形での表示装置を制御する。言うまでもないが、掛け時計は、普通60ヘルツの電気信号で作動するありふれた電気時計と同様、かなり低い周波数で作動する。このように低い周波数を発生させるには、電子回路で結晶の周波数を下げる。回転部品の回転速度を、歯車列を使って変換するのと同じである。

アンモニア分子の共鳴曲線は、従来の共振器に用いられていた共振曲線よりはるかに狭いが、それでも問題はある。問題の1つは、アンモニア分子同士が、たがいに、もしくは容器の壁と衝突することにある。これらの衝突は、分子に力を及ぼし共鳴周波数を狂わせる。

その他の難点として、周波数を変えてしまうような「ドップラー効果」を引き起こす分子の運動がある。ドップラー効果による周波数のずれ、すなわちドップラーシフトは、近づいてくる、また遠ざかる列車の警笛を聞く時に経験できる。列車が近づいてくる時には警笛音の高さは高くなり、列車が遠ざかる時低くなる。これと同じ効果が、アンモニア分子の速さにも当てはまり周波数を狂わす。アンモニア分子でなく、セシウム原子ならこの影響は低減される。

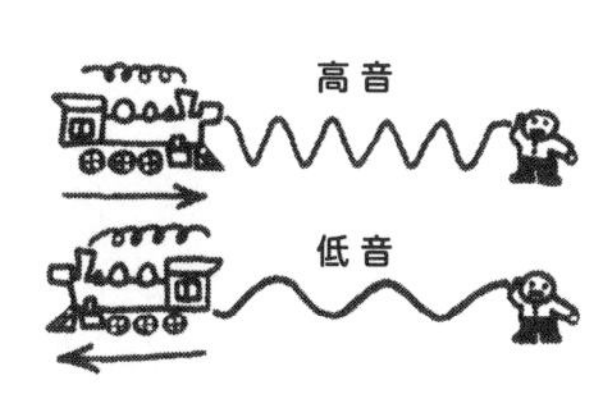

・セシウム共振器 ― Q 値＝ 10^7 ～ 10^8

セシウム原子の固有振動は、アンモニア分子と同様、電波スペクトルのマイクロ波領域にあり、その値は 9 192 631 770 ヘルツである。この固有振動は原子自体の性質の１つであり、4 つの原子の相互作用の帰結であるアンモニアの固有周波数とは相違している。セシウムは、室温では銀色の金属である。原子の核は電子の群れで囲まれているが、最外殻にある電子は、それだけしかいない１つの軌道上にいる。この電子は、あたかも自転しているかのような磁場をもっている。セシウム原子の中心、すなわち原子核も自転していて、もう１つの微細な磁石の働きをしており、磁石それぞれはたがいに相手の力を感知している。

これら２つの磁石は傾いて回転するコマのようで、その有様は、地球が月の引力を受けて傾いているのと似ている（地球のこの歳差運動については９章で詳しく述べる）。もし２つの磁石がそれぞれのＮ極を同じ向きにして並んでいるならば、そのセシウム原子はある１つのエネルギー状態にあるという。他方、それらが向きを逆にして並んでいるならば、その原子は別のエネルギー状態にある。これら２つのエネルギー状態の間の差が、周波数 9 192 631 770 ヘルツに相当するのである。今、仮にこの周波数と一致した電波の「容器」の中にセシウムの原子をどっぷりつけ込むとすれば、外殻のスピン電子は、エネルギーを吸収あるいは放出して「向きを反転する」ことができる。

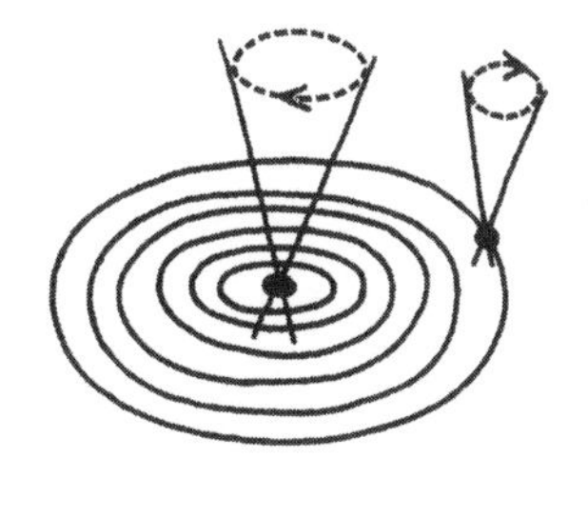

次の図は、セシウムビーム型周波数標準器の動作を表している。左端に小さな電気「オーブン」があり、セシウム原子を暖めて「蒸発」させ、小穴を通して長い真空の管に送る。原子は管の中を、行進する兵士のように、たがいに衝突せずに通っていく。この衝突がアンモニア共振器の場合の難点の１つであった。さて、原子は管の中を抜けて「ゲート」に入る。ゲートというのは、実際には特殊な磁場のことで、そこで原子は、電子と核とが同じ向きに自転しているか、あるいは、両者が反対向きに自転しているかによって、二手に分けられる。どちらか一

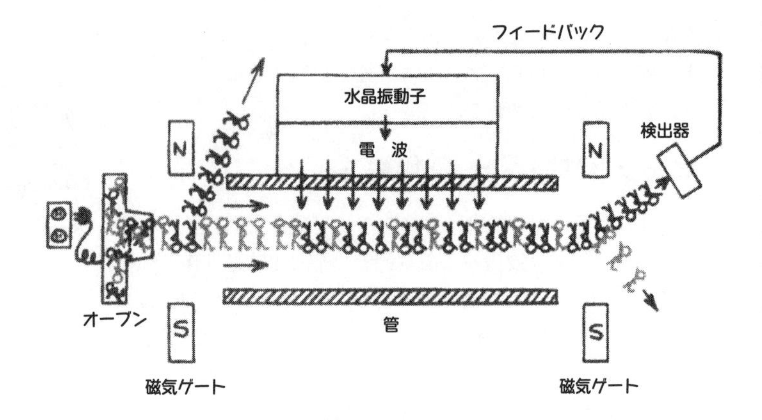

方の原子だけが管を通り抜け、他方の原子は方向をそらされる。選ばれたビームは管を通る時ある場所で、9 192 631 770ヘルツにごく近い電波に曝される。電波がまさにこの共振周波数であれば、多くの原子がエネルギー状態を変え、すなわち向きを反転させられる。

原子は、次いで管の他端でもう1つの磁気ゲートを通る。電波の作用のもとでエネルギー状態を変えた原子は、管の端の検出器に向かって進むことを許されるが、状態を変えなかった原子は、検出器へのコースから外される。電波の周波数が共鳴周波数に等しければ、検出器に到達する原子の個数は最大になる。検出器は、到着する原子の個数に対応する信号を発生する。この信号は水晶発振器にフィードバックされ、検出器に到着する原子の数が最大になるように電波の周波数を制御する。これは言うまでもなく、電波の周波数をセシウム原子の共鳴周波数に一致させるということを意味する。このようにして結晶振動子の周波数はセシウム原子の共振周波数に結びつくことになるのである。この過程全体は自動化されているけれども、手順としては、ラジオのダイヤルを注意深く合わせ込みながら、最も大きく最も明瞭な信号が受けられるようにするのとよく似ている。うまくいけば、受信器は届いた信号に正確に「周波数同調」されたことになるのだ。

前に見たアンモニア共振器の難点の1つは、セシウム原子を、相互作用ができるだけ小さくなるよう管内を行進させることで回避される。ドップラーシフトに由来する周波数の広がりは、図に示すとおり、電波をセシウム原子のビームに直交するように送信することで狭められている。セシウム原子は、電波に対して近づくことも遠ざかることもなく、いつも直交して動いているのである。

・1000万年に1秒

研究所でていねいに作られ管理されているセシウムビーム共振器のQ値は1億を超えるが、旅行カバン程度の移動可能な小型装置のQ値はおよそ1000万である。原理的に言えば、研究所の発振器は、ほぼ1000万年間に1秒以内のずれに時間を保持する*。と言っても、それだけ長持ちする装置を作ることができればの話だが。

*時計の1秒の正確さが 10^{-14} である時、1年間はおよそ3000万秒なので「300万年間に1秒のずれ」と表現する。

セシウム共振器のQ値がこんなにも高いのはなぜなのか？「減衰」時間が長い場合に共振曲線の広がりが狭くなることはQ値の項で述べたとおりだが、現実に即して言えば、広がりは減衰時間の逆数、すなわち「1/減衰時間」そのものである。セシウムビーム管の場合、減衰時間とは、セシウム原子が管を通過するのに要する時間である。研究所に置かれているビーム管の長さは数メートルであり、また原子は、電気オーブンで蒸気に変えられたのち、およそ100メートル毎秒の速さで通過していくから、長さ1メートルの管を例とすれば、セシウム原子はおよそ0.01秒の間、管内にあるので、これは100ヘルツに等しい。ただしQ値は、共振周波数を周波数幅で割った値だから、9 192 631 770ヘルツ／100ヘルツ、すなわちおよそ1億である。

$$\text{管内にある時間} = \frac{\text{管の長さ}}{\text{原子の速さ}} = 0.04\text{s}$$

$$\text{周波数の広がり} = \frac{1}{\text{管内にある時間}} = \frac{1}{0.04} = 25\text{Hz}$$

・原子をポンプする

ショートが振り子時計に改良を加えたのと同様、セシウムビーム共振器についても、何年にもわたる改良や精度の向上がなされてきた。最も重要な進歩の1つは、磁気ゲートのかわりに「光」ゲートを取り入れたことであった。この方法を用いる場合、セシウム原子を所要のエネルギー準位にする（すなわち、ポンプする）役をするのはレーザービームである（レーザーについては7章で再び取りあげる）。原子は、ビーム管を通ったあと第2のレーザービームで照射される。所要のエネルギー状態にある原子だけがこの光を吸収するが、その光は、ほぼ即座に再放射される。再放射された光の強さを光検出器ではかる。

磁石をレーザーに置きかえる

再放射される光の強さは、磁気ゲートを採用した在来のセシウム共振器の場合と同様、容器内の電波の周波数が原子の共鳴周波数に等しい時に最大となる。

ポンピングの方法は、前の方法を大きく上回る利点をもっている。従来の磁気ゲート方式は、無用の原子を除外する働きをしただけだったが、ポンピングは、ビーム中の原子すべてを所要のエネルギー状態にポンプしてくれるのである。最も明白な利点は、ポンピング方式で得られる信号のほうがはるかに強いという点である。

1993 年、NIST は一次周波数標準器を、光ポンピング方式によるものに更新した。これにより、たちどころに正確さが大幅に向上した。

NIST-7　一次周波数標準器と NIST の科学者たち

・原子に基づく秒の定義

セシウム共振器が「時を刻む」動作の滑らかさにより、天文学的な観測に基礎を置く秒の定義は 1967 年に廃止され、秒はセシウム原子の 9 192 631 770 振動の持続時間として再定義された。

この経緯は、これまで述べてきた、天文学者と時計製作者の間の長年にわたる激しい攻防の一例である。

原子で秒を定義するに至った背景の詳細は、9章で取りあげる。これも同章で扱うが、究極の時間情報の責任を担う機関である各国の国立研究所は、文字どおりに、掛け時計のような文字盤や針のついた大きな原子時計といったようなものを装備しているわけではなく、いわばたくさんの時計で構成された「時計」を装備している。その中の1つはいくつかの原子発振器を組み合わせたセットであり、それが時計システム全体に対して正確さと安定度を提供しているのである。

・ルビジウム共振器 ― Q値＝ 10^7

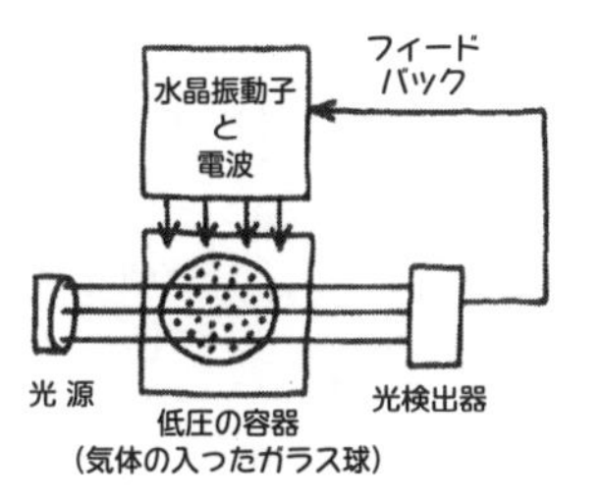

ルビジウム共振器

ルビジウム共振器は、セシウム共振器より質の面で劣りはするものの、比較的安価であるし、現今の多様な要求に十分適合する点で重要視されている。装置は、専用の器に低圧で封じ込められた気体状のルビジウム原子の所定の共鳴周波数に基づいている。

原子は、水晶と同様、複数の共鳴周波数をもつ。ルビジウムの共鳴周波数のうち、1つは強い光のビームで励起され、他の1つの共鳴周波数はマイクロ波周波数領域の電波で励起される。ルビジウム気体を入れたガラス製の球に光が入射すると、条件に「適合した」エネルギー状態にある原子は、エネルギーを吸収する。(この状況は、電波を通過するセシウム原子と似ている。その際、適切な向きに自転している外殻の電子は、電波を吸収して反転し、別のエネルギー状態を発生するのである)。

マイクロ波信号の周波数がルビジウム原子の共鳴周波数に等しい時に、光ビームからのエネルギーを吸収するのに「適した」種類の原子の数が最大になる。ガラス球内の原子数の多くが適した状態に変われば、光ビームのエネルギーの多くが吸収される。こうして、光ビームが最も強く吸収される状況に至れば、マイクロ波信号は、所期の周波数をもつことになる。そこで再び、セシウムビーム管の場合と同様に、原子を通過する光の強さを検出し、その値が最小値に達するようマイクロ波周波数をコントロールするのである。

最も優れたルビジウム発振器はおよそ1億のQ値をもち、2、3カ月の間に1ミリ秒以内のずれで時間を保持する。とはいえ、水晶振動子と同様、時間と共にゆっくりとずれを生ずるので、折々にセシウム発振器を基準としてリセットしてやる必要がある。このずれは、光源の周波数ずれや、ルビジウムの入った容器の壁にルビジウムが吸収されることに起因する。

・水素メーザー —— Q値＝10^9

これまで述べてきた3種の原子共振器——アンモニア、セシウムおよびルビジウム共振器——においては、共振周波数の観測は間接的な方法で行われる。具体的に言えば、セシウム発振器の場合には、検出器に到着する原子の数を計測し、アンモニアの装置およびルビジウムの装置では、原子や分子を信号が通過する時に吸収される信号の量を計測する。しかし、原子からの電波信号や光信号を直接的な方法で観測すればいいではないか？　次に述べる装置——水素メーザー——では、まさに直接的な観測が行われているのである。

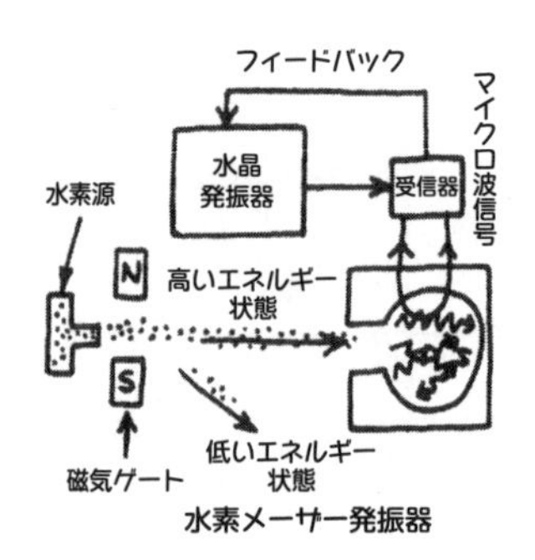

水素メーザー発振器

メーザーを開発した米国の科学者チャールズ・H・タウンズは、発振器を研究していたわけではなく、むしろ、マイクロ波信号を増幅する方法を探っていた。そのためメーザー（maser）の名は、「Microwave Amplification by Stimulated Emission of Radiation（誘導放出によるマイクロ波増幅）」の頭字語からきている。それはそれとして、周知のとおり、特定の周期または周波数で発振し続けるものは何であれ、時間を保持するための装置つまり時計の基準とすることができる。水素メーザーの共振器は水素原子であり、特定の共鳴周波数1 420 405 752ヘルツをもっている。

セシウムビーム管の場合と同様、水素気体が磁気ゲートへ送り込まれるが、ゲートは、エネルギーを放射する状態にある原子だけを通過させる。ゲートを通ることができた原子は、直径が数センチメートルの石英ガラス製の蓄積球に入る。この球の内面はテフロン系の物質でコーティングされているが、この物質は、付着しにくい調理器具に使われるものと同類である。水素の原子と球の壁との衝突の際に引き起こされる周波数の乱れがこのコーティングで軽減されるのだが、その理由は完全にはわかっていない。原子が球に入ってから出るまでの時間はおよそ1秒である。それゆえ、それらの実効的な減衰時間はおよそ1秒で、これはセシウムビーム管に対する0.01秒とは対照的に長い。セシウムの場合に比し、共鳴周波数は低いにもかかわらず、減衰時間は長いので、Q値はおよそ10倍も高いという結果になるのである。

エネルギーを放射する状態にある水素原子が、球内に十分に含まれていれば、球の中で「自励発振」が起きることになる。量子力学の法則によれば、エネルギーを放射する状態にある原子は、やがてひと固まりの放射エネルギーを自然放出する。どの原子がエネルギーを放出するのか、それを前もって知ることはできないのだが、石英ガラス球内に原子が十分に存在すれば、それらの1つが、いつかは自然に共振周波数のひと固まりのエネルギー、つまり光子を放出するのである。そしてもし、この光子が、エネルギーを放出する状態にある他の原子に衝突すれば、その原子はもう1つの光子という形でのエネルギーの放出を「誘導される」のだが、その光子は、この過程を引き起こした光子と正確に同じエネルギー、すなわち同じ周波数をもつ。この注目すべきことは、「誘導された」放出とそれを引き起こした放射との歩調がぴったり合っていることである。それは、たとえれば、合唱団全員が、同じ歌詞をずれずに声をそろえて歌っているのと同様である。

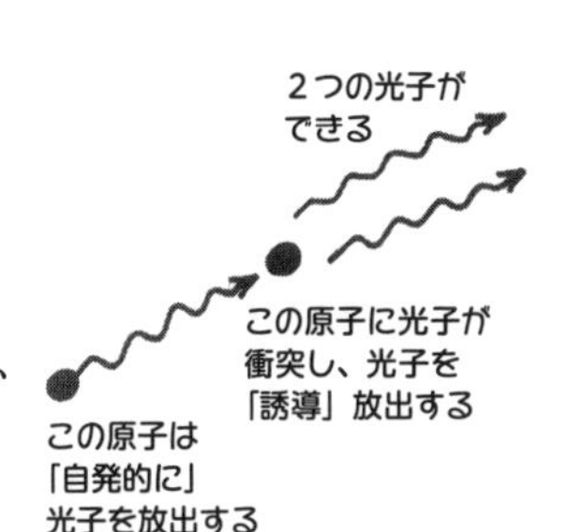

さて今、球内では、2つの光子が跳びまわっており、それらは、エネルギーを放出する状態にある他の原子と相互作用するだろう。このプロセス全体は、たとえて言えば、トランプカードのピラミッドが崩れる過程に似ている。光子はみな歩調を合わせており、特定周波数のマイクロ波信号を形作るから、検出器で拾いあげることができる。この信号が結晶振動子に伝えられ、水晶振動子の周波数のエネルギーを放出する状態にある水素原子の共鳴周波数を保持する。高エネルギー状態にある水素原子が一定の流れで供給され、その結果、連続的な信号が得られる。

水素共振器は、Q値についてはセシウムビーム共振器よりも高いが、正確さの面で言えば、目下さほど優れてはいない。これは、水素原子と石英ガラス球の壁との間の衝突から生ずる周波数のずれを正確に評価し最小化しなければならないという未解決の問題を抱えているためである。

さらに優れた時計の可能性

周波数が増すと、減衰時間は減る

周知のとおり、共振器のQ値は減衰時間と結びついている。これまでに見てきたように原子共振器の減衰時間は、大局的に言えば、原子が各種の容器、ビーム管やガラス球を通り抜ける時間の長さに左右されていた。他方、歴史を振り返ると、共振周波数は、より高いほうへ移行している。しかし、この移行は、減衰時間に決定的な影響を与えるものであることが明らかになった。既述のように、エネルギーを放出する状態にある原子は、十分な時間があれば、自然に特定周波数での一連のエネルギーの固まりを放出する。量子力学の規則によれば、減衰時間は、周波数の増加と共に急速に短縮される。当然ながら、そのように高い周波数では、自然放出の平均時間——すなわち自然寿命——は、原子が容器内に留まる時間よりもかなり短くなるのである。

よりよい時計の探究は、たとえば最初の振り子時計からショートの自由振り子時計への発展に見られるとおり、いつも既存技術のうちの1つを着実に改良するという形で行われてきたのだが、その後、原子の本性の深い理解のような新知見に裏づけられた性能の急進展の時代になった。

1989年のノーベル物理学賞は、よりよい時計を目指して進んできた歴史的な進展の跡を、2つの局面から顕示している。この賞は、一局面でハーバード大学のノーマン・ラムゼーの生涯にわたる数多くの業績に対して贈られたのだが、彼は、セシウムビーム共振器に抜本的な改良をもたらし、またメーザーが時間の計測にどう活用できるかを探求したパイオニアでもあったのだ。

さて、同賞は、他の局面でワシントン大学のハンス・デーメルトとドイツ、ボン大学のヴォルフガング・パウルの2人に一緒に与えられていて、彼らの業績は、時計の改良に劇的な向上の素地を築いた点にあるとされた。と言うのも、セシウムビーム共振器の操作には数百万個もの原子数が必要だったのに対し、パウルとデーメルトの業績は、ひと握りの原子、さらには、たった1個の原子を使った時計を目指すものだったからである。その詳細は7章で述べることにしよう。

現下の状況を見れば、もっとよい、さらによい時計を作ろうとすることへの唯一のハードルと言えば、それは、人類が、新たな道を切り開く際に必ず遭遇する諸問題に立ち向かう人間の創意の最上点にいるということである。未来への可能性を探るのは、自然ではなく、私たちの想像力なのである。

ここまで述べてきた原子共振器は、科学、研究所、およびそれらに類する特殊な使用目的を例外とすれば、あまりにも扱いにくく、しかも高価なものであり、操作と管理にはそれなりの専門家を必要とする。だが、思えばわずか数年前には、水晶発振器について全く同じことが言われていたのに、今やこの発振器は時計や腕時計で普及した。原子時計を今日よりもずっと使いやすく入手しやすいものにする突破口などありえないと誰が言えるだろうか？

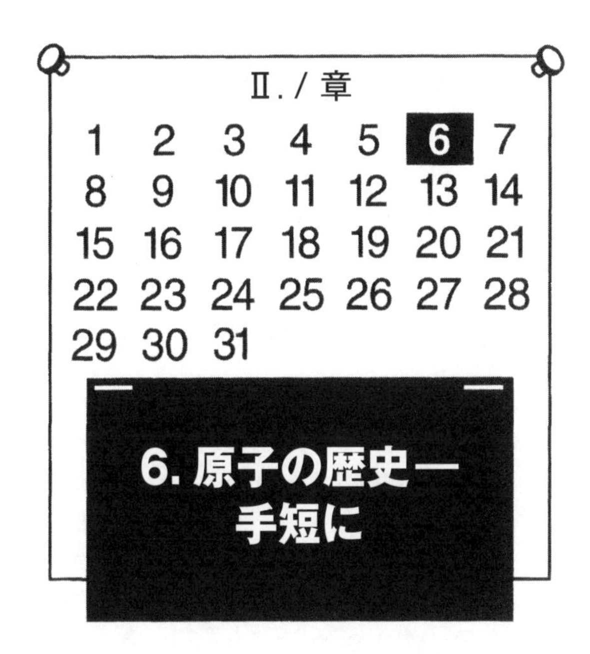

6. 原子の歴史—手短に

この章では主題からいったん離れ、背景のいくつかを見てみたい。その理由はいくつかある。まず、量子力学の理解を深める必要があるからだが、それはより優れた製品を常に目指している時計製作者の戦略的道具として重要だからである。加えて量子力学は、天体観測と相携えながら、宇宙の誕生と進化についての理解に革命をもたらした。のちの18章で見るとおり、この新しい理解により時間の本性や、時間が物理的宇宙の中で演じている役割までが見直されることになった。

量子力学
＋
天体観測

19世紀末には科学者たちがまさに原子の存在について議論していたことを考えると、原子の構造を理解するまでに至っている現状は奇跡に近い。原子という考えがいかに普及したかの話は、ここで扱う背景の主要な部分である。と言うのは、温度の概念は原子の運動を通じて深く理解されたからだ。これは、その後の時計の発展にとって重要であるばかりか、時間の本質や宇宙のはじまりの解明に寄与した。私たちはまず、「熱い」および「冷たい」という認識がどのような歴史的過程を経て発展し、原子に至ったのか、それを手短にたどりたい。

熱力学と産業革命

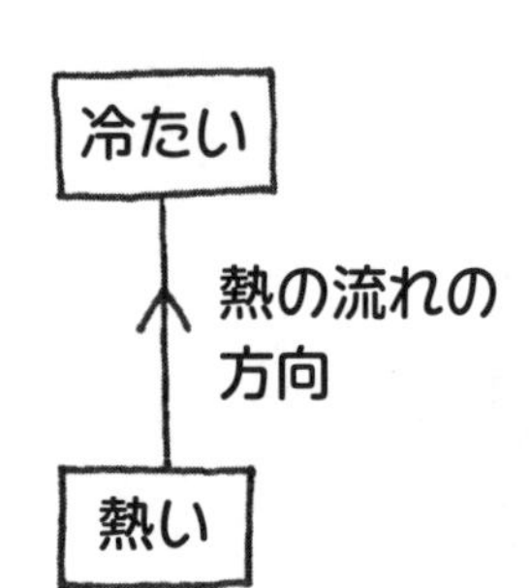

20世紀中頃までなら、冷却の技術は、熱力学の諸法則すなわち熱・エネルギー・温度の性質をひとまとめに扱う物理法則に基づいて理解されていた。熱力学法則のうちの第二法則は、熱が冷たい場所から熱い場所へひとりでに流れることはないと述べている。別な言葉を使えば、冷たい場所をより冷たくするには、たとえば冷凍機を作るなどして、仕事をしなければならない。

これらの諸法則は、産業革命を起こした蒸気機関の理想的なモデルの研究を通じて発見された。熱の真の性質が理解される以前にこの発見がなされたことは、驚嘆に値する。あとでも触れるが、熱はエネルギーの一態であり、ある物体の温度は原子の運動に結びついている。だが、まずは冷熱の本性にかんする重要な諸概念の多くが、原子という考え方によらずに発達したところから始めよう。そして次に、原子の性質に基づく熱の理解が、いかに物体を極限の温度まで冷やす新しい技術を発展させたかを見てみよう。それはより優れた時計への切符であった。

さてこれから、物を冷やすということについて考えるのだが、併せて温めることについても考えよう。多くの人は、温めると冷やすと言えば、ストーブと冷蔵庫を思い浮かべる。古代人は、火を起こし食物を温めることを知っていた。冷やすことは面倒だったが、近くに氷河や雪があった人々は幸運だった。しかし、冷熱が同一テーマの両局面なのだということは、19世紀まで明白でなかった。

初期には、冷熱は「熱素」および「冷素」と呼ばれる流体状の物質によって引き起こされるとする解釈もあった。その考えでは、氷が融ける時冷素が生じて周りの物体を冷やすことになる。反面、大砲を作る際に黄銅に穴をあけると、削りだされた黄銅片が熱素を放出し、その結果、砲身は熱くなった。しかし、手をこすって温めることはできるものの、手の皮が剥けて粉となって足元に落ちる様子は見られないという指摘もあった。

最終的には、英国の物理学者ジェームズ・プレスコット・ジュール（1818生）が、熱はエネルギーの一形態であることを示した。彼の証明は巧妙だ。断熱容器に入った水の中に小さな攪拌用の羽根車を置き、巧妙な仕組で装置の外の錘を落下させ羽根車をまわす。これは、大型柱時計を動かす錘と同様だ。ジュールは何年も実験を繰り返して、「1ポンドの水の温度を1華氏度（℉）*だけ高めるには、1ポンドの錘を772フィートだけ落とす必要がある」と結論した。彼が得たこの結果は、今日確認されている数値778フィートに極めて近い。

ジュールの実験は、冷熱が別の物質であるという概念を否定した。冷たい状態とは熱の欠如にすぎないということが、今や明らかになったのだ。ただし、撹拌用の羽根車のエネルギーがどうして水を温めたのかという疑問は未解決のまま残った。実は、この新しい見解から、いくつかの興味深い着想が生まれた。その中の最も卓抜なものは、「冷たい状態が熱の欠如だとすれば、物全体が熱を全く含まない点がどこかにあるはずだ」というものだった。その点がどこかはさておき、可能な最低の温度の存在を表している。この概念は発展し、1848年に新しい温度目盛をもたらすことになる。それがケルビン目盛（熱力学温度）なのだが、この目盛のゼロ点が可能な最低温度を表す。この目盛は、英国の偉大な物理学者ケルビン卿にちなんで命名されたが、そのゼロ点、すなわちゼロケルビンには、「絶対零度」という適切な呼び名が与えられている。この目盛については、ややあとにまた立ち返ることとしよう。

熱の本性の問題は、数世紀にわたる論争を引き起こし、1870年頃まで結着しなかった。冷たい状態は熱の欠如にすぎないとしたジュールの論証も、熱はやはりある種の流体——それもここにきて、2種ではなく1種——なのだと見る考えを消し去る

*ファーレンハイト温度目盛。
$F/°\mathrm{F} = (9/5)\ t/°\mathrm{C} + 32$
1フィート＝0.3048 メートル
1ポンド＝0.4536 キログラム。

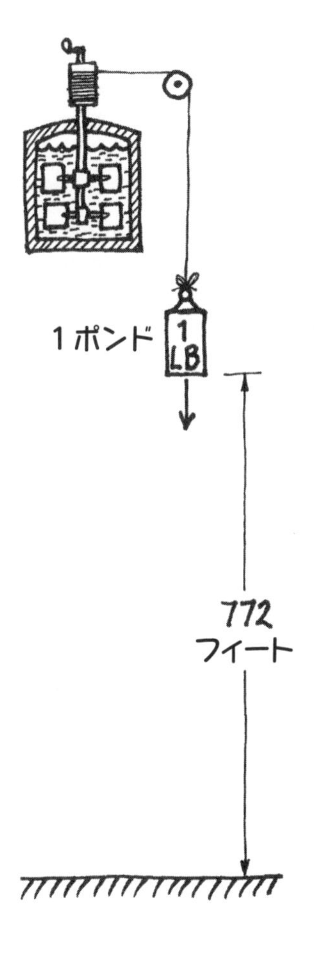

ことはなかったのだ。

熱は流体なのだとする所見は、多くの魅力を備えている。今日でさえ、「熱は流れる」という。しかし、問題もある。たとえば、なぜ熱素で満たされた熱い物体は、冷たい物体より重くないのだろうか？

ランフォード伯の大砲

熱は物質それ自体の性質なのだとする根拠の定かでない思い込みが世に広まっていた。反面、熱はどこかで運動に結びついているのだと見る意見も支持されており、ベンジャミン・トンプソンによりそれが証明された。米国生まれの彼は国を追われ、英国およびドイツ圏のバイエルンに移って職を得た人物で、バイエルンでは選帝侯への尽力の功によりランフォード伯の爵位を得た。伯の任務の１つは、バイエルン陸軍の黄銅製大砲の中ぐりの管理であったが、「熱素の流体」を疑問視していた彼は、ある砲の中ぐりの途上で実験を行った。彼は、先が尖っていない鋼製の軸をまわしながら砲口に突っ込み、砲の先を水槽に入れた。回転する軸が砲口内面をこするにつれて、砲は熱せられ、ひいては水も温められて２時間半後に沸騰した。ランフォードは、この発熱は黄銅の削り屑の集積によるものではなく、軸がまわっている限り砲が発熱するのだと指摘した。そして、熱は運動の産物であること、熱素は存在しないことを結論とした。

運動＝熱？

しかしながら、ランフォードの説から１つの問題が出てきた。熱せられた大砲のような物体は中ぐりを止めたあとでも熱いが、それはなぜなのか？　静止している大砲のどこに運動が認められるのか？　静止している大砲が、実際には静止状態にはないということなのだろうか？

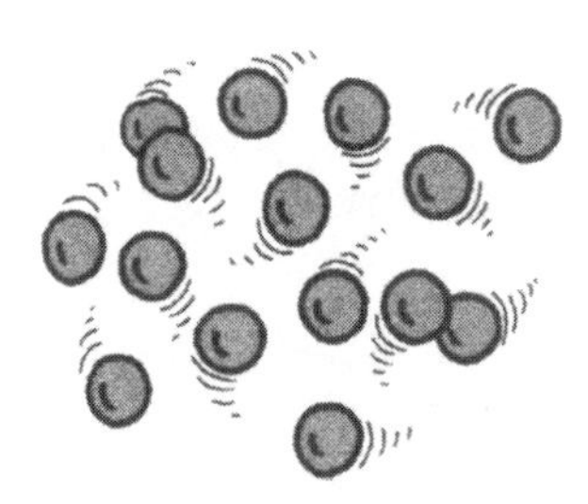

この疑問は、紀元前５世紀にギリシャの哲人デモクリトスが提起した古い考えを思い起こさせる。彼の思弁に従えば、固体は実は中身の詰まったものでなく、「atomoi（原子）」と呼ばれる個々に独立した無数の微小な球で構成されている。それが真理なら、静止状態の大砲も本当は静止してはおらず、絶えず動いている、目には見えない物質微粒子で成り立っている。大砲が熱ければ熱いほど、微粒子の動きは激しい。

土星の輪と原子

宇宙が原子で成り立っているという推論は、19 世紀の優れた物理学者ジェームズ・クラーク・マクスウェルの想像力をかき立てた。エディンバラで 1831 年に生まれた彼は、興味をもつといつでも「それでどうなるの？」と訊ね父を困らせた。天賦の才がある学生だったマクスウェルは、わずか 17 歳の時、エディンバラ王立協会に 2 編の論文を提出して教師らを驚かせた。

英国ケンブリッジ大学の学生になってからは、土星の輪について研究し、あの輪は、当時の多くの学者が信じていたような連続的な物質ではなくて、実はばらばらの粒だと結論した。さらに、この土星の「跳びまわる石の破片」に続く研究では、どんな物質も「微細な粒子で構成されており……それらは激しく運動し、温度が上がれば運動の速度が増していくのだから、この運動の本質の詳細は、理論的な研究の課題となる」と提案するに至った。マクスウェルは研究を拡張し、粒子相互の衝突も考慮し、遂に粒子の平均速度がどのように温度に結びついているかを調べ、粒子温度の関数としての粒子速度分布を算出した。

運動＝熱

要するに、熱の感覚を引き起こすのは粒子、すなわち原子や分子の運動である。物体が熱いほど粒子の運動速度ははやい。室温での空気の分子は、ほぼゼロから 3000 キロメートル毎時の範囲で運動し、平均速度はほぼ 1500 キロメートル毎時である。

原子を静止させる

ここで、興味深い疑問が出てくる。物体を構成する原子の運動を止めるような点までその物体を冷やすことは可能なのか？　もしそれが可能なら、実現できる最低の温度つまりケルビン目盛の絶対零度まで到達したことになる。

しかし、原子を完全に静止させる目的で、物体をゼロケルビンまで冷やすにはどうすればよいのか？　解答への第一歩は、温度0 ℉、すなわち256ケルビン程度の冷蔵庫に入れることだが、それでもゼロケルビンにはまだまだ遠い。とはいえ、科学者らは冷凍作業への努力を重ね、1ケルビンの100分の2ないし3に当たる温度まで到達した。にもかかわらず、最先端の冷凍技術を駆使してもその先の限界は超えられなかった。

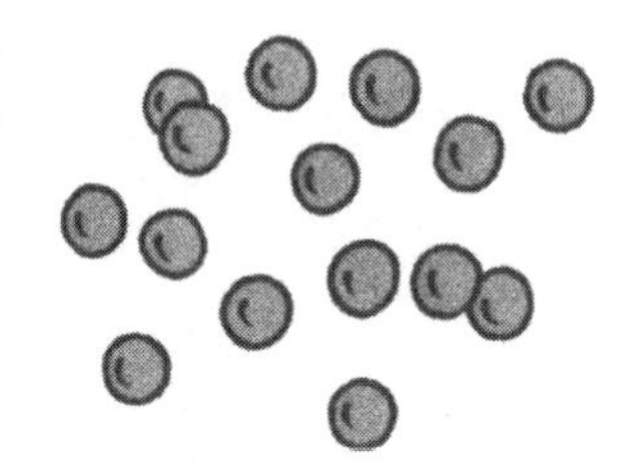
原子よ、止まれ！

この問題は、幼児のグループを鎮まらせる話とどこか似ている。幼児ら全員に呼びかけて、たとえば彼らを椅子に座らせることはできるかもしれないが、グループ単位では、結局のところ効果を期待することはできない。何人かは着席しないし、大半の子は椅子の上でもじもじし続ける。必要なのは、じかに働きかけることで、おそらく1つ1つの椅子にシートベルトを備えることだ。

熱力学の諸法則は、物質の平均的な大づかみの性質を扱うものであり、幼児ら全員に呼びかけるのと似ているところがあって、「幼児」ひとりひとりを扱うことはできない。では何が必要かと言えば、物質の性質をよく理解することと、そうした理解のメリットを活かした道具である。あとで見るように、物質の量子論はそうした理解を提供し、他方でレーザーは、原子の「シートベルト」を作るための1つの道具となったのである。

原子同士は衝突する

前の章で学んだように、原子はデモクリトスが想像したような硬くて丸い球ではなくて、重い原子核の周りを電子たちがめぐっている系、つまり太陽系のミニアチュアのようなものだ。そして、これも学んだことだが、原子は2つの許された軌道の間で上下にジャンプする際に、光子を吸収したり放出したりする。吸収あるいは放出されたエネルギーは、光子の周波数と直接に結びついている。のみならず、光子を吸収する原子につい

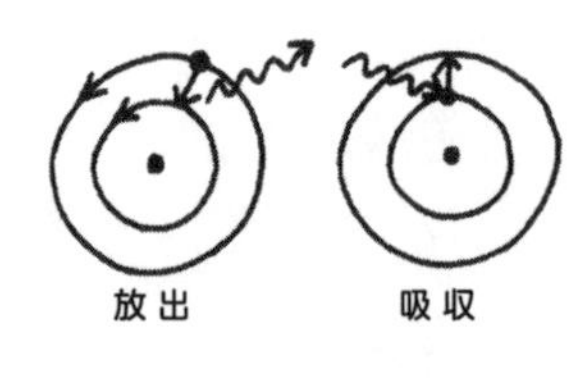

て考えれば、光子の周波数は、許可されたジャンプのうちの1つの共鳴周波数と等しくなければならない。最終的に、原子は自然放出または誘導放出の形で光子を放出できるということを学んだ。

ところで、吸収過程は光子と原子との間の衝突の一種とみなすことができる。2つの物体が衝突する時何が起きるか、それは、両物体の速度と質量とで決まる。今、図に示すように、滑らかな面をゆっくり滑る鉛の重い固まりに向けて弾丸を撃ち込むことを想定するのだが、鉛の固まりは、撃ち込まれる弾丸のほうに向かって滑っているものとしよう。弾丸が撃ち込まれれば、鉛の固まりは、運動の方向を保ちながらわずかに速度を落とす。遅くなる程度は、固まりの質量の他に弾丸の速度と質量とによって決まる。弾丸の速度と質量が大きいほど、固まりの減速は著しい。滑っている固まりに、多数の弾丸を撃ち込めば、固まりをほぼ静止させることができる。それと同様、原子に光子を撃ち込めば、運動を遅くすることになる。つまり、原子を冷やすのだ。

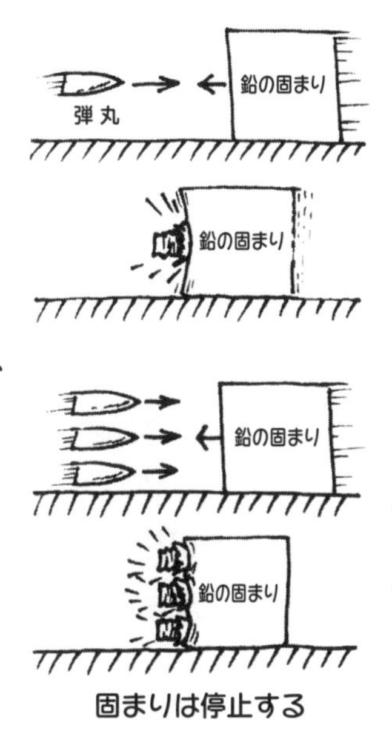

固まりは停止する

現実の世界では、いつも命中というわけにはいかず、いくつかの弾丸は固まりから外れ、外れた弾は固まりの運動にかかわらない。ニアミスは問題にするに当たらない。サー・ウォルタ・スコット*が1825年12月の彼の日記に書いたとおり、「すれすれでも外れは外れ」なのだ。ところが、光や原子の量子の世界では、外れは外れとは限らない。最悪の射撃でも原子を遅くすることがある。なぜそのような可能性があるのか？

原子は小さくて硬い球なのだとするデモクリトスの信念にかわって、原子は核の周りに電子が群れをなすという形で言われるようになったが、それでもなお、デモクリトス的な考えは残っている。原子自体は小さな硬い球でないにせよ、少なくとも電子と核は存在する。そのことは、原子構造研究の初期に、すでに人の知るところとなった。ところが、そこに奇妙な出来事が起きた。

2人の米国の学者、クリントン・ディヴィソンとレスター・ジャマーが、磨かれたニッケルから飛び出した電子の方向を調べ、電子はランダムな方向に跳ね飛ぶのを知ったが、そのあと思いがけず装置に爆発事故が生じてしまった。彼らが壊れた装置を苦労して直し、実験を再開したところ新しい結果が得られ

* *Sir Walter Scott*（1771-1832）英国の詩人・小説家。

た。ニッケルからの電子は、ある決まった方向にのみ飛び出したのだ。これは全く奇妙なことだった。それは地面に向けて好き勝手な角度で投げられたゴムボールが、あたかも一定の方向へバウンドするようであった。

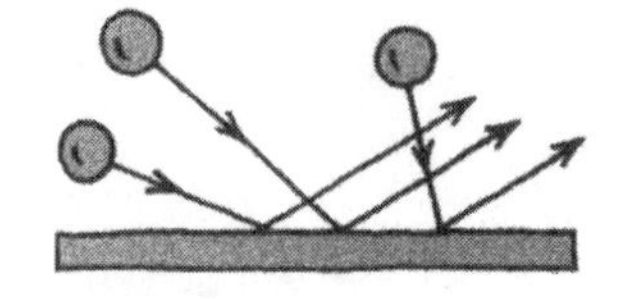

ディヴィソンとジャマーがまず発見したのは、装置の爆発によって生じた熱でニッケルが結晶化したことであった。そして、原子はもはやランダムには並ばず、きれいに列をなしていた。ただし、もし電子がほんとうに小さな硬い球であったなら、これは問題にならなかった。

その後の数カ月にわたる探究の末、電子は小さな硬い球とは全く異なり、波として現れていることが次第に明らかになってきた。この事実は、電子がニッケルに対して特定の角をなす方向にのみ反射されることの論拠となるであろう。電子の波は、ある方向では歩調を合わせるので、図が示しているように、列をなしている原子で反射する際たがいに強め合うが、その他の方向では歩調が合わず、たがいに打ち消し合うのだ。しかし、重大な問題がまだ残っていた。別の実験では、電子が小さい硬い球のようにふるまうことがはっきりと示されたのである。物質が粒子および波動の両方であり得ることは、どうして可能なのか？　それは「両方は取れない」という諺に反する。だが、今明らかになったとおり、原子のような粒子の世界では、両方を取ることができるのだ。

球 あるいは 波？
答え：両方

原子が波動でもあり粒子でもあるという概念は、常識に反する。にもかかわらず、この理念に基づいて作りあげられた理論は、自然の最も完全な描写を与える。電子、光子その他の素粒子は新しいカテゴリーに属し、粒子でもなく波動でもない、いわば私たちの日常の理解を超えた何かである。

さて、私たちは、原子のような粒子の世界では「すれすれでも外れは外れ」とは言えないのがなぜなのかということを理解し始めたところだ。光子と原子とが衝突するという時、それは小さい硬い球と大きい硬い球との衝突を指すわけではなく、波のような粒子２個の間の相互作用、すなわちニュートンが見出した運動の法則をもとには理解できない相互作用を指す。そのかわりに、20世紀はじめの数十年ほどの間に大幅に理解の進んだ量子力学の諸規則を活用しなければならない。

量子力学および物質の波動と粒子の二重性に関わる哲学的な

意味は、今後とも熱心に議論されなければならないが、ドイツの物理学者マックス・ボルンは、物質の波動的な側面について遂に１つの解釈を示した。いわく、物質波とは、ぼんやりしたものではなくて、特定の箇所に粒子をみつける確率を決めるものなのだ。物質波をこのように確率で理解することで、物質の波動性と粒子性とが結びつく。

電子がテレビ画面のあるスポットを光らせる時、画面は１つ１つの電子の存在を明らかにするが、物質波は電子が画面のある特定のスポットにぶつかる確率を決めるのだ。私たちは量子力学の法則をもとに、物質波を使って電子が通ると想定される経路を計算する。これは、多くの入念な実験で裏打ちされた現今の考え方に照らしてみた場合、望むことのできる最良の方法である。だが実は、原子的な粒子が経路を検知される以前に、すでに１つの経路をもっているとする考えは量子力学では無意味なことなのである。

この章では、温度および物質の原子的な本質にかんする理解をより深めた。以下、本書の主題に立ち戻ることとしよう。

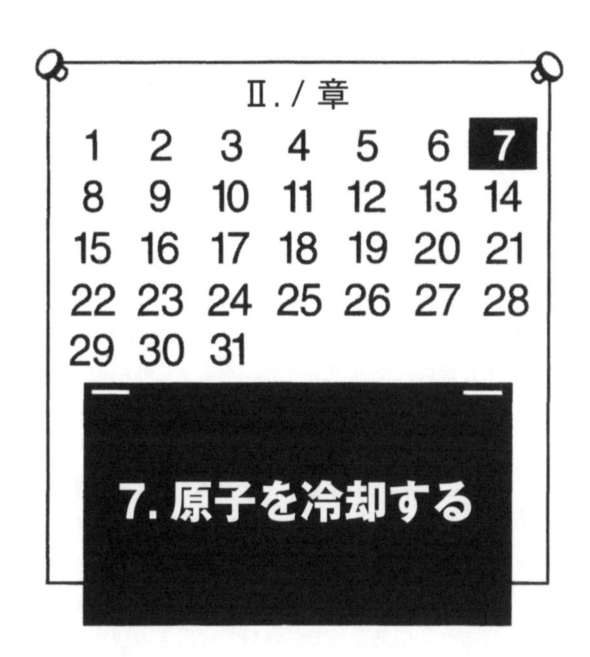

7. 原子を冷却する

すでに知っているように、デモクリトスが考えた硬い球形の「atomoi（原子）」は、20世紀初頭に、小さな原子核と周回する電子とからなるボーアの原子模型に取ってかわられた。ボーア原子模型をさらに発展させて導かれたものが量子力学であり、前章で見たとおり、量子力学では衝突する原子、電子、光子を、多数の跳びまわる球であるかのように考えることはできない。

問題：
ドップラーシフト
衝突

5章で述べたが、原子の運動と衝突は、よりよい時計を作ることを妨げる重大な問題である。運動はドップラーシフトを引き起こし、衝突は共振曲線の周波数幅を広げる。室温で平均速度が1500キロメートル毎時で動く原子や分子の運動を遅くするための、つまり冷やすための道具が必要となる。前章で少し触れたが、レーザーはそうした道具の1つなのである。

純粋な光

電気スタンドや蛍光灯から放出される普通の光は、さまざまな周波数をもつ波の混ざり合ったものである。単一の周波数の光を発する装置があれば、すこぶる有用だと考える人は多く、電波では何十年も前から電波送信器がそういった装置として使われてきた。「光」の送信器を使えば、低周波数の電波による

多種の波の混ざり合い

情報伝達をはるかに超えた率で情報を送ることができるだろう。

最初の「光送信器」であるレーザーは、1960 年代に開発された。それが実現するや否やレーザーには、ドリルとして穴をあけることをはじめ、原子を操作することまで、あらゆる用途が生まれた。他でもない、原子を冷却することも可能だったため、さらによい時計を作ることに役立った。

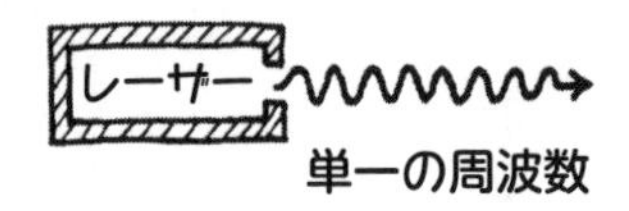

レーザーは5章で述べた水素メーザー周波数標準器に極めて似た手法で操作される。実際、レーザーは当初「光メーザー」と呼ばれたのであった。水素メーザーの共振器は、エネルギーを放出する状態にある水素原子で満たされている。ある瞬間に、これらの原子のうちの1つが、「自然に」光子1つを放出すると、その光子は他の原子に当たり、「誘導」してもう1つの光子を放出させる。この第2の光子は、さらに別の原子に当たる。以下、同様である。ここで注目を要するのは、誘導された放出光が、それを引き起こした光と歩調を合わせているという点であり、結果としてこれらの放出光の強度はひたすら高まり、遂にはその信号が受信器で検出できるようになるのである。メーザーとレーザーとの主な違いは、前者がマイクロ波を発生するのに対して、後者が光を発生するという点にある。

メーザー：
マイクロ波信号
レーザー：
光信号

初期のレーザーは高価であったし、2、3の周波数の光を短時間だけ発生させるものにすぎなかった。しかし、1970 年代までに周波数を変えられる連続出力のレーザーが入手できるようになった。現今のレーザーは低価格・高信頼性で、CD プレイヤーから光ファイバー通信システムまで、ありとあらゆる方面で活用されている。

原子を射止める

さて、レーザーで原子を冷やすにはどうすればよいのか、それを考えよう。手はじめに、ごく簡単な理想化された場合を考える。

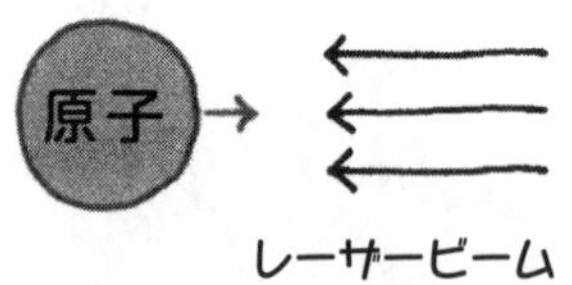

図は、レーザー光のビームに向かって動いている原子を示す。この理想化された原子には2つの軌道——一般にエネルギー準位と呼ぶ——だけがあると仮定しておくが、こうした原子1個が光子1個を吸収するごとに、その運動と反対の方向に軽い蹴り返しを受ける。さて、原子にできるだけ多くの光子を吸収させたいのだから、レーザービームの周波数を2準位原子の共鳴

周波数に等しく調整しようとする。これはいかにも正攻法のように思われるのだが、実は注意を要する点がある。

5章で述べたとおり、接近してくる原子から見た電波の周波数は高く見える（ドップラー効果）。それと同じ効果は、静止している原子に向かって接近する運動の際にも得られる。と言うのも、問題になるのは相対運動だけだからである。同様に、接近運動している原子が「見る」レーザー周波数は、運動していない原子が「見る」周波数よりも高い。別の表現をすると、運動している原子が運動していない原子の共鳴周波数を見るためには、ドップラー効果を帳消しにするのにちょうど見合うようにレーザー周波数を調整することが必要になる。そこで、原子が衝突を受けて遅くなるのに合わせて、原子の共鳴周波数に合うようにレーザー周波数を連続的に調整する。

運動する原子は、より高い周波数を「見る」

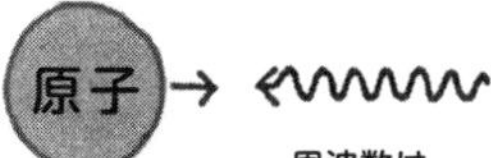

原子が光子を吸収すると、その原子のエネルギー準位は上位の準位へとジャンプする。しかし、自然放出の結果として、原子の準位はいつかはもとの準位に跳び戻る。その瞬間、光子が原子を蹴りながら放出される。まさしく弾丸が発射された時に銃の受ける反動と同様に、原子は光子の運動と反対の向きに蹴られる。この蹴りが原子を加速させるのだが、その増し分は、原子が光子を最初に吸収して減速した時の減り分と等しいのである。

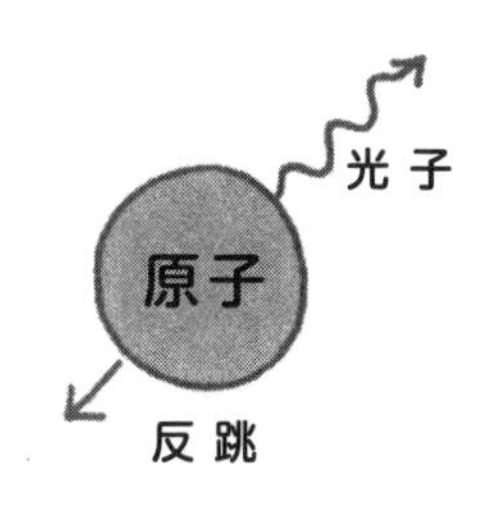

一見すると、吸収と自然放出に由来するこれらの蹴りは打ち消し合い、正味のところ原子を遅くすることはないように見える。だが、幸いにもそれは当てはまらない。原子を遅くする蹴りは、入射するレーザービームとは反対の向きに働くが、他方、自然放出される光子は、図に示すように原子から四方八方へ放出される。結果として、自然放出に由来する蹴りはたがいに打ち消し合い、吸収に由来するすべての蹴りが原子を遅くする。こうして、入射するレーザービームとは反対の向きの原子の速度は、他の方向での速度のごくわずかな増加を引きかえとしながら減少するのである。

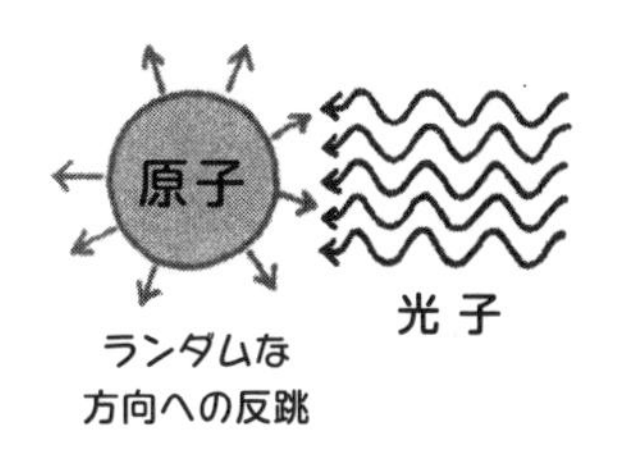

1つの原子が1つの光子を吸収したあと、その原子が光子を自然放出して、他の光子のために「空き」を作るまでの間は、他の光子を吸収することができない。自然放出に要する平均時間は、原子の種類、つまり金、水銀、水素などと、それらに関与する準位で決まる。自然放出までの時間が長ければ、原子

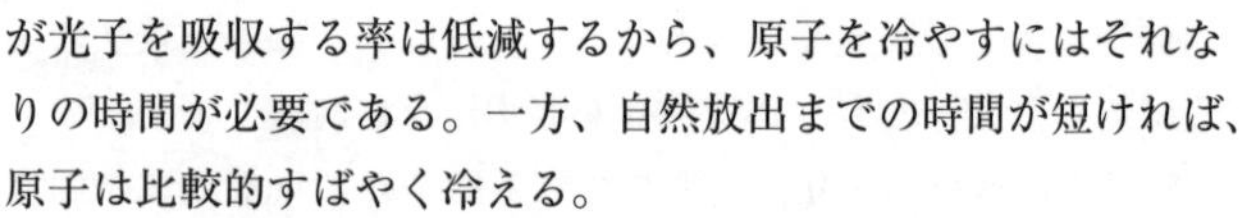

が光子を吸収する率は低減するから、原子を冷やすにはそれなりの時間が必要である。一方、自然放出までの時間が短ければ、原子は比較的すばやく冷える。

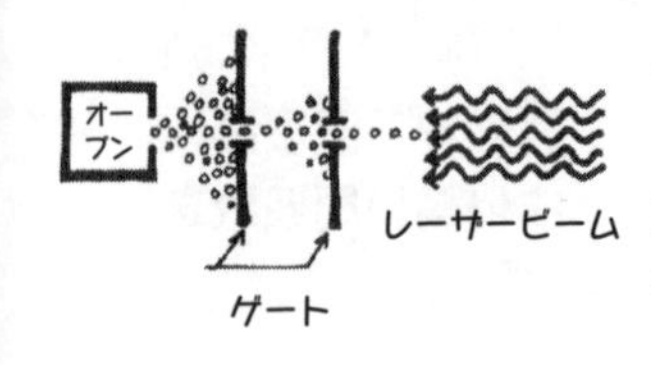

ここで、具体例としてセシウム原子の冷却を考えよう。温度100℃に暖めたオーブンから蒸気の形で出る速さ270メートル毎秒の原子を想定する。図が示すとおり、2つのゲートが右へまっすぐ進めない原子を取り除く。原子に強いレーザービームを当てれば、原子を遅くするための光子が十分多く存在することになる。原子が光子を吸収するたびに原子は約3.5ミリメートル毎秒の速度を失うので、簡単な計算でわかるように、どの原子も約8万回の衝突のあとに停止する。

セシウム原子は約2.5ミリ秒のちに停止する

原子が光子1つを吸収した後、他の光子を吸収しさらに遅くなるためには自然放出を待たなければならない。セシウム原子の場合、この時間は平均32ナノ秒である。原子が停止するまでにかかる時間は、全部で32ナノ秒*の8万倍、つまり約2.5ミリ秒である。その間の移動距離は、約0.34メートルである。

*正しくは、このほかに吸収の時間も考慮した値。

光糖蜜

一般に、原子は任意の方向に動くから、原子を減速するためには図に示すように、3組の対向したレーザーが必要である。図が示すとおり、見たところでは、強さは等しいが方向は反対という力が、あらゆる方向から原子に作用しているので、原子を全体として減速することはできない。ただし、これは静止状態にある原子についてのみ真なのである。すでに述べたように、動いている原子はドップラーシフトにより、異なる方向に異なる力の作用を受ける。そこで今、すべてのレーザーが原子の共鳴周波数よりやや低く調整されているとすれば、原子は動いている限り、運動の方向に常に減速作用を受けることになる。その有様は、さながら糖蜜の液体の中を原子が動いているかのように見えるので、現に科学者たちはこの効果を「光糖蜜」と名づけている。

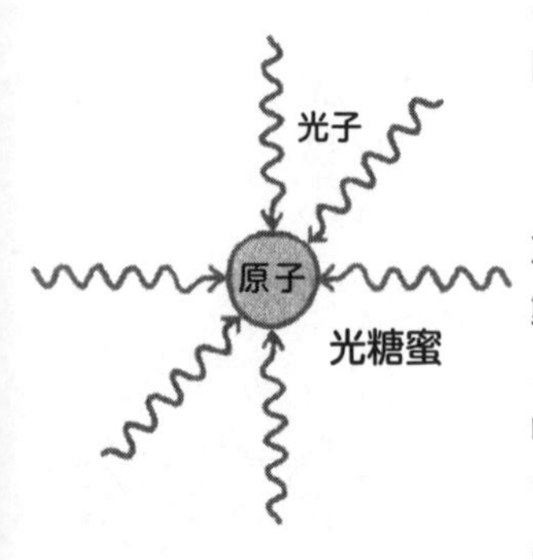

光糖蜜は、原子を冷やすのにたいへん効果的な手段であるのだが、その過程における量子力学的な本質により、原子の完全な停止はあり得ない。言い直せば、ゼロケルビンは不可能である。この不可能だという命題は、光子の吸収の回数も光子の再放出の方向もランダムであることに由来する。すなわち、ラン

ダムな吸収と再放出とにより、原子をあちらかと思えばこちらへという具合に蹴るので、光糖蜜の方法では打ち消し切れなく、わずかな運動を残すのである。

レーザー冷却・・・
複雑な過程

レーザー冷却法を使って得られた実験によれば、達成できる最低温度は、事前に想定していたよりもはるかに低いことがわかった。これは、たいていの場合とは反対の好ましい結果であった。当惑もあったが、最終的な解釈が得られた。レーザー冷却のメカニズムは、はじめに予想したよりもずっと複雑だったのだ。量子力学を厳格に適用したより厳密な解析がなされ、その中には当たり外れの問題もつきまとったのだが、最終的にわかったのは、レーザービームが原子のエネルギー準位を変える結果、実際の冷却作用にはいくつもの段階を含むさまざまな過程があったということであった。

いくつもの段階のうちの１つは、「シシュフォス」効果と呼ばれている。これは、ギリシャ神話に登場する邪悪なコリントの王の名にちなむ話なのだが、彼は地獄で山頂に向かって巨大な石を押しあげるという刑を宣告された。石は山頂に近づくと、転げ落ちてしまう。その結果、シシュフォスは、永久に石を丘に押しあげ続けざるを得なかった。

シシュフォス効果

原子冷却の過程にたとえれば、原子はエネルギー準位の変化につれて山頂に動くのだが、山頂に達すると（セシウム共振器の話の光ゲートと同様な）レーザー光によるポンピング作用を受けて山麓へ戻される。その結果、シシュフォス同様、原子は丘を登り続けエネルギーを失い、冷却されるのだ。

原子を捕捉する

原子を箱に捕捉する

光糖蜜は、プレイヤーのうちの小さな集団が常に他のプレイヤーから押されて前に進めなくなってしまうといった乱闘ゲームにたとえられる。また、もっと動きを制限するには選手たちを箱に入れてしまえばよい。箱の側面の壁が高く鋭くなるほど、逃げ出すことは難しくなる。科学者たちは、電磁場を利用する「箱」形の原子を捕捉するトラップを作って、そこに原子を入れてしまった。ここからは、まず、イオン、すなわち、軌道電子のうちの1個以上の電子を失い正の電荷を示す原子を捕捉することに着目する。

・ペニング・トラップ

リング電極
端部電極
磁場
磁場
捕捉されたイオン
ペニング・トラップ

何種類ものトラップが考案されたが、とりわけ興味深い2つについて論じよう。図に示すように、「ペニング」トラップは3つの帯電した部分からなる。それらの1つは、リング形で負に帯電しているが、他の2つは球を半割りした形で正に帯電している。リング部の曲面と2つの半球の端部電極との間の、およそ10ミリメートルの狭い隙間が、イオンを捕捉する場所である。正に帯電した端部電極は、正に帯電しているイオンと反発し合ってそれらを2つの端部電極の間に閉じ込め、他方、負に帯電したリングはイオンを引きつける。鉛直方向の静磁場は、図に示すように、イオンがリングに向かうのを妨ぐ。これらの押し引き作用の正味の結果として、イオンはトラップ中心に閉じ込められるのである。

ペニング・トラップは、何百万個のイオンを閉じ込めることができ、高真空中で作動するから、紛れ込んだ気体分子によってイオンがトラップから叩き出されるということはあり得ない。

・パウル・トラップ

端部電極
リング電極
発振器
トラップされたイオン
パウル・トラップ

もう1つのトラップ「パウル」トラップでは、イオンは電波信号で閉じ込められる。形はペニング・トラップに似ているけれども、静磁場は備えていない。端部電極とリング電極との間に高周波の交流電流を流して、端部とリングとの電気的極性を急速に反転させる。端部が正なら、イオンはリングの面のほうへ跳ね返される。リングが正なら、イオンは垂直軸に沿って抑え込まれる。こうしてイオンは、まず一方へ、次いで他方へと動きながらトラップ状態に至るのである。

1978年、コロラド州ボルダーにあるNBS研究所では、電磁場トラップを用いてマグネシウムイオンを40ケルビン以下まで冷やした。その2年後には、絶対ゼロまであと0.5ケルビンのところまで達した。単一のイオンは衝突がないから、もっと低く、理論限界にほぼ近いところまで冷やすことができた。写真の白点は、電磁場トラップの中心に捕捉された単一イオンを示している。隣の写真は、米国ペニー硬貨を背景にしたトラップの全体像を示す。

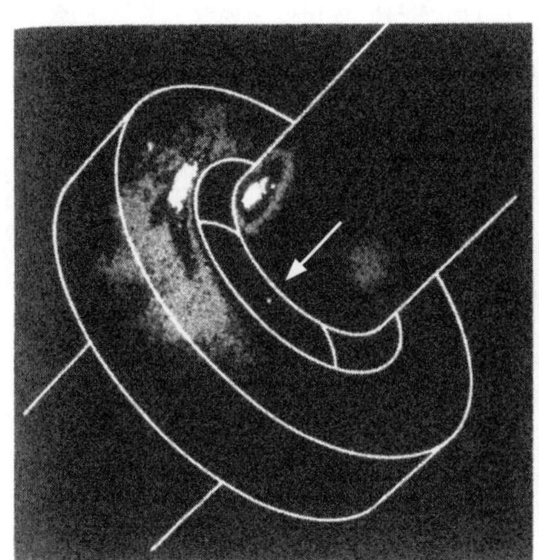

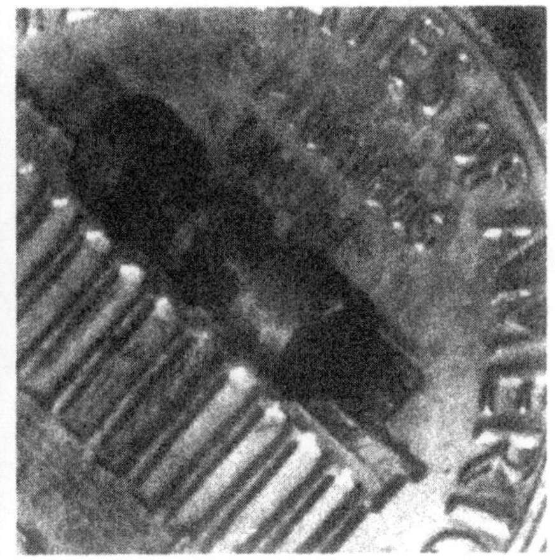

* 1個のイオンのパウルトラップには、小さな棒電極とリング電極が用いられる。写真左のリングの中心の白い点が1個のイオン。写真右は実際に使われた電極を示す。

冷却原子の時計

よりよい時計を作るために、冷却されたイオンがどれほど有用であるかについて考察しよう。よりよい原子時計を作ろうとする時、2つの主な障害は衝突とドップラーシフトであるが、それらは原子が冷却される時著しく減じられるということは明らかである。

イオンの運動を弱めて封じ込めるさまざまな方法があるが、ここではレーザー冷却法とトラップ法の両方を含む1つの特別な事例について述べることにしよう。電磁場トラップに捕捉したイオンをレーザー冷却する方法である。

図は、パウル・トラップかペニング・トラップのどちらかに捕捉されたイオンが、レーザービームで照射されている様子を

パウル・トラップまたは
ペニング・トラップ

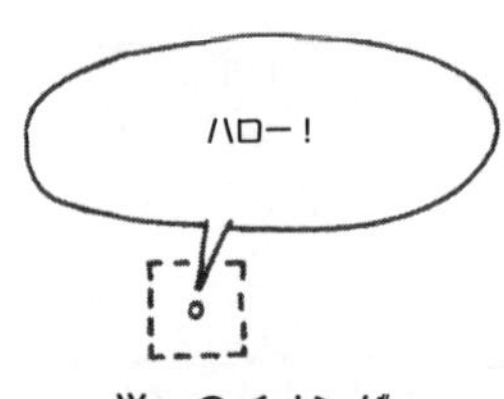

単一のイオンが
弱い信号を発する

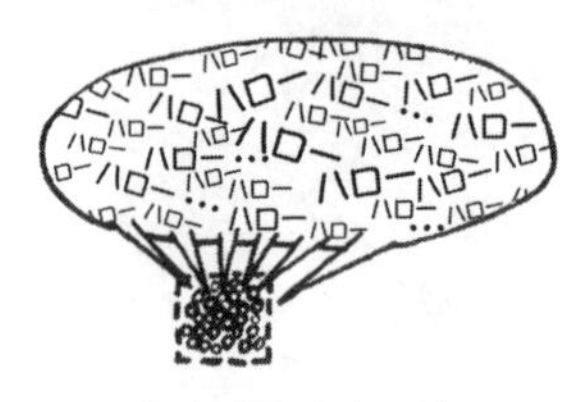

多すぎるイオンは
信号の質を損なう

トラップと
光の共鳴周波数との結合は、
高いQ値をもたらす。

示す。前述のとおり、レーザーはイオンの共鳴周波数より少し低い周波数に調整されているから、イオンは、レーザーに向かう度に減速される。

理想とするのは、単一の静止したイオンが常にトラップの中心に落ちついて静止している状態であるのだが、いつものことながら実際的な問題が待ち受けている。

単一イオンの周波数標準に伴う１つの問題は、孤立したイオン１個から出る信号があまりにも弱いということである。そのため、それは適当な出力信号を発生させるのに必要な電子回路用の信頼できる参照信号にはならない。もっと強い信号を発生させるには、多数のイオンからの集積的な信号が必要である。ところが、１個以上のイオンを利用するとイオン－イオン相互作用の可能性が再び導入されてしまうので、今度は、絡みつきを防ぐことに努力しなければならない。イオン同士が実際に衝突するわけではないのだが、付随する場が本来の共鳴周波数そのものに周波数シフトを起こし、結果として信号の質を低下させるのである。そのため、時計を作製する際、十分強い信号を発生するのに十分な数のイオンを使用しなければならない一方、本来の共鳴周波数の純度を損なうほどの数のイオンを使用してはならないのだ。

イオンがトラップ内でレーザー冷却されるや、基準周波数を通常の原子標準の操作手順でうまく発生できる。すなわち、電波帯のマイクロ波領域にある励起に適した共鳴周波数を選ぶ。励起されたイオンはすぐに崩壊する。多数のイオンの励起状態からの累積的な崩壊が検出可能なほどの信号を作る。しかしながら、この過程が冷却原子で起こった時、現在のセシウム原子時計のＱ値の数千倍の値が可能になる。

５章で述べたように、Ｑ値は共鳴周波数に依存する。共鳴周波数を除く他の諸条件が等しければ、共鳴周波数が高いほどＱ値は高くなる。そのことから期待が寄せられるのは、電磁波スペクトルのうちの、何千ギガヘルツもの周波数である光領域で共鳴周波数を探すことである。光の共鳴周波数と、捕捉し冷却したイオンとの結合は、捕捉と冷却だけで可能なＱ値よりもはるかに高いＱ値をもたらすであろう。

捕捉された単一イオンの紫外領域にある共鳴周波数での実験では、10^{13} というＱ値が得られたが、これはマイクロ波領域または光領域でこれまでに得られた最高の値である*。この結果の意義は、最も優れたセシウムビーム時計においてさえ、Q値は約10^9であるという5章での記述を思い起こせば評価できる。

*今日では、光領域で10^{14}の値が得られている。

光領域の周波数標準に伴う主な問題点は、周波数を計測することの難しさである**（現在の原子時計はセシウムビーム周波数標準を基礎としていて、周波数はマイクロ波領域中の低目の割合に計数しやすい周波数である）。それにもかかわらず、よりよい時計への果てしない願望は、この周波数計測問題に対する現実的な解答をも生み出すであろう。

**2000年に光周波数コムというほぼ可視光領域に櫛の歯状に多モード発振するレーザーが開発され、光領域の周波数測定が格段に容易になった。

中性原子を捕捉する

初期に捕捉されたイオンを冷却することに成功した研究者たちは、他の可能性を追求し、中性原子を冷却し捕捉することへの執念を燃やし始めた。だが、今度の課題は一層難しい。と言うのは、中性原子は電磁場の作用を受けることがほとんどないからである。しかしながら、「ほとんどない」は「全くない」と同じではない。

イオンの場合と同様、冷却法とトラップ法が幾通りも試みられた。ここでは、原子が中性でありながら小さな棒磁石のように振る舞うという事実を利用した方法について述べる。これまでのところ、中性原子に対するトラップのうち効果が最も高いのは「磁気光学トラップ」、略して「MOT」である。このトラップは、光糖蜜の減速作用と磁場とを結びつけたものであるが、磁場により光の力は原子を冷却するだけでなく、空間のある1点に留まらせる。MOTにより、銃弾（BB弾）ほどの小

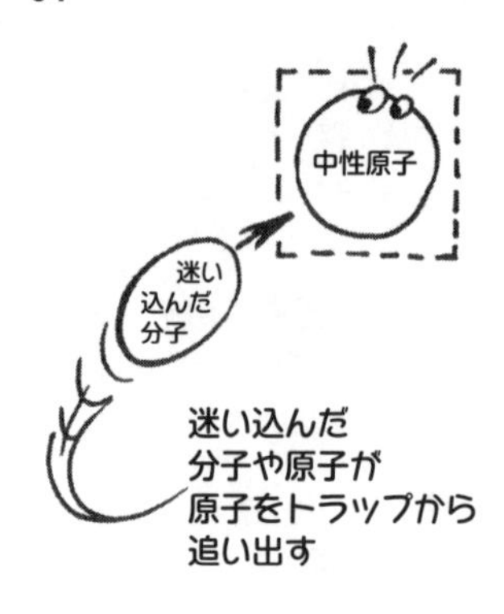

さな領域に何百万個の原子を捕捉し冷却することができた。

とはいえ、MOTの作用は弱いから、迷い込んだ原子により原子はたやすくトラップの外へ追い払われてしまう。それにもかかわらず、何千万個の原子がBB弾ほどの体積中に、1秒以上の時間捕捉されたのだ。

周波数標準に中性原子を用いる際の実技上の難点は、共鳴周波数が冷却用レーザービームや、トラップを構成する場の影響を受けることである。こういった難点を克服するための1つの有望な技術として「原子泉」がある。

原子泉

まず、MOTで捕捉され光糖蜜で冷却された原子の集団について考える。2つのレーザービーム——1つは上向き、他は下向き——を、光糖蜜の場所に向けて、約1ミリ秒の間照射する。下向きのビームの周波数は、上向きのビームのそれよりやや低いので、中性原子は光糖蜜から上に向けて4分の1メートル毎秒の速度で打ちあげられる。原子が上昇するにつれその運動は重力で減速され、遂には静止、次いで逆に落下するに至る。上下移動の間に、原子は励起レーザービームの外へ出ることになり、それらの共鳴周波数は変わらずに留まるので、その間に周波数の基準標準器としての役をすることができる*。上下移動に要する時間は、セシウム原子が常用のビーム管を通り抜けるのに要する時間を超えるから、極めて高いQ値が可能である。

原子泉

* 実際には、原子は上下移動の間、同じ位置で2回マイクロ波場を通過する。この間の時間の逆数がスペクトル幅（ラムゼー共鳴）になる。

イオンあるいは中性原子に対する結果にかんして印象的なのは、商業用の原子時計という新世代は、差し当たり現れる可能性が低いことである**。多くの技術革新と同様、実験室での成果を日常用の実用的な装置に移しかえるには、少なからぬ時間と努力が必要なのだ。とはいえ目下の課題は、原子から時計を作りあげようと夢見た最初の科学者たちが当面したそれに比べれば、さほどの難物ではない。

** 2011年、数センチメートル角サイズ、低価格、正確さ 10^{11} 程度のミニチュア原子時計が市販された。

量子力学と単一原子

よりよい時計を作るためのレーザー冷却法への興味とは別に、ほぼ静止状態にある原子、その小集団、さらには単一の原子を研究し操作することで、これまで人知の及ばなかった量子力学のいくつかの基礎概念の追求が可能となった。

本書では、たとえば電子の軌道間のジャンプ、エネルギーの放出や吸収を論じてきた。NIST などの研究所では科学者たちがこれらの過程を、レーザー冷却法を利用して、原子1つ1つについて調べている。量子力学創始者のひとりであるエルヴィーン・シュレーディンガーは、個々の原子での量子的なジャンプに意味があるかどうかさえも疑問視した。1952 年、彼は次のように書いた。「我々は、ただ1つの電子、原子あるいは分子についての実験は決して行わない。思考実験でなら、時としてそれを想定するが。それは、必ずやとんでもない結果を引き起こす」と。ここまで見てきたことから、シュレーディンガーの見解は誤りだったことがわかる。

レーザー冷却された原子は1個1個研究の対象とすることができる

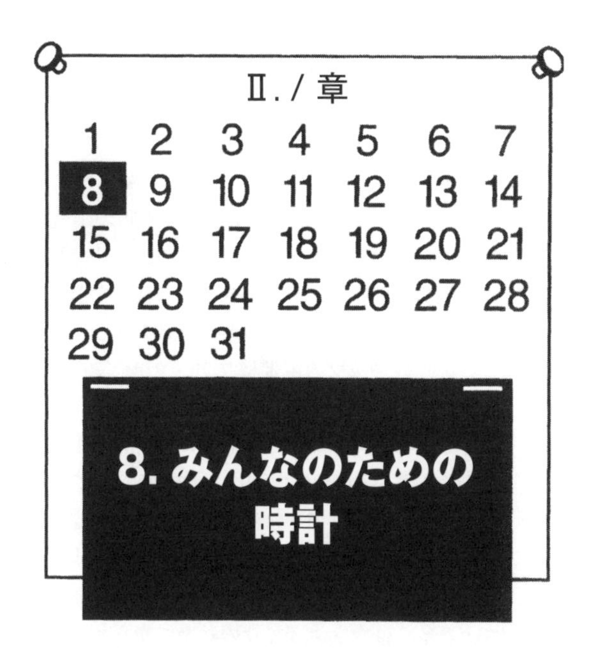

8. みんなのための時計

これまで私たちは、時間をはかる方法を向上させるための技術的開発に焦点を絞り、またこれらの発展した技術が、最高度の正確さと安定度を要請されている科学研究所や各国の国立標準研究所で、いかに活用されたかを見てきた。さて今度は、いわゆる一般の人々が使う時計に目を向けよう。それらは、研究所に装備されている装置と類似の仕組で操作されるのだが、経済性、大きさおよび使い勝手の制約のために精度は低い。

史上初の携行用時計

英単語の watch は、アングロサクソン語の wacian、すなわち「警戒する」または「寝ずの番をする」が語源である。おそらく「夜警」の仕事の内容を表している。つまり、夜警は時計を携えて街をめぐり、時や重要な知らせを告げていた。または、単に「ただいま 9 時、万事よし」と触れまわっていただろう。

初期の時計は、縄や鎖で吊り下げられた錘で駆動されていて、携帯には不向きだった。その問題が解決されたのは、1600 年頃、ドイツの錠前職人ピーター・ヘンラインが、黄銅か鋼の渦巻きバネにより時計が駆動できることに気がついた時であった。時計のそれ以外の部分は、すでに 3 章で述べた「棒テンプ」機構

であったから、縦に置くか横に寝かせるかにも時計は極めて敏感だったのである。

1660年、英国の物理学者ロバート・フックは、まっすぐな金属スプリングが時計の共振器の働きをすることを漠然と考えた。そして1675年、オランダの物理学者兼天文学者クリスティアーン・ホイヘンスは、この原理を金属製の渦巻きバネと回転する平衡輪とを組み合わせた仕組で取り入れ、エネルギーが渦巻きバネと平衡輪の間を行き来するようにした。

アンクル脱進機

新しいタイプの脱進機「アンクル（錨）」脱進機を開発したのもフックである。この名はその形に由来するが、「ガンギ車」を経由してエネルギーを巧妙に時計の共振器へ伝える働きをする。これらの発展により時計の正確さは向上し、1600年代後半には分針も付加されるに至った。

携行用時計の歴史は、17世紀なかば頃までは、本質的には最初の携行用時計の基本的設計を徐々に改良したものにすぎず、その多くは大きすぎて今の私たちからすると携行用時計と呼べるものではなかった。ブリアリー*が『時代を超えて伝える時計』で述べたように、「1650年頃は、休まず動き続け、しかもおおよそにせよ時間を保持する完璧な時計を設計し製作することは大変な仕事だった。と言うのは、携行用時計のための一連のギヤ（歯車）・ピニオン（小歯車）の歯が何個なのかを数えあげることも、これらの歯車の正しい直径を決めることも、脱進機の動きの毎時の回数を確かめた上で所要の数を実現してくれるような平衡輪とひげぜんまいを設計することも、さらには機構を駆動するのに過不足ないパワーを供給してくれるような主要なバネの長さ、幅および厚さを定めることなども、当時の粗悪で精密とは言えない道具で行わなければならなかった」からだ。

* *Harry C. Brearley*（1870～1940、米国）*"Time Telling through the Ages"* を1919年出版。

1701年には、重要な発展があった。スイス、バーゼルのニコラ・ファシオが、軸受に宝石を導入したのである。それ以前、歯車の軸は黄銅の板にあけた穴の中でまわっていて、携行用時計の寿命と精度をかなりなまで制限する要因となっていたのだ。

17世紀のなかばまで、携行用時計に多くの基本的な改良を加えたのはスイスの職人たちだったのだが、時計および携行用時計の生産は、あらかた英国、ドイツおよびフランスの熟練した職人たちが担っていた。時計製作の職人は宝石軸受、ピニオン歯車から文字盤、針、ケースまで、あらゆる部品をひとりが設計し製造し組み立てていた。たった1つの時計を作るのに丸1年かかることもあった。

ところが、スイスや、のちの米国の携行用時計の製造者は、銃をはじめとする機器製造が産業革命にもたらした発想に関心を抱くようになった。携行用時計の生産と修理に要される部品のうち、共通もしくは交換可能なものの製造は、高価であれ廉価であれ、大量生産で処理できる。こういった標準化に転向したスイスは、にわかに精巧な携行用時計の中心地として世界に知られることになった。1687年には6000個ほどの携行用時計がジュネーブで生産され、また18世紀の終わりには、ジュネーブの職人たちは毎年5万個の携行用時計を生産した。1828年までの間に、スイスの携行用時計メーカーは、機械工作技術と大量生産方式とを活用して、一般の人々の入手できる価格での時計作りを始めた。

ただし、機械で製造された交換可能な部品という考え方により、本当に廉価でしかも正確な携行用時計を生み出したのは、米国であった。何度もの失敗と努力を重ねながら成功運に恵まれなかった人たちの志を継いで、R・H・インガーソルが有名な「1ドル時計」を発表したのは、19世紀も終わりに近づいてからだった。途方もない成功で、続く四半世紀あるいはそれ以上にもわたって何百万個も売れた。最初の商品はニッケル合金製のケースに納められた懐中時計だったが、1920年代に腕時計が発売され人気を博したので、インガーソルは、紳士用および婦人用の腕時計も製造したのである。

近年の機械式携行用時計

携行用時計の機構に絶えず変化と改良が加えられたのは、形を意識してのことであった。婦人たちの昼の集いや夜会の衣装に、薄い布地にピン留めしてもドレスを型崩れさせないほど小さくて軽い携行用時計を作ろうとする執念から、1900年代はじめに普及した優美で装飾的なペンダント時計が生み出された。カーブをつけた薄い腕時計ケースに納めることのできる設計は、紳士用として徐々に一般に受け入れられ、第一次世界大戦以後の主要な成果であった。

正確さ、安定度および信頼性も、重要な目標として引き継が

アニキ

れた。19 世紀後半以後の鉄道路線は急速に数を増やし、数分ごとに発車する特急を走らせるための正確で信頼できる携行用時計が必要とされた。駅長から操車係、技師、車掌のみならず、保線作業のために自動車で現場をまわる修理班員まで「鉄道員」はひとり残らず、分刻みで時を知る必要にしばしば迫られた。鉄道員たちは各々の時計を自慢に思っていた。その時計は、彼らが自前で購入すべきもので、定められた仕様書に則ったものでなければならなかった。

鉄道の現場に電子腕時計が登場する以前、ユニオン・パシフィック鉄道は、すべての時計が 21 個の宝石を備えるべきこと、また所定の最小寸法であるべきことを定めた。今では電子式の腕時計も認められているが、タイプはどうあれ鉄道員の時計は毎朝、電信か電話を経由する時刻信号でチェックせねばならず、その結果は正しい時刻に対し 5 秒以内で一致していなければならない。一層の安全を期するため、時計は時計検査員の抜き打ち検査を受ける。時間は、鉄道にとって今もなお、すこぶる重要な事柄なのである。

今日の機械式腕時計の微小な部品を製作し、組み立てる技術には驚愕させられる。婦人用腕時計の場合、平衡輪はマッチ棒の頭ほどの直径で、脱進機は年に 1 億回も振動し、往復運動をする平衡輪の周縁は道のりにして 1 万 1200 キロメートル以上移動する。平衡輪は平衡を保ち、振動の率は外周の十数本の小さなネジで調整される。3 万個ほどのこうしたネジがはめ輪で支えられ、それらの軸受けの宝石はケシ粒のように細かい。という次第で、微細なゴミ粒が時計を止めたり、動作を著しく損ねたりするのは当然なのである。

時計に油を差すことさえ、きわどい作業なのだ。皮下注射器で落とした油１滴があれば、1000個の宝石軸受の潤滑に足りる。潤滑に使われる物質の種類は、イルカの顎部の油から最新式合成油まで、非常にバラエティに富んでいる。

現代人は、毎晩、時計を巻くたびに、１個の精巧な科学的測定器の調整を行っているのであり、それはアレクサンドリア最盛期の熟練した職人でさえ想像しなかったほどに精密かつ繊細な作業なのだ。

—ランスロット・ホグベン*

* *Lancelot Hogben*（1895〜1975）英国の動物学者・遺伝学者。

電気式および電子式の携行用時計

携行用時計の発展に大幅な歩みをもたらしたのは、1957年、電気的な携行用時計が登場した時だった。本質上は在来の機械式のものと同じだが、バネでなく小さな電池で駆動された点だけが違っていた。２年後の1959年、平衡輪のかわりに小型の音叉をもつものが導入された。さて、共振器の性能因子すなわちＱ値だが、歴史的に見てきたところによれば、Ｑ値は共振周波数の増加と共に高くなってきた。機械式携帯用時計の平衡輪は１秒に２、３回往復するが、音叉は１秒に数百回も振動する。そのＱ値は、2000程度、つまり平衡輪共振器の平均的なＱ値の20倍も優れている。こうした時計は、１月のずれが１分以下という程度まで正しく時を守ることができる。音叉の振動は、電池で駆動されるトランジスター発振回路と、音叉の両端につけられた２つの小さな永久磁石との相互作用で保持される。

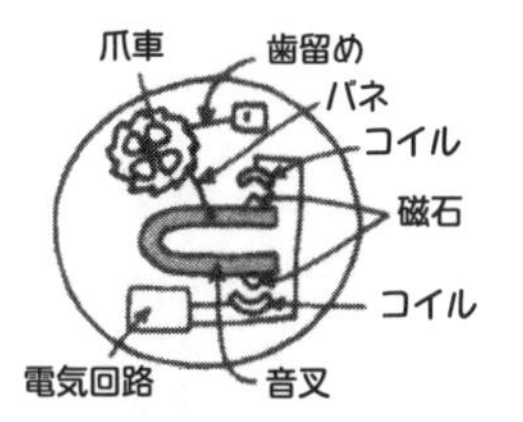

震動する音叉は、小さなバネを介して爪車を押す

爪車は、時計の針を動かす

歯留めは、爪車の逆転を妨げる

電子回路で制御された２つのコイルは、２つの磁石と共に音叉と相互作用しながら音叉の振動を保持する

水晶（クォーツ）式の携行用時計

水晶式の携行用時計は、前に述べた水晶時計のミニチュア版だが、携行用時計の進化の最終段階に相当するものと言える。その出現は、何十万個ものトランジスターや抵抗器に相当するものを一辺１センチメートル四方以下の場所に集積した集積回路の発明があって初めて可能になった。この種の回路は、時計がもつ多数の複雑な機能、特に水晶共振器の振動を電子的に数えるという重要な機能を受けもつことができる。

最初の水晶腕時計は、既存の時計に倣い「針」形式の表示を採用した。しかしあとには、動く部分を全くもたない様式も使

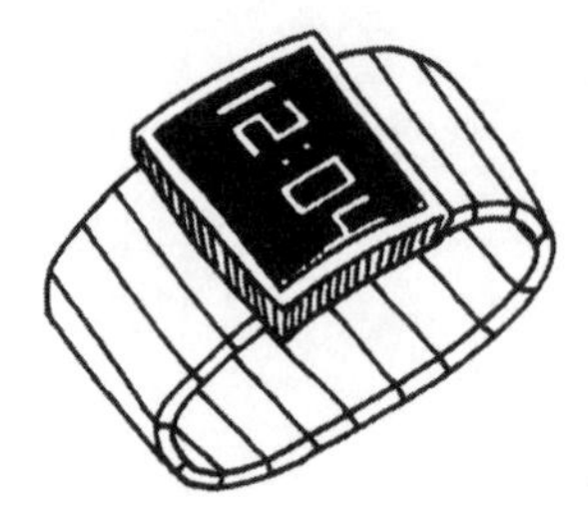

えるようになった。針にかわって、全面的に電気信号で制御できる小さな発光素子が採用され、時、分、秒のデジタルな「読み出し」が導入されたのである。今日の水晶腕時計は、1年に1分以内の正確さを誇るが、さらに体温変化に対する自動補正といった改良も行われている。

腕時計とコンピューター

ディック・トレイシー*の無線式腕時計がコマ漫画に登場したのは、何十年か前だった。この奇抜な着想によって、トレイシーは時刻を知るばかりか、司令部を呼び出して長官と話すことさえできたのだ。この無線式腕時計は、今のところ大衆向きの実用的な道具になってはいないものの、コンピューター腕時計と呼ぶに値するものは実用化されている。

集積回路がどんどん小さくなるにつれて、コンピューター回路を腕時計に納めることさえ可能になった。新しいコンピューター腕時計を利用すれば、世界各地の日付と時刻を知ることも、競技における計時も、タイマーや目覚まし時計としても、数値計算をすることも、よく使う電話番号・住所を記録しておくこともできる。実際に何ができるかは、主に時計メーカーの才覚で決まる。今や、ディック・トレイシーの時計は現実に近づいてきていると言えるようだ。すでに、電波信号で自動的に時刻合わせをしてくれる腕時計は市販されている**。

* *Chester Gould*（1900～1985、米国）原作の20世紀なかば人気のあった刑事ものコミック。

** 2015年米国コンピューター会社から、時計、電話、地図、天候、音楽などの機能のついたコンピューター腕時計が市販された。

「時間」はいくらで買える？

置時計も携行用時計も巨大な事業で、世界中で毎年、億という数で売られている。ところが、これらの時計はごく普通のものであれ複雑なものであれ、最初は正しい時刻に合わせてやら

なければならず、さらに時々合わせ直してやらなければならない。となると、「時間」はいくらで買えるのか？

今何時なのか知ろうとする人々、あるいは時間の経過をはかろうとする人々のおよそ99パーセントにとって、日差1分以内で「時間を維持する」時計や腕時計は、納得できるものである。電力会社が供給する電流で駆動される、おなじみの廉価な掛け時計や卓上時計は大多数の人々にとって申し分のないものだ。もっと「正確な」時間を必要とする人は稀である。人間は、時計を1秒以下の正確さで合わせようとしても、目と指だけを使う限りそれを達成するほどの器用さはもち合せていないから、どれほど時間をかけ辛抱強く努力を続けたところで、結局のところそれはできないのである。

時計が止まれば時間は完全に「失われる」わけだが、それは多くの人にとって何ら問題にはならない。電話会社の時刻サービスにダイヤルするか、「正しい」時刻を教えてくれる誰かに相談すればそれでことはすむ。手短に言うと、ほぼ誰でもたいていの場合、街のスーパーや百貨店に出かけ2、3ドル以上の価格で時計を選べば、日常の用事には十分なのだ。

では、ラジオの受信機さえもなく、3、4週は誰とも連絡できないといった遠隔地に旅することを想定してみよう。魚釣り旅行だったら、時計が1日に2、3分ほど進んだり遅れたりしても全く気にするまい。そんな事態でも、旅程の終わりには飛行機でピックアップしてくれることになっているパイロットには会えるのだ。

今度は、日々の特定時刻に何かを観測することを考える。あなたの集める情報には科学関係の某研究所からの期待が寄せられていて、その情報の記録される時刻については1分を許容限度として正しいことが要求されていると想定しよう。もしくは、ある地域の中で唯一電波送信器をもっていて、その地域の他の人全員に毎日定刻に報告をしなければならないとする。そうだとすれば、一層正確で頼りになるような、したがって値段はもっと高い携行用時計を必要とすることになる。防水性と耐衝撃性を備え、調整なしに6カ月ほどの間の遅れが30秒を超えないことが検証されている、300ないし400ドルの時計なら、十分調子よく働いてくれるだろう。もしもあなたがラジオの受信器をもっていれば、時々それで時刻放送を聞いて時刻をチェックし、必要に応じその時計をリセットすることができる。

水晶時計

2500ドル

ルビジウム時計

7500ドル

セシウム時計

15000ドル

それはそれとして、レンズ研磨のためにメートル尺を使うのが無益な作業であるのと同様、人の目と耳で読み取ることのできる種類のどんな時計であれ役立たないとする、驚くべき時間の使い方を普段からしている人々がかなりの人数いる。電話会社、電力会社の技術者たち、科学研究所の研究者たちの他、時間・周波数の情報を特殊な形で利用する人たちは、精巧な受信機器に結ばれた電子的タイミング装置を使って、所要の情報を読み取っているのだ。彼らの時計は普通水晶発振器で駆動される。それらは月差1ミリ秒程度までの正確さであるが、もっと正確な時刻が必要な場合には、1日に数回程度は検査をしなければならない。水晶共振器の価格は品質によるが、200～300ドルほどである。温度と湿度が制御された特殊な容器と、機器を保守管理し調節する特別な訓練を受けた要員とが必要である。多くの場合、技術者チームが、毎日読み取りを行い、性能を記録し、必要に応じ機器を調整する。

以上に挙げたそれぞれの機器が常に正確な時を告げ続けるためには、当然ながら、水晶時計よりさらに優れた時間報知源をもっていなければならない。それはある種の原子時計になるだろう。だとすれば、たぶん値段が数千ドルのルビジウム周波数標準器、さもなければ数万ドルの値札がついているセシウム標準器となるだろう。可搬型のセシウム標準器を、同類の他の標準——もしくはNISTの原子周波数標準器をはじめとする他国の公式標準器——と突き合わせて検査し調整するために現在の使用場所から運び出すという場合、普通は飛行機に技師が同乗し、いつも電源が接続されていることを確かめ、万一それが不可能なら、バッテリーが充電されていて使用可能であることを確かめている。

可搬型のセシウム標準器は、質量およそ90キログラムで、3分の1立方メートルほどを占める。正確さは、数千年間に狂いが1秒を超えることはない。そんな原子標準器が、科学研究機関、電子機器工場、いくつかのテレビ局に備えられているのである。

コロラド州ボルダーのNISTにある一次周波数標準器は、可搬型の標準器よりもはるかに大きい。専用の部屋に納められ、長さはおよそ2メートルである。目下、作動しているモデルは1993年に完成したが、同じものを作ろうとすればおよそ100万ドルかかるだろう。他の複数の原子時計と相互に確かめ合いながら運用されており、NISTの時間・周波数サービスの基盤の役を担っている。1000万年以上で1秒までという正確さである*。

* 今日では、原子泉方式の原子時計が用いられていて、正確さは1億年に1秒程度。

ところで、100万ドルの時計を必要とするのは、いったい誰なのか？　私たち全員がそうなのだ。15ドルの腕時計を合わせるのにも必要だ。テレビ、電話、電気カミソリ、レコード・プレイヤー、電気掃除機、時計などを使う人は、極論を言うと、全員がこの100万ドル時計が提供してくれる精密な時間および時間情報に依存しているのである。もちろん、航空機やホテル

の予約から株式市場の相場や国家犯罪情報システムなど、日常的に多少なりとも国内の何百台からなるコンピューターネットワークの規制を受けたり、恩恵を受けたりしている業種の人々が、100万ドルの時計を必要としていることは言うまでもない。

何百万人もの一般人がこのように安価で容易に「時間」を得ることができるわけは単純で、相対的にごくわずかな人たちだけが、極めて高価で格段に正確で精密な時間を必要としているからである。どこにでもある壁掛けの電気時計の驚くべき正確さと信頼性は、ごく安い費用で確保できるわけだが、それと言うのは非常に高価な時計のおかげで、電力会社が、日々60サイクル毎秒すなわち60ヘルツという非常に安定した形で電気を供給できているからなのだ。たいていの人が知っている「時間」は、時間・周波数情報を共有し消費する少数の富裕な「美食家」のテーブルからこぼれた安上がりなパン屑のようなものにすぎない。

Ⅲ. 時間の発見と管理

Ⅲ. 時間の発見と管理

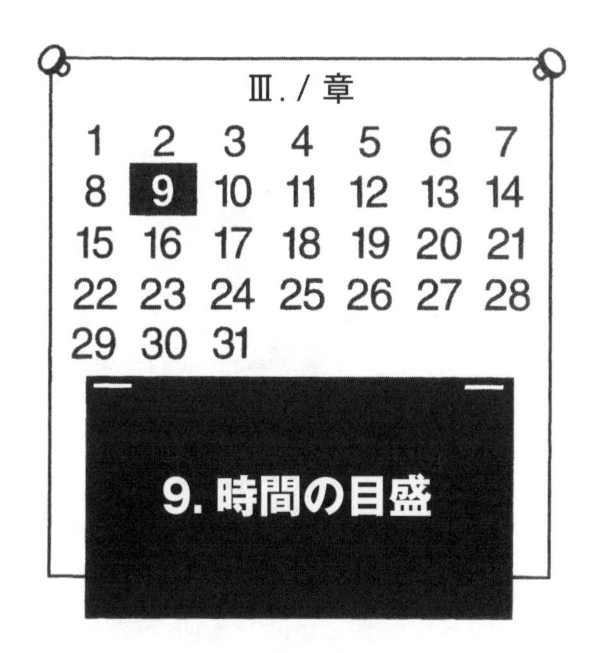

9. 時間の目盛

長さの目盛にはインチまたはセンチメートル、マイルまたはキロメートルなどがある。天秤はオンスやグラムなどではかる道具だが、オンスという場合には、常衡の重さなのか薬衡*の重さなのかで、それぞれ違った「目盛」が用いられるので、これらを区別しなければならない。海里は法廷マイルと同じ目盛ではかることはできない**。時間も同様で、目的により、はかり手により、異なった目盛が用いられ、また、その目盛自体が要請の変化に応じて、あるいは、より高い正確さを目指し、歴史的に変遷してきたのである。

* 常衡：宝石、貴金属、薬品以外のもの
1オンスは28.35グラム

薬衡：薬品 1オンスは31.10グラム

**海里：1マイルは1852メートル

法廷マイル：1593年英国で法定されたマイル
1マイルは約1609メートル

暦

年、月および日は、天文学上の3つの異なる周期現象から導かれる時間の自然の単位である。

・年（太陽年）は、太陽をまわる地球の公転の1周期である。
・月は、新月から次の新月の間の時間である。
・日は、正午から次の正午の間の時間である。

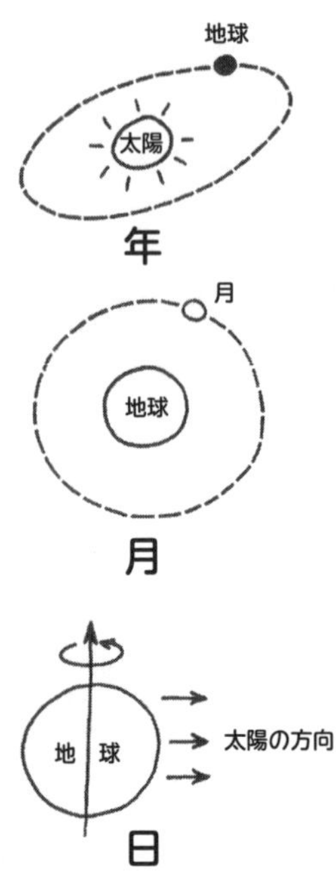

天体観測という測定が精巧になるにつれ、1年間の日の数および月の数には端数があることがわかってきた。昔のチグリス・ユーフラテス川流域の農夫は、1年を12カ月とする暦を考案し、各月は2度の新月の間の時間を平均して29.5日とした。これを積算すれば1年で354日となり、私たちが知っている1年に11日だけ不足する。農夫たちは、植えつけの時期が季節から少しずつずれてきていることに、はやくから気づいていた。暦を季節に合わせるために、余分な月や日の挿入が、最初は不規則に、のちには19年周期という決まった間隔で行われた。

太陽年が365日に近いこと、またこの暦でも4年ごとに余分な1日を挿入して調整する必要があることに、最初に気がついたのはエジプト人だった。けれども、エジプトの天文学者は、4年ごとに余分な1日を挿入することを統治者に説得できなかったので、季節と暦とは徐々にずれることとなった。以来2世紀ほどを経た紀元前46年になって、ユリウス＝カエサルはうるう年で調整した365日制を制定した。しかし、この調整もまだ完全に正しいとは言えない。4年毎のうるう年は、太陽年ごとに平均して11.2分の過剰な修正に相当するのだ。年々のこの微小なずれは、ユリウス＝カエサルが暦を制定してからおよそ1000年後には8日にも達し、復活祭のような重要な宗教上の祭日が季節の推移よりはやい時期に到来することになった。

ローマ法王グレゴリウス13世は、このずれがあまりにも大きくなったのを知って、1582年に暦と編暦規則とを修正した。その第1点として、新しい世紀の始まる年はうるう年とする。ただし400で割り切れない年は除くとしたのである。たとえば、2000年は400で割り切れるからうるう年だが、1900年はうるう年ではない。この変更により、ずれは3300年に1日という程度まで小さくなった。第2点として、季節に見合うよう日をとばし、1582年10月4日の次は、10日分を除いて10月15日としたのであった。

グレゴリオ暦採用の結果、暦を季節に合わせるという問題はかなりうまく解決された。だが、都合が悪い事柄もまだ残っている。具体的には、1年間の日数および月数は、地球が太陽の周りを回転する周期と通約できる関係にはないという点であった。このように、こうした3つの天文学上の周期現象に基づいて暦を定めている限り、ここで問題にしているような1月や1年が異なる日数になるといった状況に陥る。

・太陽日

今まで見てきたとおり、1年間の日数および月数は整数ではないので、暦は不ぞろいになるのである。しかも問題はそれに留まらない。時間計測の技術を発展させてきた人類は、日時計ではかる1日の時間は、2月と11月には15分も「平均」からずれることに気がついた。それには、2つの主な理由がある。

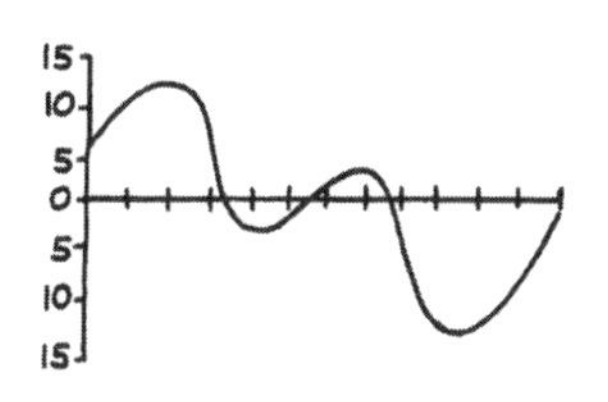

- 地球が太陽の周りを移動していく軌道は、円ではなく楕円である。地球が太陽の近くにある時（北半球では冬）には、太陽から遠くにある時（夏）に比べて、地球はよりはやく軌道上を移動する。
- 地球の自転軸は、地球が太陽の周りをまわる軌道を含む平面に対して23.5度だけ傾いている。

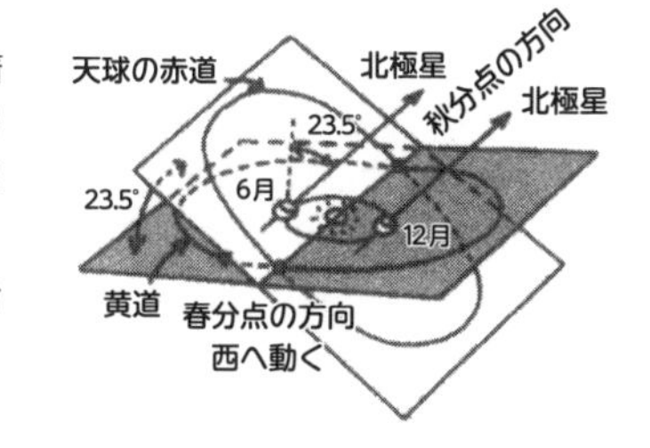

前述した2月と11月のずれは、上記2つの事実の相乗の結果と解されている。この変化のために、「平均太陽日」と呼ばれる新しい日が定義された。平均太陽日は、個々の太陽日の年間を通じての平均である。グラフは、1年間に太陽日の長さが平均太陽日からどれだけ進んだり遅れたりするかを示している。

・恒星日

太陽日を連続する2度の正午（太陽が頭上を通過する）の時間と定義した。ではここで、ある恒星が2回頭上を通過する間の時間をはかるとしたら、どうなるだろうか？　この「星」で

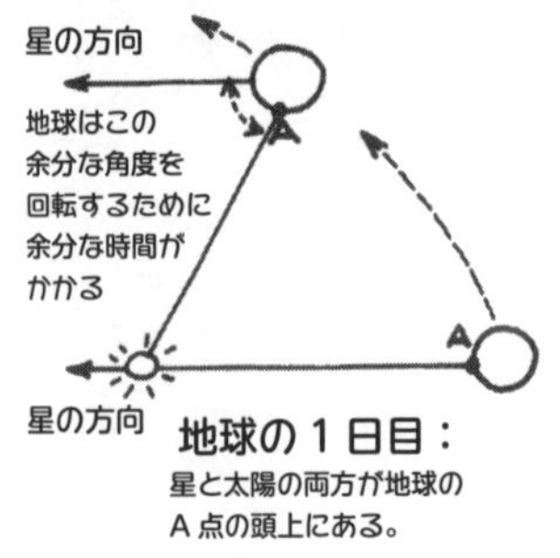

決まる日は太陽日と等しいのか？　答えはノーである。その星は、2夜目には、ややはやく頭上に現れるからだ。なぜか？　地球は、自転軸の周りを1回転自転する間に太陽の周りをめぐる旅でも一定の距離を動くからである。結局、正味の効果としては、星で決めた日よりも平均太陽日のほうが4分ほど長くなる。星で決めた1日は「恒星日」と呼ばれる。

恒星日は太陽日と異なり、1年のいつでも長さが変わることはなく、年間のどの時期でも、必ず平均太陽日から約4分短い。

なぜ恒星日はそのように一定なのか？　恒星は、地球の軸の傾きや、太陽をめぐる軌道が楕円であることを無視できるほど、地球からずっと離れているからである。別の言葉で言えば、我々が離れた星から地球を見るとするなら、傾斜した地球が太陽の周りを楕円軌道で動いていることを見分けることはできない。実際に、平均太陽日そのものも、太陽を観測するより星を観測することで容易に測定できるのだ。

・地球の自転

天文学的時間の尺度にはまだ最後の不確かな点が残っている。地球の自転速度は一定なのだろうか？　このことは17世紀末というはやい時期から疑われていた。1675年、英国の最初の王室天文官ジョン・フラムステードは、地球は水と空気で覆われていて、それらの地球の表面での分布は時間と共に変わるので自転の速度は季節ごとに変化するだろうと示唆した。

もっとはっきりとした手がかりは、有名な彗星にその名がつけられた英国の王室天文官エドモンド・ハレーが発見した。1695年に、ハレーは月があるべき位置より進んでいることに気がついた。これは、地球が自転速度を遅くしているか、月の軌道が正確に予測されていなかったかのどちらかである。そのため、月の軌道を注意深く再計算したが、どんな間違いもみつからなかった。

証拠がさらに挙がった。20世紀間近に、米国の天文学者のサイモン・ニューカムが過去2世紀の間、月が時々予測された位置の前後にあったと結論した。1939年までに、地球の自転速度が一定でないことは明白に思えた。予測された位置にいないのは月だけでなく、惑星もまたそれらの予測された位置にはいなかった。地球の自転は一定ではなかったということが明白になった。

原始時代

1950年代はじめの原子時計の発展で、地球の自転の不規則性を注意深く研究することが可能となった。なぜなら原子時計から得られた時間は地球の時計よりもずっと安定しているからだ。この観測による研究結果から、3つの主要な不規則性の型があることが判明した。

- 地球の自転は徐々に遅くなっており、1日は1000年前よりおよそ16ミリ秒長くなっている。これは、主に月が地球の海に及ぼす摩擦による潮汐作用のためである。珊瑚の化石の年輪からの間接的な証拠は、6億年前の地球の1日は約21時間であったことを示している。
- 北極と南極の位置は年により、2、3メートルほど移動する。精密な測定により、この変動が30ミリ秒程度の違いを生じさせることがわかった。この極の移動は季節による影響と地球自身の構造の変化によると思われる。
- 自転速度のゆっくりとした減少に加え、規則的な、または不規則的な揺らぎがある。規則的な揺らぎは1年に数ミリ秒に達する。J・フラムステードにより最初に疑われたように、地球の表面の季節的変化のため、春に地球の速度は遅くなり、秋にはやくなる。

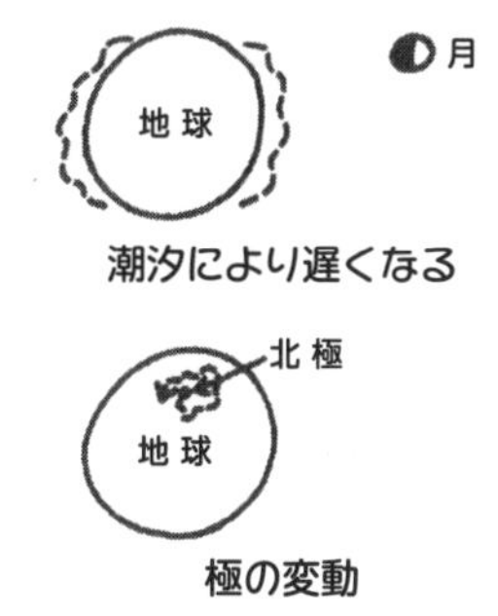

この変動は片方のスケート靴のエッジで回転するスケーターの様子を思い出すことにより理解できる。スケーターは、一杯に広げた両腕を体に引きつける時はやく回転する。腕を広げると遅くなる。これは、回転の角運動量は力を加えない限り変化しないためである。スケーターは、空気と、氷とスケート靴の接触点で引き起こされるわずかな摩擦抵抗だけを受ける孤立する回転体である。回転の角運動量は保存するので、腕を引きつけた時スピードは増し、逆もまた成り立つ。

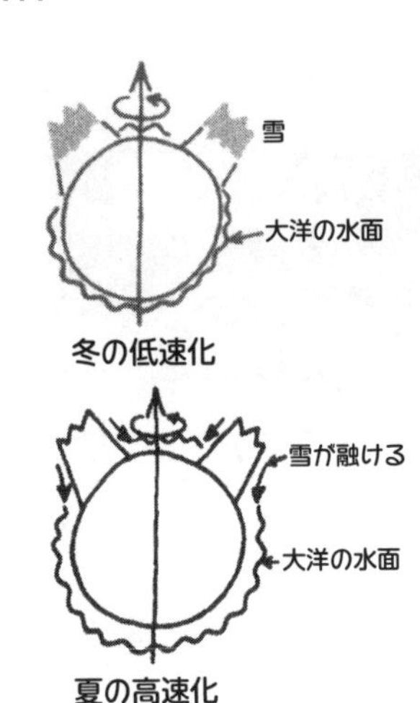

地球もまた孤立した回転体である。冬の間北半球では、水は大洋から蒸発し、氷や雪として高山に集まる。この大洋から山頂への水の移動はスケーターが腕を広げるのと似ている。だから地球は冬遅くなり、春に雪が融け海に戻ると地球は再び速度が増すのである。

季節の変化による北半球でのこの効果が、南半球での反対の効果で相殺されないのかと疑問に思うかもしれない。相殺されない理由は、赤道以北の陸の量は赤道以南の量よりかなり多いことである。確かに2つの半球での相殺効果はあるのだけれど、北半球が著しく影響するのである。

地球をいくらか不規則な時計にするこれらの効果により、世界時と呼ばれる3つの異なる目盛UT0、UT1、UT2ができた。

- **UT0**　平均太陽日をもとにした目盛。したがって、UT0は傾いた地球が太陽の周りを楕円軌道で運動することによるずれを補正する。
- **UT1**　地球の極運動を補正したUT0。
- **UT2**　冬と夏の地球の回転速度の定期的な変化を補正したUT1。
  UT0からUT2になるにつれより均一な時間目盛が得られる。

より一様な時間――暦表時

見てきたように、地球の自転に基づいて決めた時間は不規則である。地球の不規則な回転のため、月や惑星の軌道のような天文学的現象の予測は観測とは必ずしも一致しない。月と惑星すべてが同じように、予測とは違う動きをしているということを仮定しない限りは、「地球の回転が一様ではない」という真逆の仮定を受け入れねばならない。

この仮定はより理にかなったものに思えるため――実際、他の観測によって立証されたのだが――天体現象は「正確な」時間に起こるとみなし、時間目盛は地球の自転よりむしろこれらの出来事に結びつけられるべきである。これは実際に1956年に実施され、これらの天体の出来事の出現に基づく時間を暦表時と称した。

愚かな魔法使い

The WIZARD OF ID　JOHNNY HART AND FIELD ENTERPRISES, INC. の許可で転載

1秒はどのくらい？

暦表時の採用は時間をはかる基本単位である秒の定義に影響を与えた。1956年以前、秒は平均太陽日の8万6400分の1、すなわち1日は8万6400秒であった。しかし、太陽時間に基づく秒は一定ではないことがわかった。1956年以降1967年まで、秒の定義は暦表時で定義された。実際的見地から、暦表秒は平均太陽秒に非常に近くなるように決められたので、暦表秒は太陽年1900年の平均太陽秒に非常に近い値に定義された。（太陽年は通常の1年の概念に当たる技術用語である。のちに詳細に述べる）。暦表時（ET）と世界時（UT）の2つの時計は1900年に一致していたのだ。しかし、地球の自転の低速化のために20世紀なかばにはUTはETより約30秒遅れた。

暦表時には一定であるという利点があり、少なくともニュートンが運動の法則を公式化した時考えていた一様な時間と一致している。暦表時の大きな欠点は、簡単には得られないことである。なぜなら、その定義により、予想された天体の出来事が起こるまで待って比較しなければならない。別の言葉で言えば、現代の社会で要求される正確さを得るためには、数年にわたり天体観測を続けねばならない。たとえば、暦表時を0.05秒の正確さで得るためには9年の期間にわたり観測することが要求される。

一方、UT秒は、星の毎日の観測に基づいているので、1日を数ミリ秒以内で決めることができる。しかし、UT秒は地球の自転速度の不規則性のために変化するという事実が残っている。必要とされるものは、短い時間で正確に得ることができる秒である。

・「ゴム」のような秒

1950年代はじめまでに科学者はこれまでになかった正確さをもつ実用的な原子時計を開発した。問題は、「地球の時計(UT)」の精度を向上し補正を行ってもまだ、UTと原子時計の時間は地球の不規則な自転のためにずれが生じるということであった。原子時計の一様性をもち、UTとほぼ一致する時間目盛の追求は続いた。

両者を折衷した目盛が1958年に作られた。秒の事実上の定義は原子時間に基づくが、時間目盛それ自身はUT2に歩調を合わせたもので、協定世界時（UTC）と呼ばれる。さらに、毎年の秒の数は同数に統一された。

しかし、地球の自転速度の変化を反映するように、秒の長さを定期的に変えない限りこれは明らかに不可能である。この変化が加味され、ゴムの秒が実現した。1958年のはじめから毎年、来る年が前の年と同じ秒の数になるように、原子秒に比べて秒の長さをわずかに変えるようになった。しかし、前に見たように、地球の自転速度は完全には予測できないので、その年に定められたゴムの秒は、その年または翌年の値として正しいということを前もって確かめる方法はない。

この可能性を予見して、UTCとUT2が10分の1秒以上ずれれば、いつでもUTC時計を10分の1秒調整し許容差内に留めることとなった。

しかし、数年後、多くの人々はゴムの時間システムは面倒であると悟った。毎年世界中の時計の時を刻む率を調節しなければならなかった。この問題は毎年センチメートルの長さをわず

かに変えたなら起こり得る状況に似ている。すべての定規は——もちろんゴムで作られているが——「その年のセンチメートル」に合うように伸ばしたり縮めたりしなければならない。時計を調整することが面倒であっただけでなく、高性能時計を調整しなければならない場合、それは高額な操作になる。原子秒を支持してゴムの秒は廃止された。

・原子時と原子秒

原子周波数標準の発展は、新しい秒を短い時間で正確に決めることができる段階に至った。1967年、秒はセシウム原子によって放出された放射の周波数によって定義された。特に国際合意によって、秒の標準は「周囲の環境からの影響を受けない」セシウム原子の9 192 631 770周期の継続時間として定義された。原子時計に連結した電子機器はこれらの振動数を数え、積算した数を振り子の振動数を数える時計と同様の方法で表示する。

今日、秒の長さは、1分より短い時間内に、1秒の数十億分の1まで正確に決めることができる。もちろん、この新しい秒の定義は地球のどんな運動からも完全に独立しているので、地球の自転の不規則性のために原子時計と地球の時計（UT）は歩調がずれるという、前からなじみのある問題に戻ることになる。

1956年以前

1秒＝平均太陽日／86 400
平均太陽秒と呼ばれる

1956~1967年

1秒＝1900年の太陽年／31 556 925.9747
暦表秒と呼ばれる

1967年～

1秒＝周囲の影響を受けないセシウム原子の9 192 631 770周期
原子秒と呼ばれる

・新しいUTCシステムとうるう秒

原子時と世界時の歩調が乱れる問題を解くために「うるう秒」が1972年に考えられた。うるう秒は、地球が太陽の周りをまわる動きと、その年の日数を矛盾させないため、余分な1

日を4年おきに2月の最後の日に加えるうるう年に似ている。地球の不規則な自転速度によって必要になった余分の1秒、つまりうるう秒を加えたり、あるいは差し引いたりする。もっと正確に言えば、UTCは常にUT1の0.9秒以内にあるという決まりである。うるう秒は通常12月の最後の1分、または、6月の最後の1分にそこから加えたり差し引いたりする。そして、世界中の時間管理者はフランス、パリにある国際地球回転・基準系事業から変化があったことを通知される。調整された1分は59秒または61秒となる。

うるう年の1972年は2秒のうるう秒が加えられて、現代では「最も長い」年になった。その時以来、うるう秒が加えられた年の数は加えられなかった年の数より多い。

1年の長さ

恒星年＝365.2564平均太陽日

太陽年＝365.2422平均太陽日

これまで地球が太陽の周りを1回転するのにかかる時間として1年を定義してきた。しかし、実際には2種類の年がある。1つは恒星年で、地球が太陽の周りを、恒星を基準に1回転するのにかかる時間である。同様に恒星日は、地球が恒星を基準に地球の自転軸の周りを1回転するのにかかる時間である。遠くの離れた星から観察すると仮定すると、恒星年は地球がある点から軌道を動き始め、もとの点に戻るのにかかる時間というイメージになる。恒星年の長さはおよそ365.2564平均太陽日である。

もう1つの1年は毎日の生活に使われている1年で、4つの季節に分けられるものである。この1年は専門的には太陽年として知られており、その期間はおよそ365.2422平均太陽日で、恒星年よりおよそ20分短い。2つの年の長さが違う理由は、太陽年に対する基準点が星に対してゆっくり動くからである。太陽年に対する基準点は春分点と呼ばれる空間の点で、星を背景としてゆっくり西方へ移動する。111ページの図は春分点の決め方を示している。

天球の赤道は地球の赤道を通過する平面上にあるが、一方、「黄道」は太陽の周りをまわる地球の軌道である。春分点と秋分点は黄道と天球の赤道が交差する空間の2つの点である。黄道と天球の赤道間の角は地球の自転軸の黄道面への傾斜角によって決められる。

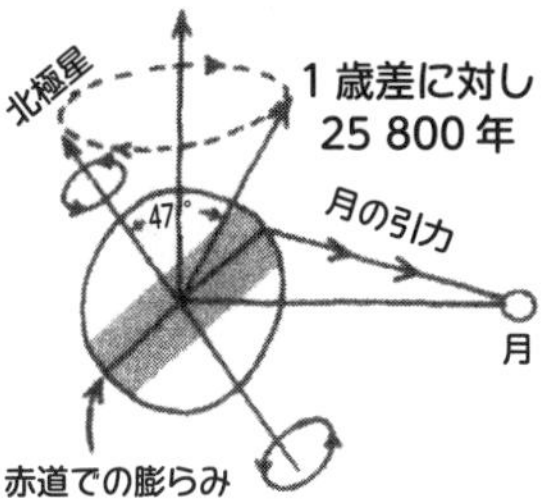

しかし、なぜ春分点は（秋分点も）空間をゆっくり動くのだろうか？　コマの頂点が回転と共に円を描くのと同じ理由である。地球の重力はコマの軸を倒すように働くが、自転運動は軸を起こす力を生じる。2つの力が合成されて頂点は円を描いて回転、すなわち「歳差運動」する。

地球の場合を考えると、地球は回転するコマであり、それを倒そうとする力は月や太陽の引力で、そのうち月が最も主要な力となる。地球がもし均一な密度をもつ完全な球であるなら、このような月の影響はない。と言うのもすべての力は地球の中心に働くと考えられるからである。しかし、地球が自転するために、赤道が膨れ、そのため質量の一様でない分布になる。これは、月の引力場に地球への「手がかり」を得させる。1回転の歳差の時間は約2万5800年であり、これは1年で1分以下の角度になる（1度は60分）。しかし、この春分点のわずかな年運動が、太陽年を恒星年より20分短くするのだ。

時間の管理者

時間目盛とその利点あるいは特質が何であれ、それ自身は測定のための基準であるメートル尺と単に同じ計器にすぎない。その価値について考える前に、誰かがそれを使用する状態にし、測定できるように装置の維持・管理をしなければならない。と言うのは前に述べたように、時間には永久に変わるという特殊な物理的性質があり、その計器は、放っておいて忘れ去り、誰かがそれを使いたい時だけ動かすというわけにはいかないからである。

孤立した物体の長さ、質量、温度は連続性を考慮せずにはかることができ、あるいは離れた2つの物体間の空間を考慮することなくはかることができる。しかし、ある意味、時間というものはどの瞬間についても存在が明らかにされるべきである。もし、1月、1年、あるいは1世紀が、天体の運動と「一致」していないとしても、時間を必要としている間は、時計を止めることも、先へ進めることも、はかり直すこともしてはならない。毎1秒はそれぞれ固有のものであり、それらは、毎日、毎月、毎年、毎世紀、数えられねばならない。どの時間目盛が使われ、「時間」への変更がいつなされるかについて、人々や国の間に共通の合意がなければならない。これは多くの人々が思

原始時代

B.C. JOHNNY HART AND FIELD ENTERPRISES,INC. の許可で転載

う以上にずっと骨の折れる仕事である。

時間の管理者は社会に重要な貢献をし、昔から大いなる尊敬を得ていた。古くから伝わる話からは、しばしば時計の番人が信頼され名誉ある地位についていたことがうかがわれる。一方で、時計の番人はその責務の重さに耐え、時には嫌悪を感じる時さえあった。そして、任務に失敗した時には、部族の仲間から軽蔑され非難を浴びたのであった。「事情が変わっても、本質は同じである」。時計の番人は今でもずっと同じ立場にいる。と言うのも「正確」と見なされている時間はいくらでもあるが、それらの（時間）情報は「時計」（すなわち周波数標準）を正確に保つ任務につく者にとってほとんど価値がない。時間の管理者は、時計はすべて固有の時を刻むこと、時間、金、他の人々に関係する多くの事業がどれだけ正確に時間を保つかにかかっているということを肝に銘じなければならない。

問題の時計が、ラジオやテレビ局の業務を管理するにしろ、電力会社が正確に60ヘルツの電気を供給するために使われるにしろ、あるいは、海上で船に位置情報を提供するにしろ、時計の管理者は国内外の複数の公的機関を情報源としている。

・世界標準時

前の章からもわかるように、時間の管理ははじめのうちは、地域単位で行われていた。教会の鐘の音、町の触れ役の心地よい声、夜明けに時を告げる雄鶏の声もまたそうであった。しかし、米大陸が発見され、地球規模の航海の波が到来し、経度問題が起きると、世界規模での正確な時間把握が必要になったことはこれまで述べた。しかしこれははじまりにすぎなかった。19世紀の産業革命により、通信や商業は世界的な規模となった。その時代の長距離に使える移動手段は汽車と船であった。州間や大陸間にわたる列車の運行はタイムゾーンの誕生を促し、もちろん航海においては長年にわたって正確な時計が求められてきた。

産業革命によって世界規模でより正確な時間の必要性が生じた一方、それと同時にたくさんの解決法も生まれた。3つだけ例を挙げれば、大量生産による安価な時計や携行用時計、電信そしてのちのラジオである。天体の動きをもとにした自然のリズムによる昔の時間の管理は、しばしば宗教的な権威によって行われてきたが、急速に機械式時計の非宗教的な権威によるものに置きかえられた。

1840年代のはじめ、大英帝国はイングランド、スコットランド、ウェールズの地方時間システムをグリニッジ標準時に置きかえた。王立グリニッジ天文台*はこの動きの中心であった。グリニッジ平均時（GMT）は1972年まで公式の世界標準であった。

1830年、米国は天文観測に基づく時間を決めるために、大英帝国や他の世界各地の天文台と連携した米国海軍天文台（USNO）を設立した。前述のとおり、のちの原子時計の発展と共に、時間の管理には天文と原子時計双方が使われた。今日、十数の国が天文と原子時計のデータを国際度量衡局（BIPM）に送付し、ここが今日の世界共通の時間目盛である協定世界時（UTC）を計算する責任を担っている**。

時間の目盛

1. 天文による要素
2. 原子による要素
   a. 正確さ
   b. 安定度

* 王立グリニッジ天文台。原著では「ハミルトン騒動の源である」と書かれているが詳細は不明。1957年グリニッジ天文台はグリニッジから移転したがその後閉鎖され、旧天文台を再び王立天文台と呼んでいる。経度0度の子午環が設置されている。正確には、経度0度の子午線は東へ約100メートルずれるが、王立天文台の位置を経度0度と通称している。

** 日本では天文データは自然科学研究機構国立天文台が送付している。

・国際度量衡局

フランス、パリ近郊のセーブルにあるBIPMは時間の管理の国際本部である。そこでは、世界中のたくさんの国の貢献をもとにUTCを作成している。

時間の管理の専門家の間でおなじみのジョークがある。「1つの時計があれば何時であるかわかるが、2つの時計があると何時かわからない。もし3つの時計があれば、何時かわかる」。

1つの時計だけがあり、誰もがその時計を使うならば、誰もがその時計に合わせて行動するので、その時計がどれだけ正確かにかかわらず違いは生じない。2つの時計があると、時計が異なる時刻を示すという可能性が出てくる。その場合、どちらの時計が正しいのか、間違っているのかはわからない。3つの

時計があると、もし1つの時計が時刻Aを示し、他の2つが両方時刻Bを示すなら、後者の2つの時計が正しい時刻を示すことになる。このジョークは3つの時計がすべて違った時刻を示すという可能性には触れていない。

BIPMとその他の時間の管理機関では、ジョークで触れていないどの時計も同じ時刻を示さないという問題が起こる。これは技術的に厄介であると同時に政治的な問題になる。技術的な問題を解決するために、少なくともBIPMと他の時間管理機関はそれほどよくない時計からよい時計を選び分ける数学的手法を作るために非常に努力した。これらの方法は、しばしばコンピューターでしかできない長い計算を含んでいる。実際、コンピューターは時間管理の専門家に必須な道具となった。

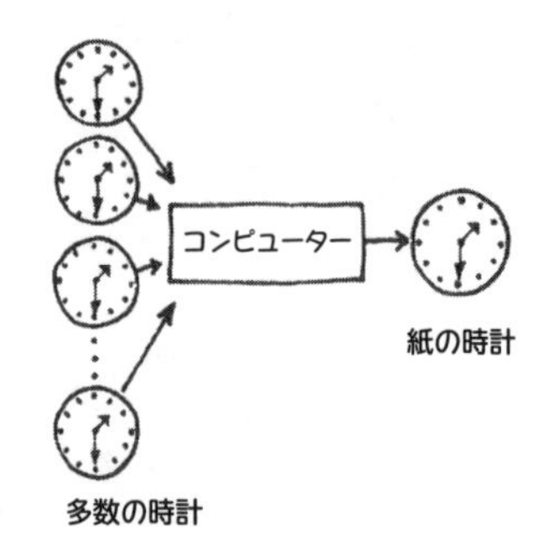

コンピューターは時計の膨大な集合から自動的に時刻を記録し、ずれがある時計をみつけるためにデータを分析し、時計の安定度の序列を確立し、その他の無数のデータと維持に関係した作業を処理する。最終的にコンピューターですべてのデータがまとめられ、時間の目盛が作り出される。このように究極の時計は、非常に皮肉なことに、紙の時計と言える。

次章では、世界中の多くの時計が構成した時刻がどのようにBIPMに通知されるかについて見ていく。

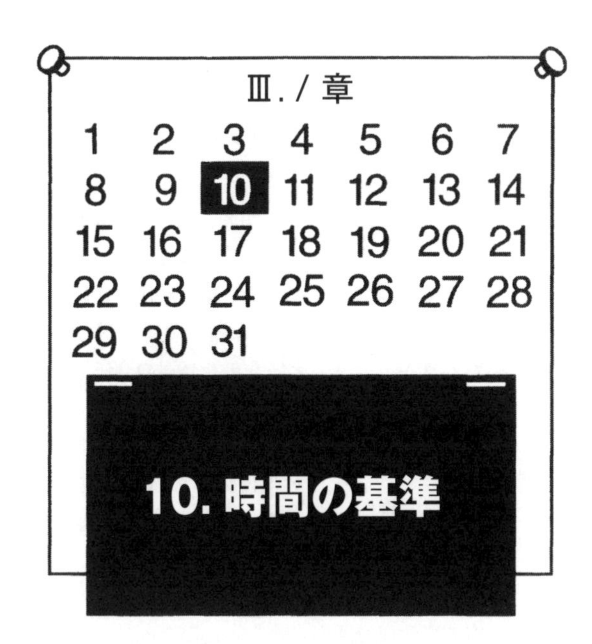

10. 時間の基準

大勢の人が、腕時計の形で「時間」を身につけて移動している。だが、時計が止まったらどうなるのだろう？　また、2つの時計が違った時間を示していたらどうなるのか？　どちらの時計が正しいのか、あるいはどちらかが正確なのかをどうやって知るのだろうか？

アニキ

第3の時計をもっている友達に訊ねてみてもよい。彼の時計は、手元の2個のどちらかと合うかもしれないし、合わないかもしれない。あるいは、電話会社の時報サービスを利用するの

もよい。さもなければ、ラジオかテレビの時報で手元の腕時計を合わせてみればよい。「正しい時刻」は、私たちの身の周りのいたるところにあるように思える。薬局や裁判所の壁の掛け時計、地方銀行やショッピングセンターの屋外に設けられた温度計つき時計等々。しかし、いくつか見ればわかることだが、これらの時刻源は1分以下では必ずしも一致せず、ましてや秒以下で合うことはない。一体どれが正しいのか？　では、そもそも「これらの」時刻源は、どこから時刻を手に入れているのだろうか？　ラジオ局やテレビ局の責任者たちは、今何時なのかをどうやって知るのだろう。

答えは、正確な時間情報を受けもつ電波の放送局が世界中にあることだ。その大半は、通常のAM放送の周波数範囲を外れた周波数で放送しているから、その情報を得るには、その放送に見合った特殊な受信機が必要である。その種の短波受信機をもっているのは、ラジオ局やテレビ局、または民間ないし政府の科学研究所がほとんどだが、その他にボートを個人的に所有し星を見て航海するために正確な時間情報を必要とする市民などもいる。

ところで、究極の質問だが、こうした特殊な電波送信局は、どうやって時間を知るのだろうか？　今度の答えは、多くの国家が極めて正確な原子時計を用い天文観測も併用して時間を管理していて、それをもとにしているからであり、それらは前章で詳細に述べたとおりである。諸国からの時間情報は、常時たがいに比較され、すでに述べた国際度量衡局の手で総括され、「世界平均時間」の1つであるUTC（協定世界時）の形に整えられたのちに、全世界の諸地域にあるそれぞれの時間・周波数電波局*によって放送されるのである。

* 日本では情報通信研究機構の標準電波送信所。

空を飛ぶ時計

世界の時計を同期させておく、つまり、歩調の合った状態で働かせておくことは果てのない困難な作業である。そのための最もわかりやすい方法は、親となる時計と利用者の時計との間に第3の原子時計をもち込むことである。同期の正確さは、主に、両者の間にもち込まれた時計の質およびそれを移すのに要する時間で決まる。時計は、通常、航空機で注意深く運ばれ、技術者により保守される。代表的な例を挙げれば、最高の質をもつ可搬型のセシウム原子時計では、1日に0.1マイクロ秒以下のずれしか生じない。過去には、可搬の原子時計が、諸国と国際度量衡局との間での時間・周波数標準の比較の主要な手段の1つとされてきた。しかしながら、後述のように、可搬の時計にかわる新しい方法が登場している。

電波で時間を告げる

1840年のはじめ、英国の発明家アレクサンダー・ベインが電線経由で時間信号を送信する可能性を思いついた。彼は数件の特許を取得したが、その後10年ほどの間、この方面の大きな進展は見られなかった。ところが、19世紀なかばになる頃、いたるところで鉄道が拡張され、時間にかんする情報とその供給が不可欠となった。サミュエル・F・B・モールスが開発した電信システムが鉄道と共に発展したこともあって、電信による時間信号中継のシステムが整備され、おのずから主な停車場すべてに時計が設置されることとなった。

20世紀の初頭に、ラジオの発達と呼応して時刻情報の放送が開始された。1904年、米国海軍天文台がボストンで実験的に時刻を放送したが、1910年にパリのエッフェル塔に設けられたアンテナからも時間信号が放送されている。1912年、パリで開かれた国際会議では、時間信号の放送にかんする統一標準の議論がなされた。

1923年3月、米国国立標準局（NBS）は、専用の時間信号の放送を始めた。当初は、ワシントン所在の短波局WWVからの定期的アナウンス・プログラムで発信される基準ラジオ周波数しか使えなかった。この信号の主要な利点の1つとして、各ラジオ局が所定の周波数を維持できることが挙げられるが、これはラジオが始まったばかりの頃には難しい課題だった。実際、1920年代のある夜、シェナンドアという名の飛行船が西海岸の冬の嵐で行方不明になった時、ニューヨークのラジオ局が、飛行船からのメッセージを探知できるよう、一時送信を停止しなければならなかったという事故もあったのである。

のちにWWVはワシントンD.C.からメリーランド州ベルツビルへ移転し、さらに1966年には、ボルダーの北80キロメートルにある現在の場所コロラド州フォート・コリンズ近郊へ移った。

電波による時刻放送

1904年　米国海軍天文台がボストンから送信

1910年　パリのエッフェル塔から送信

1923年　NBSがワシントンD.C.から送信

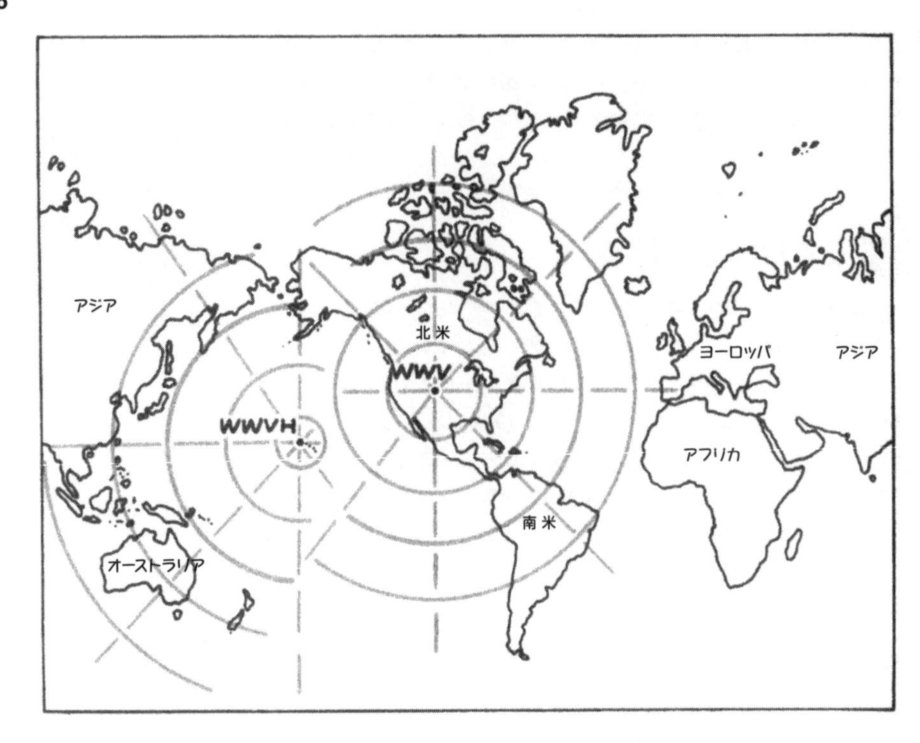

その姉妹局であるWWVHは、1948年にハワイ州マウイ島に設けられたが、太平洋沿岸および北米西部のための同様なサービスを担当している。1971年7月にWWVHは、ハワイ諸島西部のカウアイ島ケカハへ移った。そのサービスは、新式かつ高性能の機器の導入によって所管面積を35パーセント拡張し、アラスカ、オーストラリア、ニュージーランドおよび東南アジアまで担当することとなった。

NIST（NBSの後継機関）は変化しより厳しくなる要望に応えるため、短波放送のサービスを拡大し形式を改良した。現今、信号は短波帯のいくつかの異なった周波数で毎日24時間にわたり放送されている。信号の形式は、多種多様な情報、たとえば標準音高、標準の時間間隔、音声アナウンス形式とタイム・コード形式の両方による時刻信号、ラジオ放送の状態にかんする情報を提供するようになっているが、加えて大西洋と太平洋の主な暴風雨状況にかんする気象情報も、WWVとWWVHのそれぞれから提供している。WWVの放送は、コロラド州ボルダー（303）499-7111に電話すれば、ボルダーのラジオが受信したままの放送が聞ける。ラジオと電話の結合を媒介にしたこの通信の不安定性と遅延の幅を考えると、こうした電話時間信号の正確さは30分の1秒ほどしか期待できない。とはいえ、生理学的反応よりは十分に優れている。

さらにNISTは、より高度な電話時刻サービスも提供しており、そのシステムはACTS（電話とインターネットによる自動コンピューター時刻サービス）と呼ばれる。このシステムでは、コンピューターが時刻のデジタル信号を受け取り、協定世界時（UTC）の時刻と日付を表示する。適正なソフトウェアを使えば、コンピューターの時計は自動的にセットできる。ACTSの最も進んだ様式では、電話による時間遅延が自動的に補償され、2、3ミリ秒の精度での時刻供給が可能である。

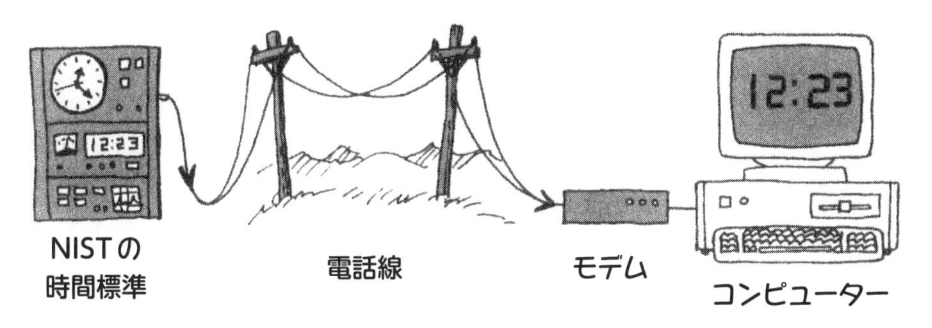

NISTはまた、同じくフォート・コリンズにあるWWVBラジオ局から国内用を主目的とする時刻コード形式の60キロヘルツの信号を放送している。60キロヘルツでは大気中の伝播効果が比較的に小さい（11章を参照）から、この局の提供する周波数情報は質のよいものである。自動装置を用いる場合、時刻コードもより適したものとなる。USNOは多数の米国海軍通信局を通じて時間・周波数情報を提供しているが、そのうちのいくつかは極低周波数（VLF）域で運用している。全世界で、今や30局を超えるさまざまな電波局が標準時間と標準周波数信号を放送している*。

* 日本では福島県おおたかどや山と佐賀県はがね山の標準電波送信所から日本標準時を長波放送。精度10^{-11}。

衛星で時間を告げる

短波による時刻放送の1つの問題は、単一の放送だけでは全世界をカバーすることができないことだ。複数の時刻放送はたがいにどの程度まで同期しているのかという疑問が常につきまとう。たとえば、地震の全世界規模の研究では、特定の地震の発生時間を記録することが必要である。世界のある場所Aで観測する人はその地域の時刻放送をもとに観測時間を記録するが、他の地域Bで観測する人は別の時刻放送を基本とする。その場合、2つの放送は同期していなければならない。そうでなかったら、誤った結論が導きだされるだろう。

次の例として今度は、同一の地震を両方の観測者が記録することを想定する。A地点の観測者はその事象が時刻Tに発生したと言い、B地点の観測者は、同じ事象がその3ミリ秒後に発生したと言う。問題の事象が、まずAで、次にBで発生したという事実は、地震の発生した順序を示すから重要な情報となる。しかしながら、2つの時刻放送がもしも同期していなければ、見掛けの順序は逆転するかもしれない。つまり現実には、A地点より以前にB地点で事象が発生したのだという結論になる。こうした誤りは、この研究の結果を根本から覆すこともあり得る。

上述した複数の短波による時刻放送の問題を解く方法の1つは、衛星から時刻を放送することである。赤道の上空高くに位置する衛星は、地表のほぼ3分の1をカバーするから、3個の衛星を適切に配置すれば、ほとんど全世界をカバーすることができる。

衛星から発せられる時刻信号は数多くあるが、とりわけ注目されるのは米軍のナビゲーション衛星からの信号であり、これは全地球測位システム（GPS）の一部分をなしている。その他、GLONASSという名で知られているシステムがロシアで運用されている。衛星時刻放送やGPSについてはのちに再び述べることとする。

その前に、優れた時刻信号とは何かを考えよう。

・正確さ

短波通信による時刻情報の根本的な限界として、受信された情報では、情報放送の正確さが不足しているということがある。信号放送が受信者それぞれに届くまでには、わずかではあるが一定の時間を要する。今時刻が 9:00 だと聞いたとすれば、それは、実際には 1 秒の何分の 1 ほどのごくわずかな時間ながら、9:00 よりあとなのである。電波信号が到達するのにどれだけ時間がかかるかを知っていれば、遅れを計算に入れてそれに見合う修正をすればよい。とはいえ、極度に正確な時間情報が必要な場合、遅れを精密に求めるのは困難な問題である。なぜなら信号が直線的に受信者に向かって進むとは通常限らないからである。信号は、通常、地球表面と電離層との間を反射しながらジグザグな経路で受信者に届く。電離層とは、上層の大気の 1 つの層だが、電波に対して鏡のような反射作用を引き起こす。

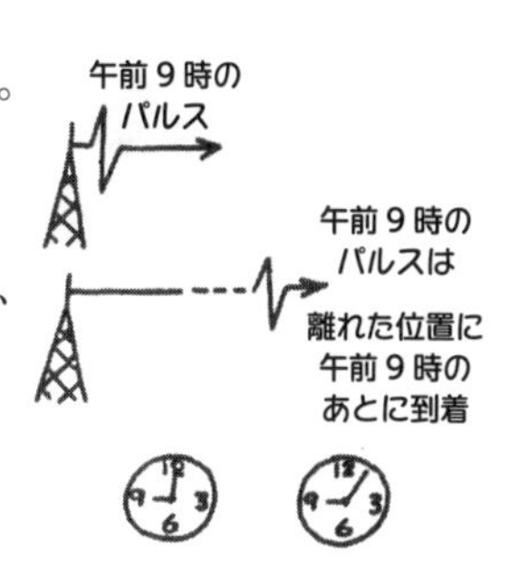

この反射層の高さは、季節、太陽黒点の活動の度合い、時刻、その他いくつもの微妙な効果による影響を受け複雑に変化する。したがって反射層の高さは常に変化し、その予測は容易ではないため、信号の遅れも予測し数値化することは困難である。

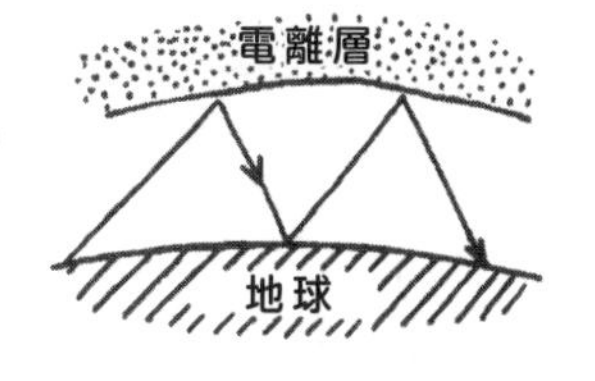

これらの予測不可能な影響があるので、短波ラジオによる時刻を受信する際に、不確かさを 1000 分の 1 秒以下に抑えるのは困難である。時刻を必要とする人のうちの 98% 程度の日常の仕事では、上記の正確さは十分すぎるほどである。とはいえ、いくつもの決定的に重要な用途、たとえば、14 章で述べるような高速度通信では、時刻を 100 万分の 1 秒以下の正確さで知らなければならない。

さらなる正確さが求められることで、通信経路に関わる予測不可能な遅れという問題を克服する道が開かれた。遅れを予見したり算定したりしようとする試みのかわりに、たとえば、それを計測するというやり方である。その最も一般的な方法は、ある既知の時刻に、親時計から同期させようとする先へ信号を送ることである。その地点で受信できたら、すぐにその信号を逆に親時計へ戻す。その信号が、はじめの地点へ戻った時に到着時刻をはかる。返信到着の時刻から発信の時刻を引き算すれば、往復の時間が算出できるので、その数字を 2 で割れば片道の時間が得られる。

アニキ

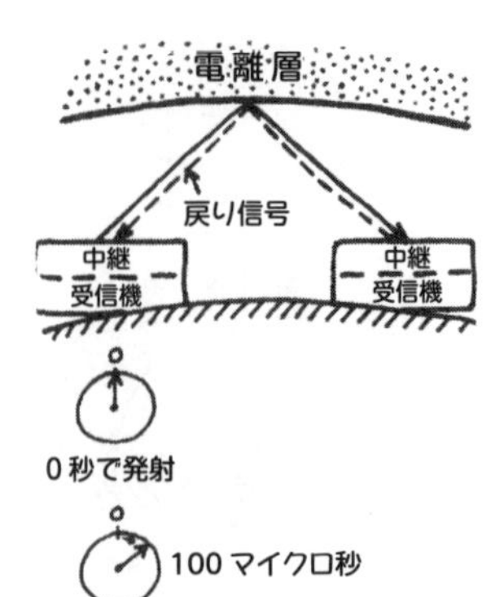

しかしながら、多くの場合と同様に、ただで何かを得ることはできない。この測定を実行するためには、受信地点に送信機を設けなければならない。応用という点で最も重要なのは、同期させようとする地点の間を往復する信号をつなげるために衛星を使うことであった。

この件は、時刻情報の国際度量衡局への通報手段を考察する際に、改めて取りあげよう。

・到達範囲

正確さは、利用可能な時刻情報に対する要求項目のうちの1つにすぎない。自明のことだが、最高度に正確な時刻源であろうと、その情報を知らせることのできる距離が100マイルまでしかないのだったら、その効用は限られたものとなる。他方、地球のほぼ全域で同時に入手できるような共通の情報を作り出すこともしばしば重要であって、それについては世界規模の地震の計測の問題を考えた時すでに述べたとおりである。現実の例として、1957年7月に始まった国際地球観測年の期間中、科学者らは、いくつかの地球物理的な事象が時間の経過に伴ってどのように地球表面を進行していくのか知ることを望んだ。とりわけ、太陽から大噴出しているエネルギーが地上の電波通信にどう影響するか、その度合いを時間と場所との関数として知ることが重視された。この種の情報は、諸地域および全世界の通信事業における実用面での重要性をもつだけでなく、理論を展開していくための、また、提起された諸理論の評価のためのデータともなった。

・信頼性

もう１つ、信頼性も重要なファクターである。発信局が技術上の問題で機能低下することはめったにないにしても、電波信号が受信者側で折々に強まったり弱まったりすることはよくある。よく知られた標準時間・周波数放送サービスの大半が利用している短波域では、強弱変動は致命的な問題となる。地球観測年の科学者たちの話に戻るが、彼らは、たとえば地震のさなかに重要な測定をしようと思い立った時、即座に使える電波時刻信号がないと気づくだろう。

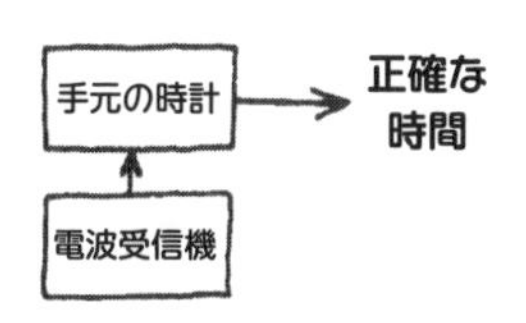

もちろん、利用者の大半はこの難点を承知しており、現場に時計を常置してこの種の情報不足に対処し、電波信号の欠損部分を補間しようと試みている。あるいは、もっと一般的なやり方だが、信頼できる電波信号が使えるうちに、定例業務として１日に１回は自分の時計を校正している。

放送局では、同時にいくつかの異なる周波数で時刻を放送することによって、信号欠損という難点を克服しようと試みている。よほどのことがない限り、少なくとも１つの信号は使えるという希望が生まれるわけだ。

・その他の問題点

「時刻情報が入手できる確率」は、信号の強弱変動にかかわらず、放送されない時間も含めたシステムに主に関係する事項である。たとえば、民間テレビ局経由で30分に１回といった形の時刻放送をする場合、想定される時間に信号が届くことはまず間違いない。しかし、多くのテレビ局は深夜あるいは早朝だと放送終了となり、常時100パーセントの情報を利用することはできない。

「受信者負担」は、システム選定に際し考慮するべきもう1つの要素である。どんなシステムも、すべての利用者にとって、あるいは、あらゆる状況において、完璧ではない。選択する場合に問題になりがちなことだが、利用者にとって最も利点となることを得るためにはある程度の制限が伴う。

「曖昧さ」は、時刻信号が独立自給である度合いを示す。例を挙げてみると、1分間隔で報知する時刻信号は、腕時計の秒針を適切な瞬間に0へ合わせることに役立つけれども、分針を何分に合わせるべきか教えてくれない。他方、分が刻まれる前に音声で「次の信号で正時12分過ぎです」と告げてくれるのであれば、秒針と分針の両方を合わせることができるようになるが、それでも、時針を合わせることはできない。

時刻情報の供給を主目的としている短波放送は、多くの場合、日、月、年、時、分および秒の情報を放送しているという意味では、比較的曖昧ではない。他のいくつかのサービスでは、利用者が、今は何年、何月、何日なのかを知っているという想定がなされている。そのほかのシステム、とりわけ、時刻情報のソースであるナビゲーション・システムは、普通、時刻音と音声だけを主な信号としており非常に曖昧であるから、利用者はこの曖昧さを除くため、他の時刻信号に頼らざるを得ない。

その他の電波利用

広く利用されている時刻情報短波放送の他にも、こうした情報を入手するのに使える電波システムがある。例を挙げれば、低周波のナビゲーション・システムがある。これは、別の意図で構成され運用されているが、その信号は、質の高い原子周波数標準および「公共の」時間源を基準とした信号を使用しているため、時間情報の源として優れている。

高周波の放送用電波では、テレビ放送が十分に鋭く強いパルスを与えてくれるので、同期させたい時計の数にかかわらず手軽に利用できる。実際、複数の場所で「見える」という認知可能な特徴をもつ電波信号なら、何であれ時計を同期させるのに使えるのであるが、その点は次章で扱う。言うまでもないが、時計を同期させることは、「正しい」時刻、すなわち標準の時刻の告知を必要とはせずに実行できる。同期させようとする時計のどれか１個が標準の時刻（日付）に結びついていれば、他のすべての時計は、必要な装置があればその１個に同期させることができる。

電波信号の放送の「周波数」は、実用性と深く関わっている。短波システム以外のシステムもそれなりの利点を備えているが、明らかな欠点もある。それに関わる事項は次章で述べる。

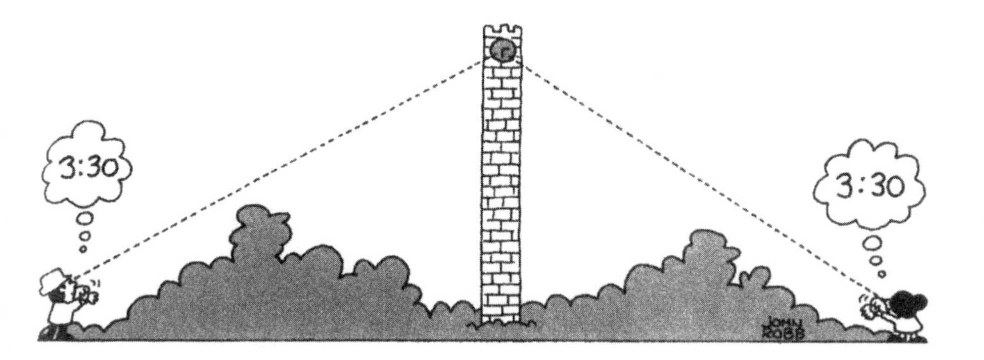

11. 時間信号の現状

すでに見てきたとおり、「正しい時刻」にかんする情報は、即座に入手できない限り無用である。だが厳密に言うと、「即座」とはどういう意味なのか？　今が何時かを知りたい人が所用の情報を入手できるようにするためにはどうすればよいのか？　その情報が利用者のもとへ届く途上で何が起こり得るのか？　また、実際に起こり得る不都合な事柄を予防するには、どんな手立てが可能なのか？

電波周波数を選ぶ

電波信号の「周波数」を選択すると、まず「経路」が決まる。信号は、電波の周波数次第で、電離層と地表との間を反射しながら伝わったり、緩やかに湾曲した地表を這うように進んだり、あるいは直線的に進んだりする。以下に、非常に低い周波数から高い周波数まで、さまざまな周波数の特徴を述べる。

・超長波（VLF）—3～30キロヘルツ

VLF信号の大きな長所は、出力が比較的小さい発振器で広い範囲をカバーできることである。何年か前、コロラド州ボルダーに近い山地でのVLF信号を使った放送が、信号の強さは100ワット以下でしかなかったのに、オーストラリアで検知されたことがあった。VLF信号は、地球の表面と電離層最下部との間で反射を繰り返すが、反射のたびに吸収されるエネルギーはごく少ないからである。

それに加えて、VLF信号は電離層での不規則性の影響をさほど強く受けることはない。この点で短波通信の場合と異なる。それは、電離層という「鏡」の内部の不規則な箇所の長さが、一般にVLF信号の波長より短いからである。20キロヘルツ電波の波長は15キロメートルである。そこで、影響の度合いをたとえて言えば、遠洋定期便の巨船がさざ波程度でびくともしないのと同じである。

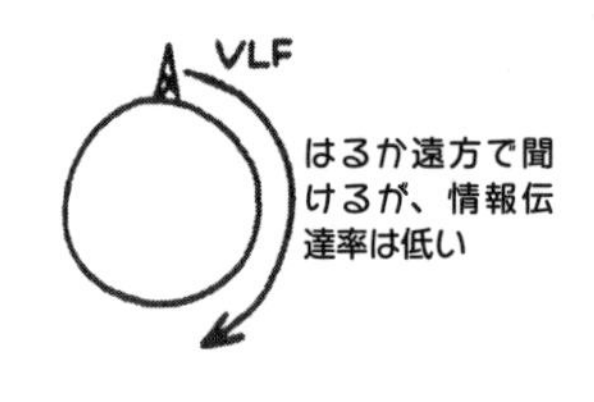

しかしながらVLF信号には、厳しい限界がある。重要な問題の1つを示せば、VLF信号は、信号周波数があまりにも低いので、多くの情報を運ぶことができない。たとえば20キロヘルツで運用している放送信号に100キロヘルツの音を載せて放送することはできない。この事態は、郵便配達人が1日に1回しか来ないのに、1日に10回もの配達を待っているのと似ている。具体的には、時刻情報は非常に遅い率で放送しなければならないのだから、時刻の音声アナウンスのような可聴周波数を含む仕組は実際的ではないのだ。

VLF信号は、前に述べたとおり、電離層中の不規則さには格別の影響を受けないので、その経路での遅れは比較的に安定している。それと並んで重要なことだが、電離層での反射の高さは、ある日とその翌日との同一時刻においてはほぼ同じなのである。とはいえ残念ながら、VLF信号の経路での遅れの算定には複雑かつ長く単調な手順が必要である。

最後に、奇妙な話であるが、受信者がVLF信号を聞く際、近接の局から聞くよりは遠方の局からの信号を聞くほうがはるかに有利なのだ。その理由であるが、まず近接の局の場合を考えると、受信者には電離層での反射を経て届く波（空中波）と地表に沿って伝わる波（地上波）の2つの信号が届き、実際に受け取るのはこれら2種の信号の和となる。この和は、時間と発信者からの距離との関数であり、複雑に変化する。そこで、地上波がほぼ消失してしまう程度まで発信者から遠ざかった地点にいるほうが望ましい。その地点では、それらの波が複雑に干渉し合った電波パターンに煩わされないからである。

・長波（LF）—30～300キロヘルツ

LF信号は、いろいろな面でVLF信号に似ている。ただし搬送波周波数が高いので、信号が情報を運ぶ率も潜在的には高い。

搬送波周波数が高めなので、信号経路の安定性を改良する上での独自の策を講じることができる。これは、ロランC（LOng RAnge Navigation）システムのために開発されたものだが、100キロヘルツで作動し、これもまた時間信号情報を得るために広く用いられる。策というのは、連続信号でなくパルス信号を送ることである。短時間パルス的に発振した信号が、2つの別経路を経て受信者に届く。受信者はまず、地表面に沿って伝わった地上波を受け取る。そしてややあとに、同じパルス信号を電離層での反射を経由して受け取る。

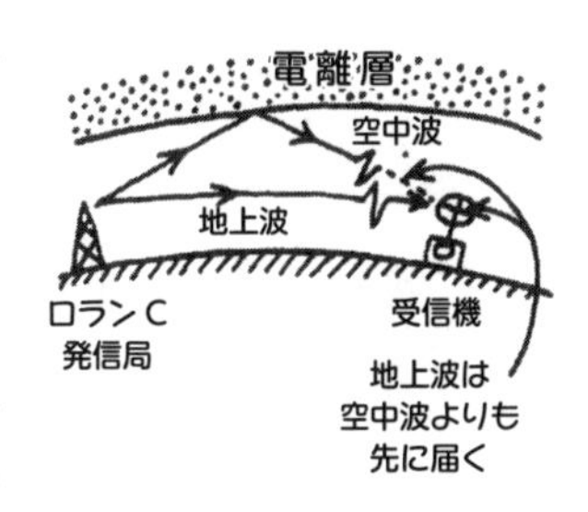

100キロヘルツでは、地上波は空中波より約30マイクロ秒だけ先に届く。通常、この時間があれば、空中波により乱される前の地上波をしっかりとはかることができる。地上波は、経路での遅れにかんして安定しているし、また遅れの予知は、空中波を扱う時ほど面倒ではない。

しかし、1000キロメートルを超えると地上波は弱くなり、空中波が優勢になる。その点で、VLF信号のような諸問題が現れてくることになる。

・中波（MF）—300キロヘルツ～3メガヘルツ

中波の帯域の主要な部分にAMラジオ局が含まれているから、この帯域は私たちにとって最もなじみ深いものと言える。昼間に電離層波、つまり空中波は吸収の度合いが大きく地表には反射されないので、大づかみに言えば、昼の間私たちは地上波だけを受信することになる。ところが夜になると、信号の目立った吸収はなくなるから、両方の信号を遠距離でも聞くことができる。

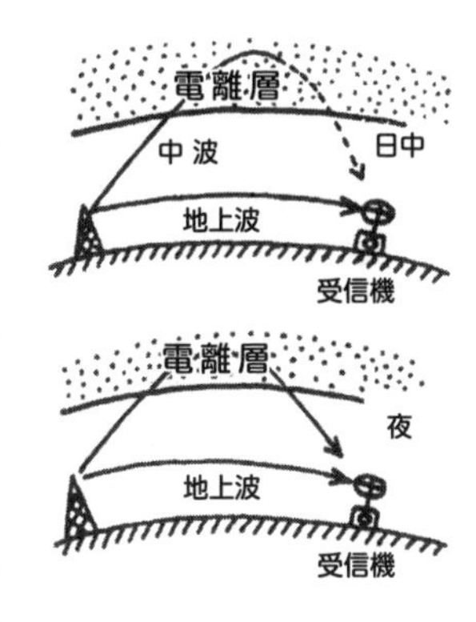

時間・周波数標準信号の1つとして、2.5メガヘルツのものがある。日本での報告によると、地上波が使える昼間は30マイクロ秒の時間間隔の正確さを得ている。空中波を受信する夜間には、2、3ミリ秒がほぼ限界である。しかし、この帯域は時間情報伝達用としてはあまり注目されてきていないというこ

と、そして将来に望みがあるだろうことを述べるに留める。

・短波（HF）—3.0～30メガヘルツ

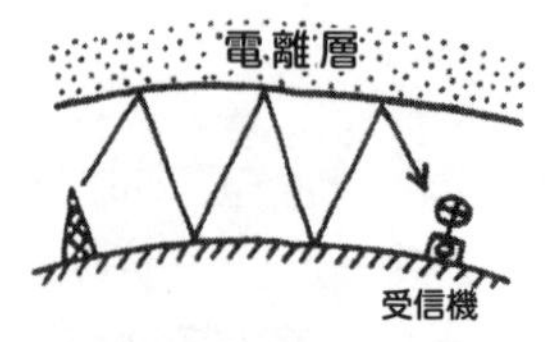

何度も反射するため遅延時間を予測しにくく、信号は弱まる

一般的に短波帯と言われているのがHF帯である。この領域の信号は、通常、電離層で反射される際の吸収がそれほど大きくない。この帯域の上端に近づくほど吸収はさらに小さくなる。このため、信号は、発信者から非常に離れた場所でも聞き取れるが、その途上でたびたび反射されるから、遅れの度合いを正確に予測することは難しい。もう1つの難点として、VLF信号の場合とは対照的に、HF信号の波長は、電離層の不規則部分と比べて同程度またはより短い。そして、この不規則部分はいつも形を変えまた移動もするので、特定の場所での信号強度の振幅は、大きくなったり小さくなったりする。この現象と経路での遅れの変化があるために、地上波を十分に受信できる程度に発信局に近くなければ、時刻情報としての精度はやはり1ミリ秒程度に限定されてしまう。

世界中のよく知られた時刻・周波数標準の放送は、あらかたこの帯域にある*。

* 日本標準時の放送は40または60キロヘルツの長波。

・超短波（VHF）—30～300メガヘルツ

VHF信号は、電離層で地表に向けて反射されることは稀で、電離層を通過し宇宙空間へ伝わっていく。テレビ信号はこの周波数帯にあるため、受信できるのは見通せる線上にある局の放送に限られ、遠方のテレビ局の放送はたいてい受信できない。また、1つのチャンネルに多くの異なる信号を載せられ、各局が300キロメートル以上隔たっていれば、相互干渉の恐れは少ない。

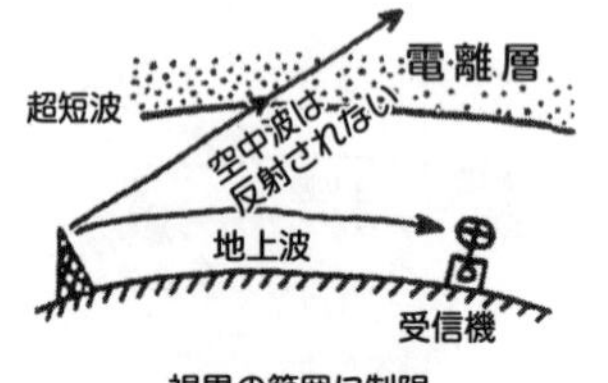

視界の範囲に制限
非常に正確
鋭いパルス送信が可能

しかしながら、時刻合わせの見地から言えば、上記の事実には不都合な面もある。なぜなら世界中、そこまででなくとも、かなり広い地域に送信しようとすれば、多数の局が必要になり、しかもそれらがすべて同期されていなければならないからである。とはいえ他方では、以下に述べるような利点もある。VHF信号では、空中波により乱されていない信号を受信することができるのだから、電離層に関わる信号はいっさい考慮しなくてよい。また、特定の経路の遅れがいったんわかれば、その度合いは日々の変化が比較的少ないと思ってよい。

3つ目の利点は、搬送波の周波数は十分に高いのだから、極めて鋭い立ち上がりパルスを送ることができ、信号の到着時刻をごく精密に見積もることもできるということである。信号の立ち上がり時間が鋭いことと経路が安定していることから、この領域での時刻合わせは非常に正確である。マイクロ秒まで時刻合わせをするのは比較的たやすく、0.1マイクロ秒の精度も得られる。

・300メガヘルツ以上の周波数

これらの周波数の主な特徴は、VHF周波数と同様で、信号は宇宙空間へ伝わっていくから、利用できるのは、見える範囲内に限られる。経路でのわずかな不規則性に起因する――通常「回折」効果とも呼ばれる――可視光線での効果に似た問題もあり得る。しかし、それはそれとして送信器へ直接入射できるならよい結果が期待できる。

1000メガヘルツ以上では、天候が問題になる可能性がある。衛星から時刻を放送する際には、電離層と、より低い大気層での影響を最小にしたいため、天候の問題は特に深刻である。衛星による時刻放送については、あとで補説しよう。

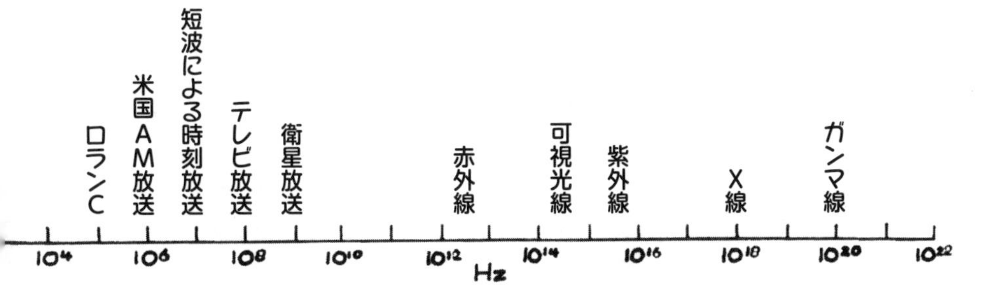

雑音――加算性と乗算性

これまで、各周波数帯によるさまざまな影響を見てきた。ここからは、信号に対するそれらの影響を2つのタイプに明確に区別する必要がある。両者は「加算性雑音」および「乗算性雑音」と呼ばれる。「雑音」という用語は、送信された信号と混ざり合って信号を歪ませ、その結果信号を乱すあらゆる種類の妨害を表す一般用語である。

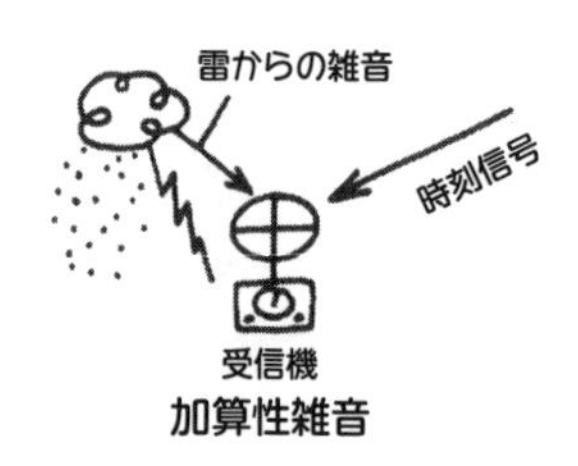

加算性の雑音はほぼ説明を要しない。それは信号に加算され信号の有用性を低下させるものを指す。たとえば、雷や自動車のイグニション雑音により生じた電波雑音により乱された時刻信号を聞く際、加算性雑音の問題が発生する。

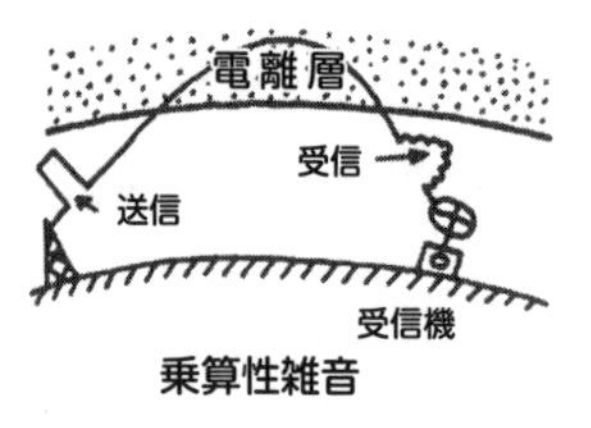

乗算性雑音とは、信号を歪める事象が起こるという意味の雑音である。簡単に思い描くことのできる例は、びっくりハウスなどの鏡で自分の格好が歪められた有様である。その際、光も信号も「失われた」わけではなく、単に再構成された結果、もとのイメージが「歪められた」にすぎない。それと同様なことが、電波信号が電離層で反射された際にも引き起こされるのである。歪みのないきれいなパルスとして発信された信号も、利用者の手元に届くまでの間に乱されて、ある程度歪んでしまうのだ。パルスのエネルギーは、きれいなまま受信されたかのようにもとと変わりはないが、構成が変わってしまったわけだ。

さて、雑音を克服するにはどうすればよいのか？　加算性雑音の場合、最もわかりやすいのは、発振器の出力を大きくし、受信側の信号の雑音に対する比を高めることである。もう1つのやり方は、利用できるエネルギーを分割し、たがいに異なる

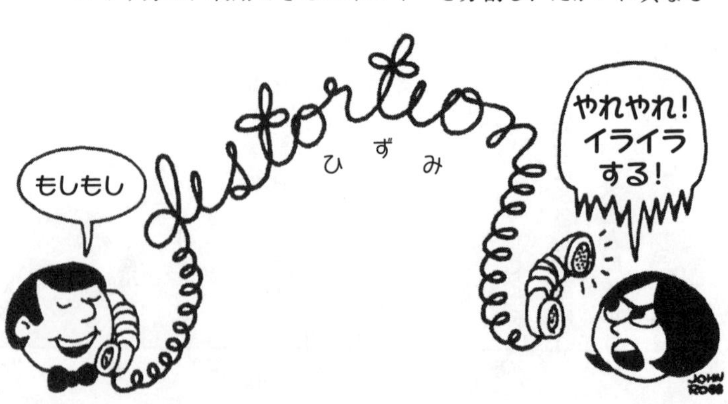

いくつかの周波数で同時に送信することである。それらの周波数のどれかは、加算性雑音の影響を全く受けないかもしれない。また、別の可能性として——極めて頻繁に利用される方法だが——信号「平均」を取ることが挙げられる。多数回の観測を行い、それらの平均を求めて結果の改善をはかるのである。それが有効なのは、信号に載せられている情報はいつもほぼ同じであるから形を保ちやすいのに対し、雑音は一般に、時々刻々変わり帳消しになるからである。

乗算性雑音にかんしては、送信器の出力を大きくしても得るところはない。先に示した例に立ち返ると、びっくりハウスの鏡に映る像は、周囲の光が強かろうと弱かろうとかかわりなく歪められてしまう。乗算性雑音への対処の方法はおおまかに「ダイバーシティ」というくくりで示される。具体的には、空間ダイバーシティ、周波数ダイバーシティおよび時間ダイバーシティが挙げられる。

- **空間ダイバーシティ**　入ってくる信号をいくつかの異なった局で測定することを意味するが、任意の局を意味しない。各局は、同じ歪みに遭遇しないよう、十分に離れている必要がある。ここで試みようとするのは、すべての信号に共通する要素をみつけることである。換言すれば、びっくりハウスの鏡をいくつかの異なった場所から見る場合、変わるのは歪みだけであって、もとの身体ではない。そしておそらく、鏡をいくつかの異なった場所から見るとすれば、歪みは打ち消し合い、真の像だけが残るだろう。
- **周波数ダイバーシティ**　要するに、同じ情報をいくつかのたがいに異なる周波数で送ることを意味する。ここでも、周波数が違えば信号の歪みは十分に違い、平均を取れば真の信号イメージが得られるとの意図がある。
- **時間ダイバーシティ**　違った時刻に同じメッセージを送ることを意味する。送信のたびに歪みのメカニズムが十分に変わってもとの信号を再構成することができるという意図がある。

3種類の時間信号

時刻情報を得るためには、3つの異なる信号を使うことができる。最もわかりやすいのは、言うまでもなくこの目的そのものを意図して構成された信号、すなわちWWVからの放送のような、あるいは電話などでの時刻アナウンスのようなものである。この方法の明白な利点は、情報が相対的に直接受信者のもとへ届くということ、さらにデータ処理はごくわずかですむということである。

標準時刻放送

電波ナビゲーション信号

テレビ信号

2つ目の方法は、時刻情報が中に隠されているある種の信号を聞くことである。ロランCシステムは好例である。このシステムでナビゲーション用に発信されるパルスは、システム全体にわたって調整された原子時計と極めて厳密に結びつけられている。ただし、秒、分、あるいは時間ごとの正確な時刻にパルスを受信することはできないかもしれないのであるが、これらの信号の発信時刻は、秒、分、時と精細に結びつけられている。そこで、ロランCの時刻情報を使う際には、パルス（1個または複数個）の到着時刻を、手元の時計で測定しておかなければならない。また、管理用の時計とパルスとがどう結びついているかを知らせる情報ももっていなければならない。ロランCにかんするこの情報は、実際には米国海軍天文台から入手することができる。

最後になるが、電波信号を同期に利用する場合、こうした情報を得るために発振器を操作するといった特別な努力も、さらに言えば、そういったことが行われているという知識さえも必要ない。これは、「トランスファー標準」と言われる技術である。過去に用いられていたもので、たとえば各局がコロラド州のフォート・コリンズ近傍の標準時刻・周波数短波局WWVおよびWWVBからの電波信号を受信し管理しておく。これらの標準は、さらにさかのぼって、ボルダーから80キロメートル離れたNISTの原子時計システムと米国の周波数標準とを基準にしていた。

上の例に、この仕組がどう働くかを見ておこう。テレビ信号は連続したたくさんの短い信号からなっていて、各信号がテレビ画面の1つのラインを担っている。信号の長さは約63マイクロ秒で、信号に先立って1つのパルスが届き、テレビに次の情報のラインが来ることを知らせる。これらの準備パルス、つまり「同期パルス」の1つの到着時刻をボルダーにある時計を使って記録したと仮定しよう。WWV局でも同じパルスの到着時刻を現場の時計を使い記録したとしよう。

この地域のテレビ局はデンバー近傍にあり、その位置は、フォート・コリンズよりはボルダーに近い。そこで、問題の「同期パルス」は、フォート・コリンズよりボルダーのほうで先に見える。なぜならそのパルスは、余分な距離を経て WWV に達するからである。そこで、もしもこの余分な経路で生ずる遅れを計測または計算で知っていたとすれば、ボルダーの時計とフォート・コリンズの時計の間の相互差を調べることが可能となったということだ。

その方法は以下のようになろう。ボルダーで計測した人が、フォート・コリンズの計測者に電話し、読み取り結果を比較する。両方の時計が同期していれば、（フォート・コリンズでの到着時刻）－（ボルダーでの到着時刻）という引き算の結果は、ボルダーとフォート・コリンズとの間の余分な経路で生ずる遅れに等しくなるはずだ。計測結果の引き算が遅れより多いか少ないかであったら、2つの時計は同期していないわけで、そのずれの大きさは単純に、（経路から求めた既知の遅れ）－（計測された時刻差）で求めることができる。

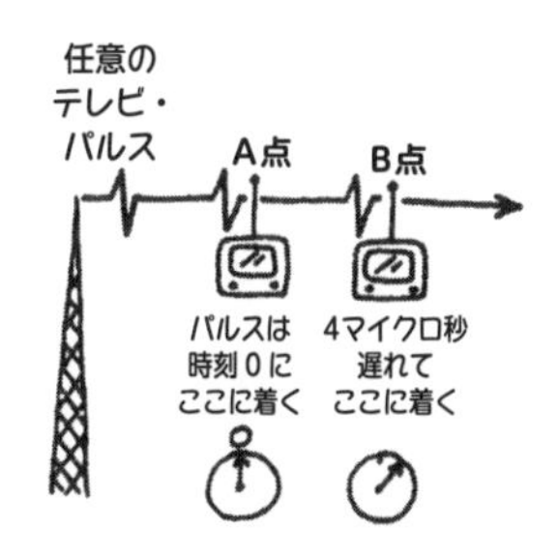

測定に先立ち、点Aと点Bの作業者は点Aから点Bまで4マイクロ秒かかることを知っている。両時計の同期を調べるために、同一のパルスがまずAに、次いでBに到着する時刻を記録する。両時計が同期していれば、2つの到着時刻は4マイクロ秒だけ違う。同期していなければ、それらの差を利用して、両時計の同期のずれの大きさを求めることができる。

2つ以上の地点で見分けのつく特徴をいくらかでももった電波信号は、どんな種類であれ上述の方法で複数の時計を同期させるのに利用することができる。既述のように、テレビ信号はどのシステムにも内在する、予知しがたい電離層での信号の跳ね返りによる影響を受けない、著しく尖鋭かつ鮮明な信号を提供してくれる。しかしながら、適用できる範囲は、テレビ局から半径300キロメートルほどに限定される。

13章では、これらのトランスファー標準技術の衛星信号への適用が、国際的な時間関係の上で、また特に、時刻情報を世界各国の標準機関から国際度量衡局へ通報する上で、重要な手法になってきた経緯を見ていくことにする。

時刻を知るのは、簡単な場合もあり複雑な場合もある。いつどこで、そしてどれだけ正確な時刻を知る必要があるかによって簡単にも複雑にもなる。

Ⅳ. 時間の利用

Ⅳ. 時間の利用

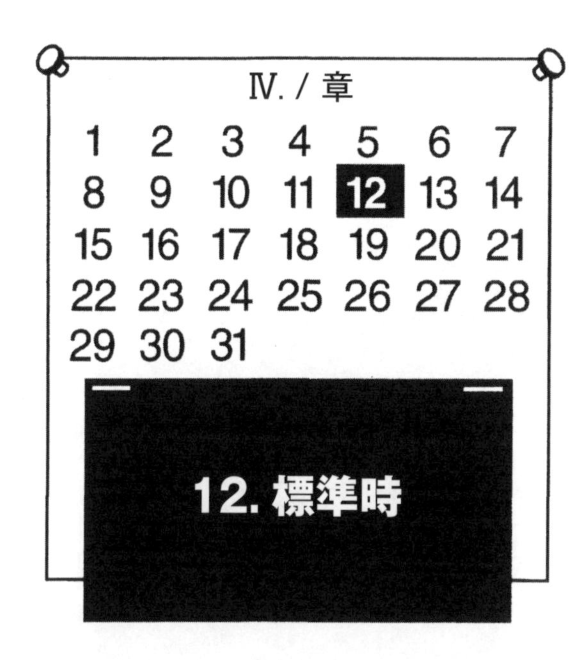

12. 標準時

ここまで時間について述べてきてわかったことだが、時間とは、事象が起きた「時刻」なのか、その事象が継続した「長さ」なのかは測定に用いた目盛で定まる。「太陽による時間」と「星による時間」とは別のものだし、これら2つは共に「原子による時間」とも別のものなのだ。ある地点での「太陽による時間」は、そこからわずか2、3キロメートル――それどころか2、3メートル――でも東か西かに離れた地点では、別のものとなることを避け得ない。工場の合図のホイッスルは、朝の7時、正午、午後1時、そして午後4時それぞれに鳴らされ日々の仕事はじめや終了を告げるが、これは長年にわたって地域社会の時間の標準とされてきた。「時間」は、地域ごとに違っていてもよかったのだ。けれども、今日の複雑な社会では、国内外の移動や通信のシステム網ができあがっているので、何らかの普遍的な標準がどうしても必要である。標準時の設定は、多くの人が思っているよりもかなり最近のことであった。

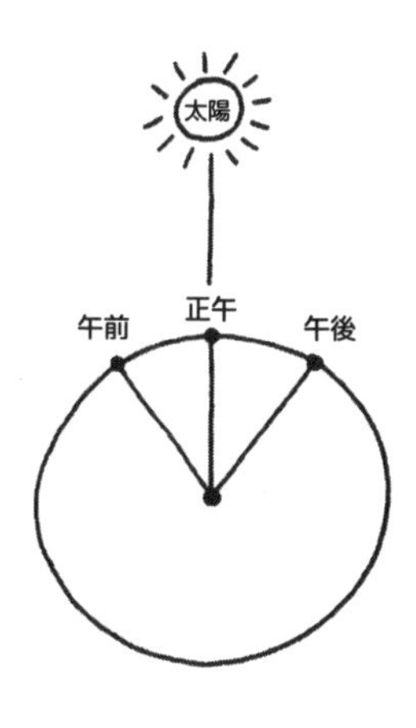

標準時間帯と夏時間

19世紀の後半であれば、旅人は混み合う鉄道の駅で、自分の懐中時計を駅の壁に掛かっているいくつもの掛け時計の1つ

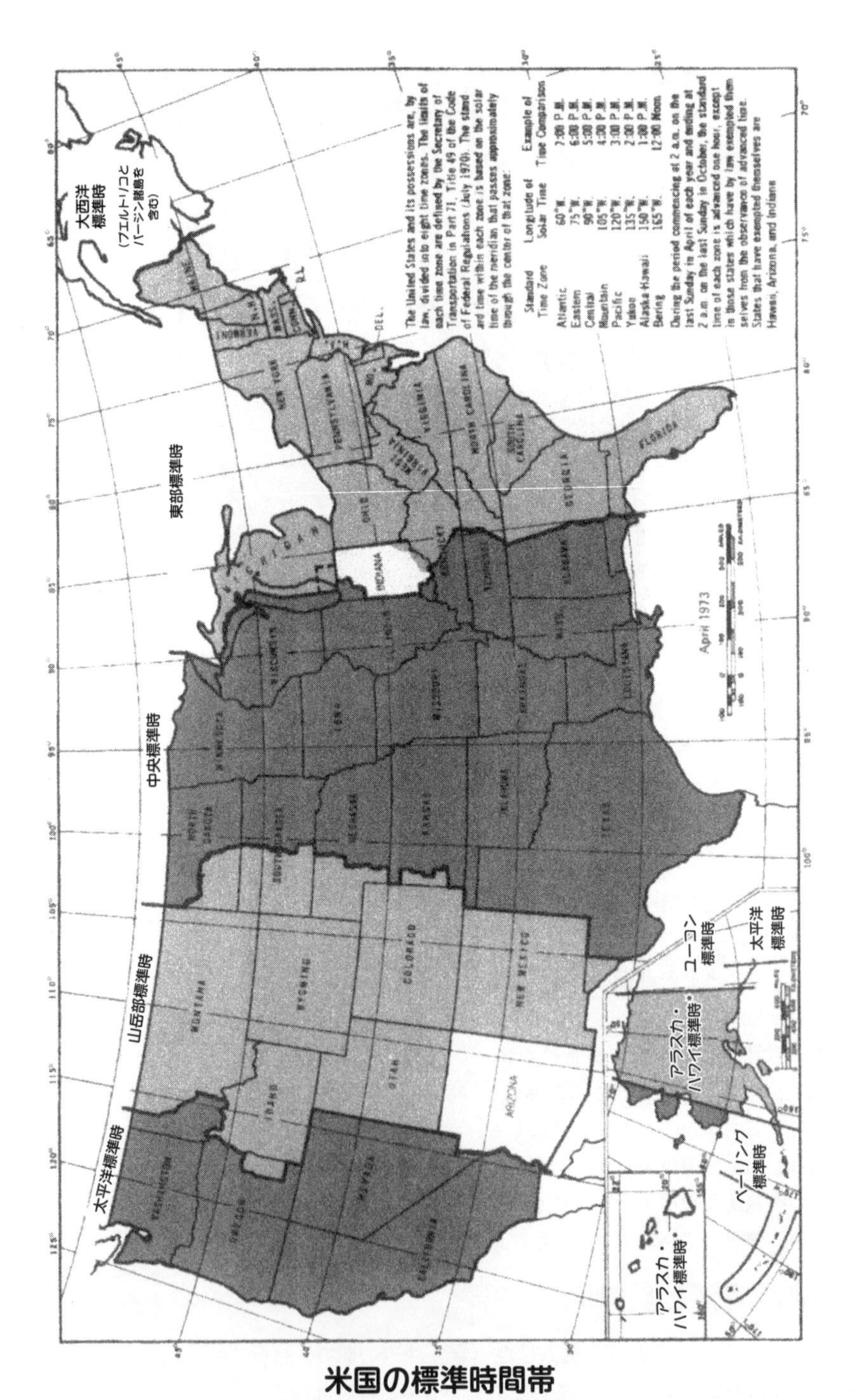

米国の標準時間帯

* 現在はアラスカ標準時（−9時間）とハワイ・アリューシャン標準時（−10時間）に分かれている。

に合わせていただろう。掛時計は、その路線に固有な「鉄道時」を示していた。いくつかの州では、文字どおり何十もの異なる「公式時刻」があった（通常は、主な都市ごとに1つだった）。国をまたいで旅する人は、「鉄道時」と合わせておくために20回あるいはそれ以上も自分の時計を合わせなければならなかった。鉄道と、正確で他との整合のとれた時間が何より不可欠だという差し迫った要求が、「時間帯」と標準時の制定を促した。

時間の統一をはやくから主張した人物のひとり、コネチカットの学校教師チャールズ・フェルディナンド・ダウドは、鉄道関係の役人たち、また聞きたい人には誰にでも、標準化された時間システムの必要性を説いた。米国の大陸部の幅は経度約60度分に当たるので、ダウドは国全体を15度ずつ、つまり太陽が1時間に動く距離ごとに区切って、4つの時間帯に分けるよう提案した。鉄道会社は、ダウドらの働きかけを受け、1883年に5つの時間帯を採用した。そのうちの4つは米国内、1つはカナダの大西洋沿岸地域をカバーするとしたのである。

この案は1883年11月18日に実施された。批判は山ほどあった。鉄道が「太陽のすべき仕事に手を出した」、全世界が「鉄道時間に支配されるだろう」と、この案を攻撃する新聞もあった。農場主などはあらゆる厄難を予測した。「自然」の時間に干渉すれば、ミルクや卵の減産、天候・長期気象の極端な変動を招く等々であった。地方の役所は、地域固有の時間が外部の権威に支配されることを恨んだ。このように、標準時および時間帯という考えは、すぐに公衆に受け入れられることはなかったのである。

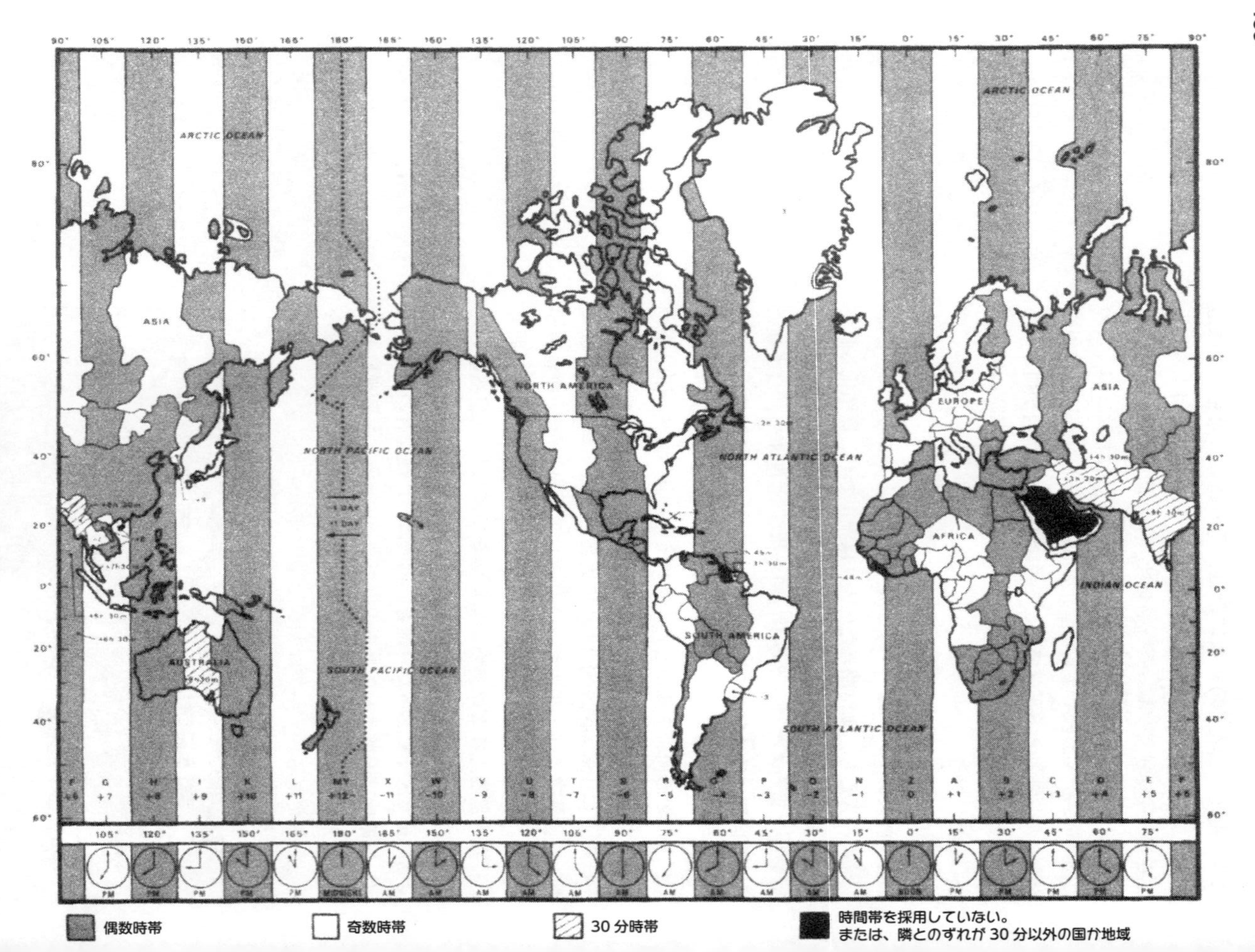
ARCTIC OCEAN
ASIA
EUROPE
AFRICA
INDIAN OCEAN
NORTH AMERICA
SOUTH AMERICA
NORTH ATLANTIC OCEAN
SOUTH ATLANTIC OCEAN
NORTH PACIFIC OCEAN
SOUTH PACIFIC OCEAN
AUSTRALIA
偶数時帯
奇数時帯
30分時帯
時間帯を採用していない。
または、隣とのずれが30分以外の国か地域

世界の標準時間帯

ところが、20世紀に入った1920年代に、米国は世界大戦に深く関わることになった。1918年3月19日、米議会は、標準時法案を通し、州間商業委員会に国内の標準時間帯制定の権限を与えた。同時に、この法案は燃料を節約し戦時下にある国の他の経済を促進するために「夏時間」も制定したのであった。

アラスカとハワイを除いて、米国は4つの時間帯に分けられる。その境界はジグザグしながらもおおかた南北方向に走っている。今日の時間帯の制度は、たいていの地域で当たり前のように受け入れられているけれども、境界に近い住民の一部は今なお不満を抱き、商取引や業務を行う先である近隣の区域から「不自然に」隔離されることがないようにと、境界を変更させている。

夏時間の影響は悲喜こもごもで、支持する人々と批判する人々の両方を生んだ。特に著しかったのは農業関係者、輸送やラジオ・テレビの時間割り担当者、夜のショービジネスに関わる人々であった。その種の悩みは今日も続いている。夏時間を規制する法令は、近年かなりの修正を受けた。いくつかの州や都市では夏期には夏時間に切りかえる方針を取ったが、そうしない例もあった。切りかえの日付さえ地域によりさまざまだという混乱を回避するため、議会は1966年の統一時間法で、米国全体で夏時間は4月の第一日曜日2:00から10月の最後の日曜日2:00までと定めた。しかし、遵守を望まなければ、法的措置により標準時のままとすることができる。ハワイは1967年に標準時を採用した。アリゾナ州は1968年に採用（ただし連邦政府の管理下にあるアリゾナ州の先住民居留地では夏時間を用いる）、インディアナ州も同様となった。

1972年に統一時間法の改正があり、時間帯が分割されている州では、州の一部分で標準時を、他の部分では夏時間を選んでもよいこととなり、インディアナ州は、この改正のメリットを活かし、州の西部でのみ夏時間を行うようになった。1974年、燃料とエネルギーの不足が深刻になり、資源の蓄積のため、米国全土で年間を通じ夏時間に移行することが提案された。けれども、北部のいくつかの地域の児童たちが、冬の何カ月かを暗いうちに登校しなければならないことや、その何カ月のエネルギー節約は微々たるものと判断されたことから、1年中を夏時間とする法案は見送られ、夏時間への切りかえ日は結局のところ1966年の統一時間法が定める日に立ち戻ることとなった。結局、変更は統一性があり、できる限り国内にいきわたることが重要ということになる。

全世界は24の標準時間帯に分けられており，それぞれは経度約15度の幅となっている。「0」の帯の中央は、英国のグリニッジを南北に通る線の上にある。グリニッジより東の時間帯の時刻はグリニッジ時間より進み、西の時間帯の時刻は遅れる。帯毎の差は1時間である*。

* 日本標準時は協定世界時（UTC）に9時間加えた時刻。東経135度（兵庫県明石市）の子午線の時刻に相当する。

この制度では、旅行者は、国際日付変更線――グリニッジから180度離れた太平洋の中央部にある地球を南北に横切る線――を越える際に1日を得るかまたは失うことになる。この線を東から西へ越える旅行者は、自動的に1日進み、その反対の向きに旅行する人は、1日戻るのである。

夏時間にせよ日付変更線にせよ、世間を大いに騒がせた。銀行家は利息の減り分に悩んだ。火事による家屋・家財の損害を補償する保険証券が無効か否かで、複数の訴訟が提訴され判決が出されたが、たいていの場合、双方は納得できなかった。と言うのも、保険証券の発行は標準時に行われ、問題の火事の発生が夏時間でなく標準時であったとしたら、まだ補償期間内である可能性があったからである。また、日付変更線を本人が越えたことによって影響を受けた誕生や死亡の日付は、子どもが幼稚園への入園を許可される年齢から、遺族に受給権のある死亡給付金に至るまで重要な意味をもつ。この種の問題は、死活にも関わる厄介な事例として今なお続いているし、おそらく将来にも残るだろう。

標準としての時間

間隔 — 局所的
同期 — 地域
日付 — 普遍的

19世紀末、標準時間システムがないことから引き起こされた鉄道旅行での混乱は、標準化ということの基本的な利点を象徴するものと言える。標準は、よりよい理解と情報交換をもたらす。時間あるいは質量の標準について合意が得られていれば、誰でも「分」あるいは「キログラム」とは何かを知っているのである。

時間・周波数にかんして言えば、さまざまなレベルでの標準化がなされている。より優れた時計の開発と共に、人々は、時間という基本単位を一層注意深く定義することの必要性を感じ始めた。時計の「分」あるいは「秒」が、他の時計のそれらとはっきりわかるほどに、食い違っていることがわかったからである。1820年というはやくからフランスでは、秒を「平均太陽日の86400分の1」と定義して標準の時間間隔を確立した。こうして、町の時計は、同じ率で時を刻み出したが、実を言えば、異なる地方時間であり、つまり町ごとに違う日付を示していたのだ。

本書の1章では、「時間間隔」、「同期」および「日付」の諸概念をざっと述べた。これら3つの概念は、ある意味で、レベルの違う標準化を表している。時間間隔には「局所的な」意味合いがある。卵を3分間ゆでる人にとって、その3分が東京の時間かどうかはほぼ問題にならない。知る必要があるのは、そ

アニキ

の場所で3分はどの長さなのかということだけだ。

同期は、やや広い範囲の意味合いをもつ。典型的な例を挙げれば、同期への関心がある時には、ある複数の出来事が同時に始まりかつ終わるか、またはそれらが歩調を合わせているかどうかしか気にしない。たとえば、バス旅行中に午後6:00集合と告げられた人々が、バスに乗り遅れるのを避けるにはそれぞれの時計をバス運転手の時計と同期すればよい。バス運転手の時計が「正しい」か否かは、結果にほとんど影響がない。

日付は、ほぼ普遍という意味合いをもつ。日付は、すでに述べたとおり、きっちり決まった規則に従って定められたものであって、バス旅行者の気まぐれなどで変えることはできない。変えたければ、自己責任となる。なにしろ食事に間に合わないかもしれないのだから。

近年、標準を築きあげるに際して、ある手順を経さえすれば

基本的な単位は定めることができるとする傾向が見られる。一例を挙げれば、今日、秒の定義は、セシウム原子の振動の数を正確に数えあげることを基本としている。その意味するところは、所要の手段と素材を手にし、セシウム原子の振動を計数するための装置の構築のための十分な賢明さがあれば、秒を決めることができるということである。あなた方がそのためにフランスのパリに出かける必要はないのだ。

その反面、日付――基本的な単位に基づいて構成される――には、キリストの誕生日のような任意に定められたはじまりの時があるから、物理的な装置だけでは決められない。

21章でこの種の問題に立ち戻ることとする。

1秒はほんとに1秒なの？

時間管理の歴史をたどり、自転する地球は、極めて優れた時計の働きをすることを知った。最高度の精密さが要求される場合を例外とすれば、今でも十分に役目を果たす。にもかかわらず私たちは、原子時計の発達に伴い秒の定義を地球の動きをもとにしたものでなく、原子の振動をもとにしたものに変えた。では、そもそも原子の秒が一様であることを私たちはどうやって知るのだろうか？

まず思いつくのは、いくつもの原子時計を作り、それらの時計が作りだす秒を「横並び」にした時に等しい長さかどうかを確認することである。等しければ、等しい時間間隔を「同時に」作り出す時計を組み立てることができたと強く確信するだろう。こうした手法がBIPMなどの標準研究所で採用されていることはすでに述べた。

では次に、原子の秒そのものが時間の経過と共に長くなったり短くなったりしないことを、どのように確信することができ

るのだろうか？　実際問題として、単に1つの原子時計を他の原子時計と比較するだけでは、答えは出ない。原子の秒を、他の「種類」の秒と比較しなければならない。しかし、差をはかることができたとしても、どちらの秒が間違った長さで、どちらの秒が正しいのだろうか？　この迷路から抜け出すすべもなさそうである。他の方法が必要なのだ。

ある特定の時計が均一な時間を作るということを証明するかわり、実行できる最適な方法とは、何らかの装置——自転する地球、振り子、原子をもとにしたいずれの時計でもよい——1つを採用すると決めて、単にその装置が時間を決めると言い切ることである。この意味で、時間とは実は、私たちが、同じ方法で実行することを合意した、ある一連の操作の結果なのである。ある一連の操作が時間の標準を作り出す。別の操作は別の時間の目盛を作り出すことになる。

しかし、採用した時間標準が、ある時には加速し、別の時には減速するのではないかという疑問がある。そうなったとしても違いは全くないというのが答えだ。それは、何の差異も引き起こさない。なぜなら、同じ操作によって裏づけられた時計は同時に加速し減速するのだから、結果として私たちは「同じ時間に集まって昼食を取ることができる」。これは定義の問題なのだ。

誰が時間を管理する？

毎日、何十万もの人が、パーキングメーター、コイン・ランドリー、そして、子どもたちが乗って楽しむミニ飛行機や機械仕掛けの馬などに小銭を投じる。家庭では、オーブンや洗濯機、食器洗い機のタイマーを信じ切ってケーキやローストビーフなどを焼き、衣類や皿を洗う。企業は、コンピューター使用の時間数に対して、あるいは通信システム利用時間（分や、さらにはその端数）に何千ドルも払う。誰もが、たとえば遠くに住むマルタおばさんと話すのに費やした何分と何秒かのために、電話代請求書に記載された金を支払う。

ガソリンスタンドに設けられている給油機やスーパーマーケットに置かれている計量器には、シールが貼られており、計量検定機関による最新の検査結果が記載され、その装置が法令で定められた正確さ以内にあることを保証している。では、時

間をはかる装置の管理をするのはどこか？　たとえば、ある会社が、ラベルに10分間と明記されているのに9分10秒間しか作動しない装置を製造するのを防ぐのは、どこの役目なのか？　そういったことにかんする規定は全くないのか？

いや、そういう機関はある。米国ではNISTが時間間隔（周波数）標準の開発と運用を担っている。NISTはまた「標準と整合した測定を行うための手段と方法」を提供する責務も負う。こうした方針のもとに、NISTはセシウム原子に基づく周波数の一次標準を維持し開発し運用しており、加えて先に述べたように、この一次標準に基づく周波数標準を放送している*。

*日本では、秒の標準は産業技術総合研究所計量標準総合センター（NMIJ）。周波数標準並びに時刻は情報通信研究機構（NICT）。

州と地方との計量検定機関は、時間間隔と日付の事項を取り扱うが、それは一般にNISTの刊行物を参照している。この刊行物では、パーキングメーター、駐車場用の時計、「入—出」時の時計、その他同様の計時装置が扱われている。これらの装置の不確かさの限度は、日付については±2分、時間間隔については約0.1%である。この規定に違反すると、基本的に初回で罰金か実刑、もしくはその両方が科せられる。

州の標準研究所は、交通警官が使うレーダー方式の「スピード・ガン」などの精密な計時装置の校正といった業務にかんして、NISTの助力を求めている。NIST以外に、米国では、250以上の企業、政府機関および教育機関が標準研究部門を維持しており、その65%は周波数または時間、またはその両方の校正を行っている。こうして、私たちの生活に影響をもつような計時装置をモニターする施設は、国内のどこでも利用できるようになっている。

米国では、海軍天文台（USNO）が、安全な航海・航空・宇宙航行のために不可欠な天文学上のデータを集積し、多数の商品化されたセシウムビーム周波数標準を基礎とする1つの原子時間目盛を維持している。そしてNISTと同様、USNOもいくつかの米海軍放送局に時間情報を提供する形で、標準、すなわち時間目盛の供給を担当している。国防総省（DOD）は、DODが必要とする時間・周波数に関わる任務をUSNOに移管した。しかし実務面から言えば、USNOもNISTも数限りない利用者の要請に応えるべく、相携えて業務の長い歴史を積みあげてきたのだ。

国内で夏時間の切りかえを行い標準時間帯を守る責任は、米国運輸局（DOT）が負っている。また、連邦通信委員会（FCC）も、ラジオ・テレビ放送の管理を通じて、時間・周波数の統制に関わっている*。連邦規則集の電波放送事業には、さまざまな放送関係者が順守しなければならない周波数の割り当てと周波数許容公差とが記載されている。対象には、AM局、民営と公営のFM局、TV局および国際放送などが含まれている。NISTの放送局は、各局が割り当てられた周波数を維持するための基準となるが、FCCは強制権をもつ組織である。

* 日本の電波監理は総務省が所管し、電波法のもとで電波利用に属するすべてを監理している。

時間・周波数の標準に基づいて創出される情報の開発、確立、維持および供給は、極めて重要な事業である。たいていの人が当たり前のように恩恵を受け、めったに疑問をもったり考えたりしないことだが、実は不断の監視、点検、比較、調整を必要とする。これらの繊細で精巧な標準の担い手は、より多くの利

用者により少ない費用でより広く利用されるようにと、常によりよい方法を模索している。より優れた、より信頼性の高い、そして、より使いやすい標準への要請は、年を追って高まっている。毎年のように科学者はいくつかの新しい考えを思いつき、これらの問題に応えている。

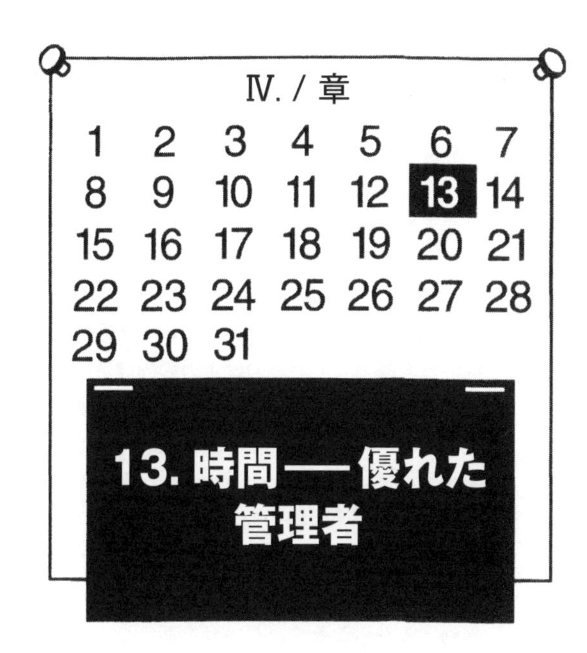

13. 時間――優れた管理者

時間は、日常生活の中のごく基本的な部分をなしているので、私たちはそれを当たり前のものだと思いすぎて、産業や科学研究その他現代社会におけるさまざまな活動分野で時間が果たす大切な役割を見落としがちである。実のところ精密な制御と管理を必要とする活動分野は、ほぼ例外なく、時間・周波数技術に依存している。そうした活動での時間・周波数技術の役割は、本質的には私たちが日常的に行っていることと変わらない。いわば、放っておくと混乱に陥ってしまうようなものごとに対して、秩序と管理とをもたらす便利な手段を提供することにほかならない。

エネルギー
通信
交通

ただし相違点は、主にその度合いにある。日頃の暮らしでは、1分ないし2分より短い正確な時間情報を必要とすることはめったにないのだが、現代の電子的なシステムや機械においては、1マイクロ秒またはそれ以上の正確さが必要になる場合が多い。本章では、精密な時間・周波数技術の応用が、現代の産業社会での2つの主要なテーマ――エネルギーと交通――の制御と配布の諸問題を解決するために果たす役割について述べよう。加えて、その他に少々、時間・周波数情報の周知の、または新規の使用法を見ておくこととする。さらに次章では、発展途上のデジタル通信の世界で時間・周波数技術が担う、かけがえのない役割についてより詳しく述べるつもりだ。

電力

原子炉、化石燃料燃焼プラント、水力発電システムのうちのどれで発電されるかにかかわらず、電力は、米国とカナダでは60ヘルツで、世界の大半の地域では50ヘルツで供給されている*。私たちのほとんどにとって、時間と周波数が最も親しみ深い役を果たしているのは電力の周波数という分野である。台所の掛け時計は、電動で、しかもその「時を刻む」度合いは、電力会社が維持している「送電線」の周波数によっているのである。

* 日本は糸魚川静岡構造線より東側では50ヘルツ、西側では60ヘルツである。

電力会社が送電線の周波数を慎重に調整しているからこそ、電気時計は正確に時間を保持する。テープやCDのプレイヤーを動かすモーターも送電線の周波数によって調整された速度で作動するからこそ、正しい音を聞くことができ、電動の歯ブラシ、ひげ剃り、電気掃除機、冷蔵庫、洗濯機、乾燥機は具合よく作動するのである。

ところが、周波数のわずかな変動は避けられない。たとえば、ある地域で送電線への負荷が予想以上に増大したとすれば——つまり、大勢の人たちが一斉にローカルニュース速報を見ようとしてテレビをつけるような場合には——その地域の発電力は、その地域への入力エネルギーが増やされるまで、あるいは、負荷が取り除かれるまで、低くなる。送電線の周波数は、たとえば、ある期間59.9ヘルツに下がり、余分の負荷が除かれれば60.0ヘルツに戻る。

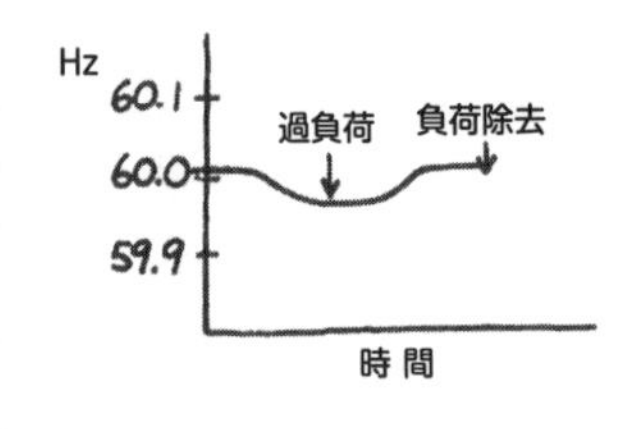

送電線の周波数が低くなると、その間、電気時計は時間誤差を蓄積し、その誤差は、のちに60ヘルツに復帰しても、なお残る。この誤差を取り除くには、電力会社は、送電線の周波数を60ヘルツ以上に高めて、この誤差がなくなった時点で60ヘルツに戻す。通常、時間誤差が2秒を超えることはない。米国では、この時間誤差は、国立標準技術研究所（NIST）の特定の時間・周波数放送を基準として判定される。

ところで、周波数は、単に電気時計のための便利な時間基準を提供するに留まらず、電力システムの中では一層重要な役目を果たす。周波数は、こうしたシステムのあらゆる箇所で簡単に計測できる基本的な量の1つで、そのシステムの「温度をはかる」かのような手段を提供してくれる。

すでに知ったことだが、周波数変動は、電力消費において負荷の変動が生じたことの目印である。そのような変動を利用して信号を発生させ、発電機へのエネルギー供給——普通は蒸気の形でだが、水力発電では水の形——を調整する。より一層信頼できるサービスを提供するために、多くの発電会社は地域的な「電力プール」を設け、ある特定の地域の電力需要がその地方の供給能力を超えた場合には、近隣の会社が余剰の供給能力で補うことができるようにしている。

周波数は、上記のような連結システムにおいて、いくつかの見地から重要な役を担っている。まず、連結された領域の電力系はすべて同一の周波数で運用しなければならない。今停止中の発電機が追加の電力を供給し始めるとすれば、その発電機は、接続に先だって、そのシステムの他の発電機と歩調を合わせて始動しなければならない。その始動の周波数が低すぎると、システムの他の発電機からその巻き線に向けて周波数を高めるために電流が流れ込む。逆に、始動の周波数が高すぎると、周波数を低くしようと過剰の電流が巻き線から外へ流れ出す。どちらの場合にも、こうした電流は機器に損傷を与えるものである。

新しい発電機は、システムの他の発電機と同じ周波数で動作するという条件だけでなく、それと歩調を合わせて動作する、つまり同位相で動作するという条件も満たさねばならない。そうでない場合、機器を同位相で動作させようとする電流が流れることになるが、これも有害な電流なのである。

位相と周波数との関係を理解するには、一列に並んだ兵士た

ちがドラムの打音に合わせて行進する有様を考えればよい。兵士たちが打音に合わせて歩を進めているのであれば、彼らは同じ速度で、つまり同じ「周波数」で、歩いていることにはなるが、全員の左足が一斉に前へ出るのでなければ、同じ「位相」とは言えないわけだ。電力会社は、すでに、新しい発電機が一致した周波数と位相とで動作していることが確実になったあとにシステムに接続するという装置を開発している。

周波数は、電力のプールでの出力の分配と創出をモニターし調節することへの手助けもする。プールを構成するメンバーたちは、プール相互間で電力を供給したり受け取ったりするために、消費者の需要とそのシステム内のさまざまな発電要素の効率に基づく複雑な数式を考え出した。しかし、システムには不測の需要や運転の中断、たとえば断線が生じてスケジュールが変更になることもある。想定どおりにせよ想定外にせよ、こうした必要に応えるため、電気技術者たちは、プール内の近隣メンバー相互間での電気エネルギーの流れ、および、システム周波数の変動の両者に対して応答する制御システムを用いる。こうしたアプローチの正味の結果として、周波数および想定電力供給量の両方の変動は、極小に抑え込まれるのである。

時間・周波数技術はまた、事故の起きた場所――強風で倒された電柱の位置など――を探すのにも役立つ。そのシステムは、本章の後段で述べる電波航法システムに似たような働きをする。配電システムの１点で事故が起きたとすると、無事だった線を通って突発的な大電流が流れ、いくつかのモニターで記録される。技術者は、そこに記録された個々の突発電流の到着時刻を比較する事によって、事故発生の場所を突き止めることができるのである。

先年の東海岸大停電以来、確かな電力供給事業の鍵は、調整と制御、すなわち、それらの欠如であることが注目され始めた。今日、多くの電力会社は、より優れた、信頼度の高い制御システムの開発を進めている。システムのそうした改良に当たって必要なことは何か？　１つは、問題のシステムにかんする詳細な情報――電力の流れ、電圧、周波数、位相などの情報――を集約することである。集約された情報はコンピューターに送りこまれ解析されるが、その大半は、「時間」の関数として注意深く整理され、電力分配システムの動作過程を注意深くモニターすることができる。電力業界の関係者の中には、将来の制御システムでは1マイクロ秒以下の時間精度が必要と見る人もいる。

交通

本書の2章で、天体航法で時間が重要な役割を果たすことについて述べた。現代の電子的な航法システムでは、天体が電波信号により置きかえられたものの、時間はやはり重要な要素をなしている。

国を横断する自動車旅行で道路地図が必需品であるのと同様に、飛行機や船も「道路地図」にあたるものを必要とする。ところが、空や海原には、旅行者が参照できる明瞭な「案内標識」はめったにない。そこで、人工的な案内標識システムを設ける必要が生じた。帆船の時代には、霧笛、浮標(ブイ)そのほかの機械式の道しるべが用いられた。灯台の回転する光標識が、飛行機や船を誘導するために長らく利用されてきた。しかし、光の届く距離は比較的短く、特に曇天や濃霧の場合には大変短かった。

正解は電波信号のように思われる。電波は、遠距離でもほとんど瞬時に検知でき、悪天候にもほとんど影響されない。第二次世界大戦の時期、遠距離用でしかも高精度の電波航法システムを望む声は決定的なものとなった。天体航法や光標識は、飛行機や船にとって、とりわけ北大西洋で冬の霧と嵐の時期には、ほとんど役に立たなかった。その際、時間・周波数技術は、電波信号を活用しつつ、空中、海上および陸上の旅行者のため頼りになる人工的な信号標識を生み出して、正解を実現したのである。

・電波標識による航法

現代の電波航法システムの働きを理解するために、まず、いくらか人為的な状況を考えよう。仮に私たちは船の上にいるとする。船は3つの電波局からはかった距離が正確に等しくなる位置に停泊している。たった今、その3つの局が同時に正午の信号を放送したとする。電波は瞬時に伝わるわけではないから、船長は、3つの局からの正午の信号を、正午のわずかあとに、と言ってもすべて同時に、受信する。こうして時間信号が

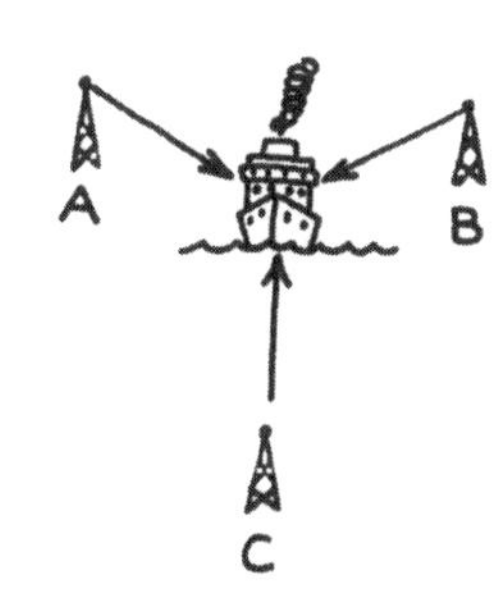

信号は、正午に3つの発信局すべてから発信され、正午よりわずか遅れて同時に船へ到着する

同時に届くということは、船が3つの電波局それぞれから等距離の場所にいることを意味している。

船長の航海図に電波局の位置が示されていれば、船長はすぐに自分の居場所を見定めることができる。しかし仮に、船長が1つの局に他の2つの局よりもいくらか近い場所にいるとすれば、近い局からの信号が真っ先に届き、他の2局からの信号は、2局と船長との距離に応じた時間だけ遅れて届く。到着時刻のこの差をはかれば、船長は、その情報から船の場所を知ることができるのである。

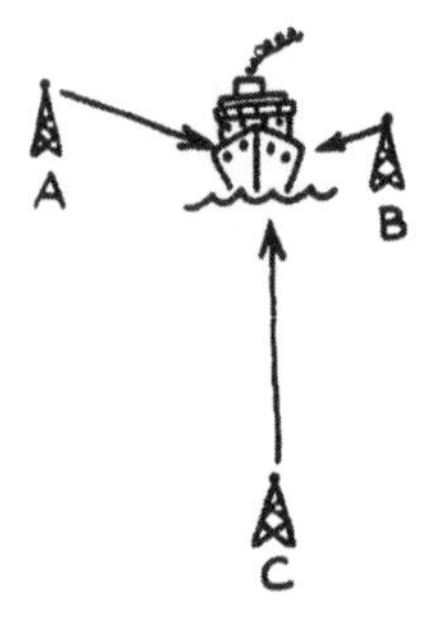

信号Bが最初に届き、
信号Aは2番目に、
信号Cは最後に届く

このような仕方で作動する航法システムはたくさんある。その1つであるロランCは100キロヘルツで信号を送信する。もう1つはオメガ航法システムで、ほぼ10キロヘルツで送信する。異なる電波周波数で航法システムを運用することは、ある一定の便宜をもたらす。たとえば、ロランCは発振器から約1600キロメートルの距離までの非常に精密な航法に用いられ、他方、オメガ信号は地球の全表面を難なくカバーすることができるが、位置決定の正確さは劣る。

さて、時間は、これらのシステムとどんな関わりをもつのか？　決定的に重要なのは、同一の時刻を示す極めて精度の高い時計を電波航法のすべての発信局がもっているということである。そうでなければ、信号が、正しい瞬間に正確に送信されないわけだから、航海士は自分の位置を誤解する結果になる。電波は1マイクロ秒に300メートルも進むので、航法システムの時計が1マイクロ秒の10分の1だけでも遅れていれば、その船の航海士は自分の船の位置を割り出す際に何メートルもの誤差を出すことになる。

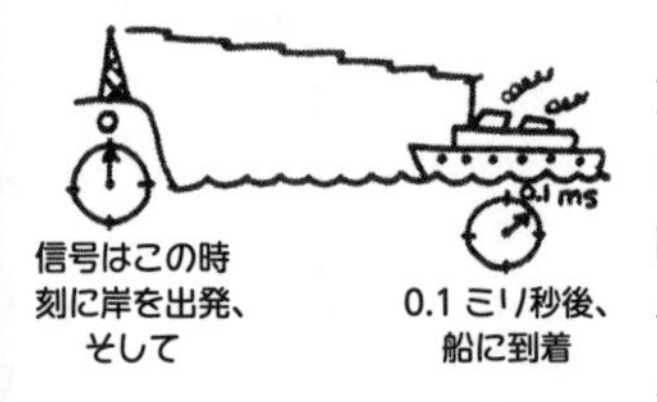

信号はこの時刻に岸を出発、そして　　0.1ミリ秒後、船に到着

時計と電波信号を組み合わせて距離や位置を示すのには別の方法がある。船長が自分の船に置いている時計が、出発した港の時計と同期しているものとしよう。時刻信号の電波は母港の時計でコントロールされている。船長が受信する正午の「信号音」は、すでに述べたとおり、電波信号の速度が有限なので正午ちょうどには到着しない。しかし、船長は、母港の時計と同期した時計をもっているのだから、信号の遅れを正確にはかることができる。この遅れが10分の1マイクロ秒であったとすれば、母港からの距離すなわち航程はほぼ30メートルであるとわかる。

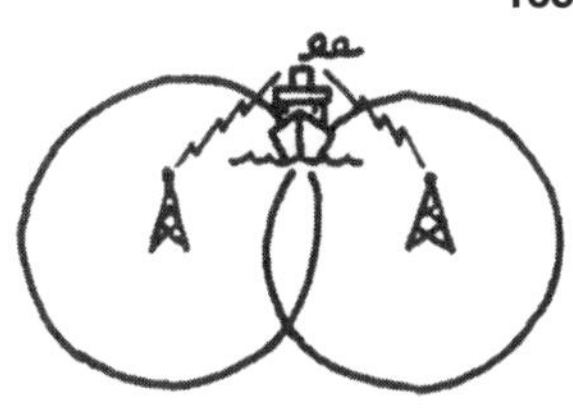

船長は、このような信号を2つ利用すれば、今いる位置が、図に示されているように、2つの円が交叉する2点のうちのどちらかであることを知り得る。多くの場合、位置のおおまかな見当はついているから、2点のうちのどちらが正しいかはわかるはずだ。

・衛星航法

地表上の異なる3局からの放送信号を必要とする航法についてはすでに述べた。しかしながら、これらの局が地表になければならないという理由は全くなく、送信は3つの衛星からであってもよい。

衛星は、航法システムに種々多様な可能性をもたらす。初期の興味深い一例はトランシット衛星航法システムである。航行者は、頭上を通過していくただ1つの衛星だけからの電波信号を記録することによって、位置を求めることができるのである。

1つの衛星が通過する時の信号を受信することは、多数の異なる衛星が列をなして天空を通過するのを、ある時刻に1個ずつ観察して時刻信号をはかるのと、ある意味で似ている。そのシステムの働きは、ドップラー効果と呼ばれる物理現象によっている。この現象については、本書でも、別の観点で論じた。この現象がいちばんよくわかるのは、前にも述べたとおり、通過する機関車の警笛を聞く時だ。機関車が近づく時、警笛の音のピッチは高く、いわば「鋭く」聞こえ、その後、遠ざかっていく時にはピッチが低く、「鈍く」聞こえる。

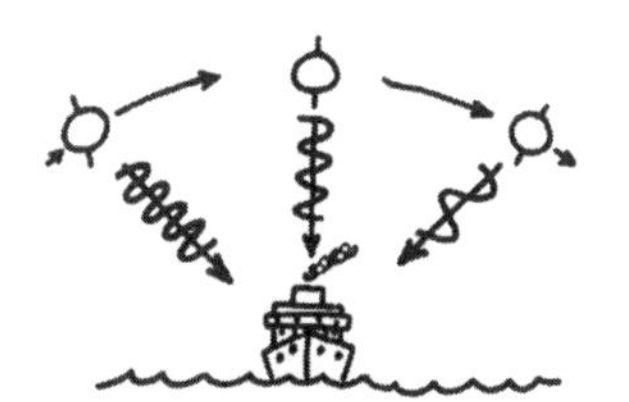
衛星が頭上を通過するにつれ、信号の周波数は高いほうから低いほうへ移る

同様に、通過衛星からの電波信号は、衛星が近づく時には周波数が高く観測され、その後、衛星が地平線下に消えていく時には低く観測される。私たちとは異なる場所にいる観測者も、同じ現象を観測するわけだが、観測値の上がり具合と下がり具合とを表す曲線は、違ったものになる。実際に、さまざまな場所に立つ観測者たちは、みな、わずかずつ違った曲線を記録するであろう。衛星の位置は十分正確に追跡できるので、私たちは、時間さえあれば、地表上のあらゆる地点におけるドップラー信号を計算して一覧にすることができる。自分の位置を知りたいと思う航行者は、衛星が頭上を通過する時に、ドップラー信号の上がり下がりを記録し、次に、一覧の中から、自分自身の「ドップラー曲線」を探しあてれば、自分の位置を割り

出すことができる。

もちろん、以上に述べた話は、地球全体を相手にしての計算が甚だしい分量になるので、さほど実用的なものではない。実際には、航行者は、衛星が通過する際のドップラー曲線、および、衛星そのものから送信される衛星位置を記録する。一般的に、航行者は、自分の位置をおおまかには把握している。その目算と衛星位置とを併せてコンピューターに入れると、自分がいると思っている地点でのドップラー曲線をコンピューターが算出してくれる。算出された曲線と記録された曲線をコンピューターで比較する。両者が等しければ、航行者が推定した位置は正しかったことになる。等しくなければ、コンピューターは、位置にかんして新たに「学習をふまえた推測」を進めて、計算された曲線と記録された曲線とがよく一致するまで繰り返す。この「最適」曲線を用いれば、航行者の位置を最も正確に推測することができる。

さまざまな機関の科学者たちは、海上の船、上空の飛行機、さらにハイウェイ上の自動車やバスも含めて、それらの路程の安全を期するために、時間・周波数技術を駆使して、より単純な、かつ、より廉価な方法を開発するよう、休みなく努力を続けている。

全地球測位システム（GPS）

ソビエト連邦が1952年にスプートニクを打ちあげた直後の1960年代に、米国海軍はトランシット衛星システムを開発した。それは、航法技術のブレークスルーではあったが、いくぶんかの不備も見られた。信号を処理するために必要な電子装置は高価であり、また、適正な位置を求めるまでに、最低2度衛星のドップラー曲線を記録しなければならないことがよくあった。それには1時間半、もしくはそれ以上もかかったのである。

しかしトランシット衛星の打ちあげ前から、一種のロランCのようなものを空間に構築するほうが、よりよい解決策だと考える人も大勢いた。

その利点の1つは、ほぼ瞬時に位置を知ることができるという点にあった。これは、高速で動く航空機にとってとりわけ重要だ。だからこそ米国空軍は、少し前の節で論じた測距システムの計画に着手したのであった。そのシステムは今や実用化され、「全地球測位システム」または単に「GPS」と呼ばれている。

手ごわい課題が待ち受けていた。第一に、測距システムが必要とするのは、利用者の信号と衛星の信号との両者が同期されていること、あるいは、結局同じことになるのだが、ずれが知られていることである。さらに、航空機や宇宙船の役に立つためには、位置決定が3次元空間でなされることも必要だ。航行者は地球表面にいるとは限らないのだ。これらの問題を解くために選ばれた方策として、少なくとも4つの衛星とそれに続く大量の計算が必要になるが、その計算はコンピューターなしには処置できない。手順は、次のように進められる。

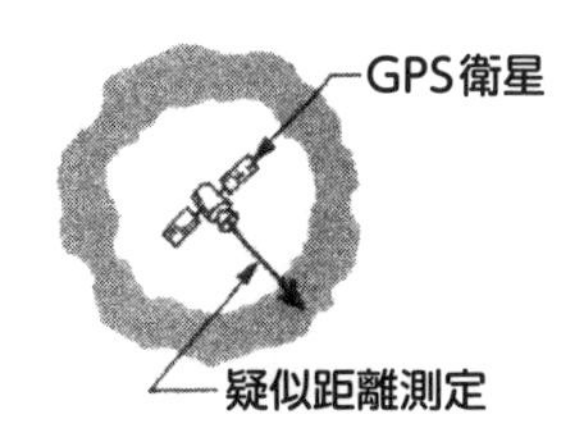

まず、利用者は、4つの衛星を相手にして測距を行う。これらの測距は誤差を伴いがちである。と言うのは、受信器の時計と衛星の時計とが同期されていると仮定することはできないからである。この段階での測距は「疑似距離」測定と呼ばれる。

前に述べた測距システムの話を思い出してほしい。1回の測距では、観測者が、送信位置を中心とするとある円の円周上に位置していることがわかった。ところが宇宙空間での1回の測距では、図に示すように、観測者は球の表面にいることになるが、この球の半径は正確にはわからない。なぜならこの測定は疑似距離測定だからだ。

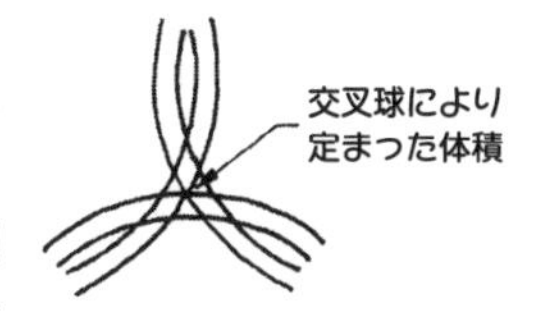

さらに、他の3個の衛星を相手に疑似距離測定を行うと、観測者は、半径が定まらない球のたがいに交叉する表面の上に位置することになる。これらの測距が正しかったとすれば、観測者は、4つの球がすべて交叉する場所に位置していることがわかる。その点は、すでに論じた2円の交点の件と同様である。

とは言うものの、観測者は、自分の位置を正確には知らなくても、図に矢印で示されているような交叉した空間のなかにいることはわかっている。その定義される空間の大小は、観測者の時計と衛星の時計との間の同期にどれほどの違いがあるかによる。

次の段階で、コンピューターが登場する。コンピューターは、4つの「疑似距離測定」で得られた観測者位置の近似値を受け取り、観測者を含む空間領域の体積を算出する。そして今度は、観測者の位置を手直しし、観測者を含む領域の体積を再計算する。体積が減るようだったら、コンピューターは、正当な方向へ進んでいると認識する。体積が増えるようだったら、誤った方向へ進んでいると認識する。コンピューターは、この種の計算を次々とやってみて、正しい位置を突き止める。

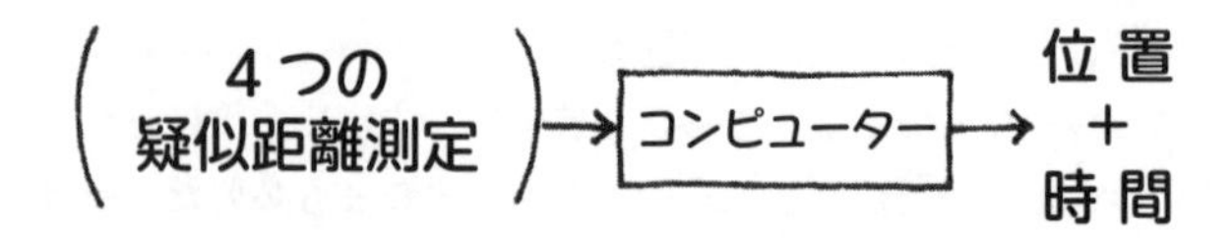

私たちは、少々違った方法でこのプロセスを見直すことができる。4つの球の交叉する1つの場所をこのコンピューターが最終的には見出してくれるという事実は、コンピューターが、観測者の時計と衛星の時計との間のずれを知っているということと同じなのである。別の言葉で言えば、観測者の位置を探し求めるためにコンピューターがやっていることは、時計のずれを絶えず調整し、球が合致するところまでもっていくことなのだ。こうして、4つの疑似距離測定は、利用者の位置を求めるだけでなく、利用者の時計と衛星の時計との間のずれも求めてくれる。つまり、時計を調整するためのもう1つの方法がここにあると言えるのだ。

コンピューターを頼りにするGPSのもう1つ他の特徴は、測距信号である。必要な精度で測距を行うには、コンピューターで発生させた信号が必要である。この信号は、電波星の出す信号の話を思い起こさせる。それは、天文学者が電波星の形状をはかり、測地学者らが大陸移動説を研究するために、数十年にわたり利用してきた信号であったのだ。電波星については、17章で述べる。

電波星からの信号は、汎用の電波受信機では空電現象のように見える疑似雑音放射である。天文学者が気づいたとおり、雑音のような電波星信号は同一の信号が2つの異なるアンテナ設置点に到着する時刻の差を精密にはかるのには絶好である。大陸の移動や電波星の形状の決定に対して使われる。

乱数に基づく信号

GPSの設計者たちが望んだのも、また、疑似雑音の測距信号であったわけだが、それはコンピューターで発生できることに彼らは気づいた。コンピューターで発生させた疑似雑音信号は、精密な測距に勝る利点をいくつか備えていた。まず、それは、安価なGPS受信機の構築を可能にする。GPS信号は、それぞれの衛星ごとに固有の乱数列に基づいている。そのおかげで、すべてのGPS衛星が、相互に干渉することなく、同一の電波周波数で送信できる。こうして、安価な単一周波数の受信機が使えるようになるのだ。

乱数列は他の問題の解決にも役立つ。測距信号は、観測者への経路の途中で地球の電離層を通らなければならない。電離層は経路遅れの原因となり、それが正確な周波数で決まる通常の経路遅れに加わり、測距の誤差になる。

こうした電離層による遅延を解決するために、GPS受信機それぞれは、同じ乱数構造をもつ2つの異なった周波数の信号を送信する。2つの周波数での乱数信号は、衛星から発信される時点では歩調を合わせているが、電離層を通過する間に時間的に徐々に離れる。GPS受信者は，その分離を測定し、この情報を利用して、電離層で引き起こされた遅れを算出し、修正を行う。

利用者が、地表またはその近くのどこにいても、いつでも自分の位置を特定できるように、21個の衛星と3個の予備が、高さ約2万キロメートルの軌道を周回している*。

* 日本は2010年より日本上空を通過する準天頂衛星みちびきを打ちあげ、2018年から4機体制にし、GPSと併用して位置情報の誤差を6センチメートル以下にしている。

過去にもしばしばあったように、またもや航法システムは時間管理担当者にとって恩恵となった。これまで見てきたように、時間は、GPSの測定から直接得ることができる。しかし、GPS測定に基づくもう1つ別の時間座標方式があり、直接的な時計調整よりも有効だとされるに至った。その方式は「共通視（コモンビュー)」と呼ばれ、内容は、要するに、11章で述べたテレビ信号のトランスファー標準技術の衛星版である。

2つの異なる地点にいる観測者が、それぞれの時計の比較を望んでいると仮定する。彼らは、2人が同時に「見る」ことのできる1つの衛星を選び出す。その衛星を「共通視」にあるという。観測者2人は、それぞれの時計を基準として、選ばれた衛星からの信号が到着する時刻をはかる。自分の位置、および、各衛星が絶えず送信している衛星の位置から、それぞれの衛星から各位置までの信号時間遅れを計算する。これによって、1つ1つの到着時刻がどうあるべきかがわかる。テレビ信号と同様、期待された到着時刻の間隔と測定された到着時刻の間隔との差異が、2つの時計の間のずれに等しいのである。

ここには、2つの興味深い点が認められる。第一に、共通視の衛星の測定が衛星の時計の時刻に全くよらないことである。第二に、2人の観測者が、期待される遅れの計算をする時、衛星がそれ自体の位置を正しく送信しているかどうかに依存していることである。GPS衛星は、極めて注意深く追跡されてはいるものの、それらの位置情報にかんしては、小さいながらやはり誤差が伴う。この位置誤差のいくらかは共通視においては消えてしまうので、衛星位置の誤差がそっくり時計比較の誤差になることはない。以上を総括すれば、かなり離れた時計でも2、3ナノ秒以内で比較できるので、原子時計を搭載することは過去の話となった。

目下、GPS共通視測定は、全世界のさまざまな標準研究所から国際度量衡局（BIPM）への時計情報受け渡しにはもちろん、国際的な時刻比較のバックボーンになっている。

時間・周波数技術の利用法——普通から極端まで

温度計や、体重計や、巻尺のメーカーは、製品を使うのはどういう人たちで、何人くらいいるのか、利用者たちはそれらの測定装置で何をするのかについて、だいたいわかっている。ところが、時間・周波数情報の提供者は、「空に向けて矢を放つ」詩人のようだ。電波送信という「矢」はどこへ落ちたのか、それを拾う人は誰なのか、また、「発見者」の数は数千なのか数万なのかについて知る適切な手段はないのだ。信号は、どこでもいつでも入手でき、しかも、それを受け取る人が1000人だろうと1万人だろうと信号自体は同じである。そして、質問、苦情や改善意見——と言っても、送信側でかねてから熟知している利用者からのものが大半を占めるのだが——を除けば、一般に利用できる時間測定の道具を作るのに努力し経費を支出する人々の耳には、飛び去った「矢」を拾う人たちのほんの数パーセントからの発言しか入らないのである。

しかし、提供者は、彼らの商品をより多くの人がもっと便利に、もっと手軽に入手できるようにしたいのだ。そこで、時々「関心をもつ人々」を探し出し、利用者たちの意見を募るという特別な努力をすることになる。

NISTからの何度ものそうした誘いが、数千通の返信を引き出した。返信者は、一般の電力会社から、通信システムの使用者、科学研究所・大学・天文台その他の観測所、航空・宇宙産業、ラジオ・テレビ装置・電子計測器のメーカーや修理業者、時計・腕時計の製造者、軍事基地の使用者に至る。飛行機、ヨット、レジャー用ボートを所有する個人からの返信もどっさり届いた。たくさんのアマチュア無線家からも、また、アマチュア天文家とかコンピューターおたくとかを自称する人たちからも驚くほどたくさん届いた。

これらの回答で寄せられた具体的な利用法には以下のものがあった。「月レーダー測距・衛星追跡」、「地球潮汐測定」、「望遠鏡の制御と計装のメンテナンス」、「デジタル時計の時間合わせ」、「電話通話料発券システムの時刻設定」、「時刻コード発生器の同期」、「大都市圏屋外信号の校正と同期」。

データ処理と相関計算、時間・周波数の二次標準の校正、地震の探査、データ通信などは、どれもよく知られた利用例であった。また、病院や医療従事者への電子機器の普及に伴って、「バイオメディカル電子技術」、「医療用モニター・分析器の計時校正装置」および同類の特殊な医療応用への利用者が激増したのは、驚くべきことではなかった。

自動車に電子システムがますます多く用いられるようになって、自動車整備士は、時間・周波数技術の利用者に仲間入りすることになった。また、特殊なカメラによる水中や人体臓器内、あるいは高度1000キロメートルの宇宙空間での、微視的対象から巨視的対象に至るまでの撮影、ならびに、最先端の音響録音システムが普及した結果、写真機器および視聴覚機器のメーカー・修理事業者が時間・周波数技術を求める声も、著しく高まった。もう1つ、海洋学も、時間・周波数技術を必要とする科学として急速な発展を見せている。

時間情報（日付と時間間隔の両方）は、時計の製造と修理の面で非常に重要である。月差2、3秒程度の精巧な時計が入手しやすい価格まで下がると、宝飾店と時計修理事業者は、電力会社の送電線で駆動される電気時計で得られる以上に精密な時間を必要とするようになっている。西海岸の某宝飾店主は連日コロラド州のNISTの時間・周波数情報サービスに電話し、彼が調整している腕時計のチェックをしているそうである。それと同じ情報は、NISTのWWV局およびWWVHという標準電波局からの短波でも得られるのだが、電話で入手したほうが手

軽だし、時間がかからないし、しかも信号が歪みや雑音なしで得られるからだろう。

音楽家やオルガンなどの楽器のメーカーからは、標準の440ヘルツの可聴音——音階の「中央オクターブのC」の上の「A」——を彼ら自身の二次標準のチェックや所蔵の楽器の音合わせに利用しているという報告もあった。

雷雨や霰（あられ）を伴った嵐の研究者も時間・周波数情報を必要としている。ひとりは「雲の低速度撮影写真とデータ記録の一致」に、もうひとりは、電力線への落雷がどこで起きたかを知るのに利用すると説明している。

その他の回答は、水晶振動子の製造者や、2方向電波システムの通信士や修理担当者、また、消費者向け製品——電子レンジ、ホーム・エンターテインメント・システムから、レンジ・調理器・洗濯機などの家庭向け器具類のタイマーなどありとあらゆるもの——の設計者から寄せられた。おもちゃのメーカーまでが、精密な時間・周波数技術を必要としている。

さて、中には、真面目さにやや欠けるとしか思えない利用例も少々見られた。ただし、利用者本人は大真面目なのだが。ある星占い師は、信頼できる星占いの天宮図を作るには精密な時間情報が必要だと主張していた。鳩レースに関わる人たちは、遠く離れたいくつもの地点で同時に鳥たちを放つためにWWV放送を使うと報告してきた。自動車競技のラリー、各種競技やその他のスポーツ大会の精密な計時に関心がある人たちも必要性を述べていた。

機器部品の小形化およびプリント配線は、一般の消費者でもたやすく手を出せる程度の、廉価で有用な電子装置を、どっさり社会に送り出した。エレキギター、車庫の扉の無線開閉、雑音をシャットアウトし静かな眠りにいざなうための「白色雑音」発生器。設計者やメーカーがその次に何を考え出すのか誰も知るまい。これらや、その他のさまざまな消費者向け製品と関連して、一般の人々に対して、より高度な時間・周波数技術への必要性が高まり続けている。この需要はひたすら拡大し続けるばかりであろう。科学者たちは、この要請に応えるべく、休みない探究に心を傾けていくのである。

原始時代

B.C.　JOHNNY HART AND FIELD ENTERPRISES,INC. の許可で転載

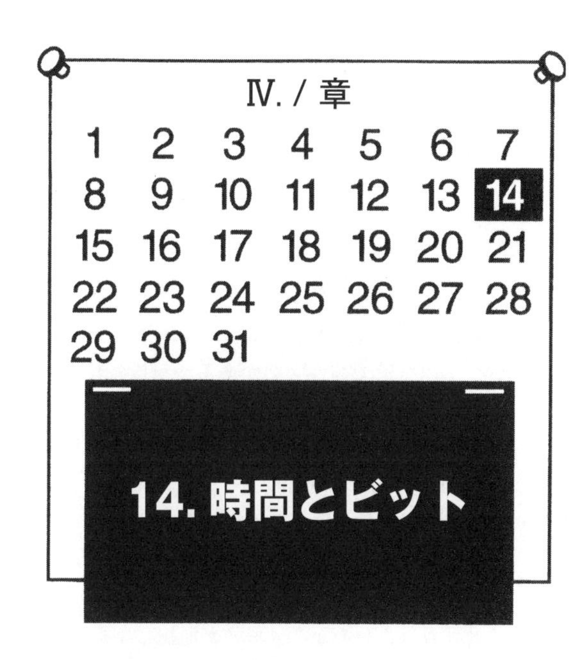

14. 時間とビット

「言葉だけなら安いものだ」

サム・スペード

D・ハメット*の推理小説の探偵がこの警句を口にした時、彼は電子通信のことなど頭にはなかっただろうが、この句の含意は今も生きている。言葉がこんなに安くなったことはないのだ。情報の基本的な単位、すなわち「ビット」を送信する費用は、これまでにないほど安くなっている。この傾向は、将来にわたって続くであろう。その面で時間・周波数技術が果たしてきた役割は、決して小さくはない。しかし、このことはもっとあとで述べるつもりだ。

*Dashiell Hammett（1894 ～ 1961）米国の推理小説家。サム・スペードは小説に登場する架空の私立探偵。

分割して勝利を

アメリカ独立戦争の時、ポール・リビア*は、ボストンのオールドノース教会の鐘楼に仲間の愛国者がランタンをつるして信号を送るのを待ち受けていた。約束は簡単だった。英国軍が海から上陸してきたら２つの灯火を鐘楼につるす、陸伝いに来たら１つつるす。リビアは、信号を目にしたとたん急いでレキシントンに向かい、人員不足の米国軍に英国軍がどこから攻めてくるかを告げた。

*Paul Revere（1735 ～ 1818）米国の愛国者。版刻、銀細工、図案を業としたが、米国独立の運動、戦争に参加した。

この素朴な信号作戦は、現代の通信システムの基本になっている。リビアの着想を今日の事情に合わせ直すことができる。閃光1つは陸からの侵攻、閃光2つは海から、そして閃光3つは空からを意味する。さらに、閃光4つは、海陸空すべてで侵攻が始まったという意味だとすることもできる。

とはいえ、この着想を無限に拡張しようとすると、問題が出てくる。灯火1つは「海から」だったか「空から」だったか忘れたら？　霧がかかっていたら、どうなる？　その時は、バックアップ策で補う必要がある。鐘楼の鐘の音1つなら海から、2つなら陸からとしたらどうか。だが、その場合、英国に同調する人にも鐘の音が聞こえてしまうのではないか？

独立戦争時代初期のこうした通信士たちが直面した諸問題は、現今の通信技術者たちが直面しているそれと全く違わない。確実に信号が届くようにするにはどうすればよいのか？　敵に信号の意味がわからないようにするには、メッセージをどう符号化すればよいのか？　信号が混線しないようにするための最良の方法は？　また、何人かの人が同時に交信を望んだら、どうすればよいのか？　このあと説明するつもりだが、この種の問題の解答は、時間・周波数技術に負うところ大なのである。

1　0
イエス　ノー
1ビットは、2つのメッセージのうちの1つを届ける

すでに述べたように、リビアが構想した1なら陸、2なら海というやり方は、現今の通信システムの本質を含んでいる。情報の基礎的単位であるビットは、2つのメッセージのうちの1つを伝える──「これ」か「あれ」か──すなわち陸からか、海からかといった具合に。これら2つの可能性を表すために広く使われるのは、数字「1」と「0」だが、これらは「イエス」か「ノー」と解釈されることが多い。もちろん、意味を逆転して、0は「イエス」、1は「ノー」としてもかまわない。大切なのは、どちらを選んだかを記憶しておくことである。

この単純な0か1かのシステムによって、複雑なメッセージを作ることができ、「知る必要のある」人たちだけがそれを読むことができるようにメッセージを暗号化でき、さらに、通信を妨げる最も手ごわい敵である雑音を克服する手立てもできる。雑音は、稲妻が光った時生じる空電のような天然の産物の場合や、味方の電波信号に敵が混入させる人工的な電波信号の場合がある。

では、ビットを用いて複雑なあるいは単純なメッセージを作

り出すにはどうすればよいかを考えよう。ほとんどの書き言葉は、アルファベットといくつかの句読点とを必要とする。英語で言えば

ABCDEFGHIJKLMNOPQRSTUVWXYZ

と句読点である。ここでは6種類、ピリオド(.)、コンマ(,)、疑問符(?)、セミコロン(;)、コロン(:)、および感嘆符(!)、としておこう。これら32個の文字と句読点が、私たちの書き言葉のシステムを構成するのである。こうした記号をビットに変換するには、「20の扉」に似たゲームに興ずるとよい。このゲームでは、まず参加者のひとりが出題者となり、何か1つのもの——たいていは、わかりにくいもの——を考え、他の参加者たちが順番に質問して20問以内でそれが何かを突き止める。彼らは、出題者が「イエス」か「ノー」かのどちらかで答えられる質問をする。出題者は、どの質問に対しても誠実に返答しなければならない。

いくつものビットで複雑なメッセージを作り出す

YES　NO　YES　NO
YES　NO……

出題者が選んだ対象が、仮に文字「H」であったとしよう(ここでは対象は上にあげた32個の文字と記号の1つで、そのことを参加者は前もって知っていると仮定する)。対象が32個のどれか1つである確率は等しいのだから、何番目であるかをみつける作戦としては、「分割して勝利を」の攻め方を取るとよい。

さて、最初の参加者が訊ねる—「その記号は、はじめの16個の中にあるの？」。答え「イエス」(Hは、リストの8番目にある)。2番目の参加者「はじめの8個の中にあるの？」。答え

「イエス」。3番目の参加者「これまでの2つの質問で、僕はわかった。その記号は、1番目から8番目までのどこかにあるのだ。では、その組の前半にある？」。答え「ノー」。4番目の参加者「5番から8番までの組の中のどこかにあるわけね。では、この組の後半にある？」。答え「イエス」。5番目の参加者「これまで聞いたところでは、答えはGかHかどちらかだ。Hだね？」。答え「イエス」。

答えは、イエス、イエス、ノー、イエス、イエスで、H以外の記号すべてを消去した。じっさい、32個の文字と句読点のどれ1つをとっても、イエスかノーかを5つ連ねることによって特定できる。前に述べたように、「イエス」と「ノー」はしばしば「1」と「0」で表される。それを念頭に置くと、文字「H」は「11011」となる。という次第で、これが、文字「H」をビットで表した結果なのだ。

“H” = 11011

もちろん、文字から単語を作れば、0と1とを十分に長く連ねて、どんなメッセージでも表現することができる。想像するとおり、メッセージは、しばしば数百万ビット以上にも長くなることがある。これは大量の数字に埋もれて悪夢を見そうなくらいである。そんな大量のビットを、どうやって見失わずにたどっていくことができるだろう？　ビットを正しい順序に保ち、正しい目的地に到達できるようにするにはどうすればよいのだろう？　それへの答えは、もうお気づきだろうが、時間・周波数技術によるところが大きいのだ。

メッセージを送る旧式の方法

電磁気現象の初期の研究者たちは、メッセージは電線を通る電流によって送ることができるものと気がついていたのだが、その最初の実用的なシステムは、19世紀の前半に、米国の肖像画家サミュエル・F・B・モールスによって実現された。モールスは、アルファベットの文字をドットとダッシュの系列に符号化することを考えた。地方の新聞社を訪問した時、モールスはメッセージを効果的に符号化するために必要な手掛かりを得ることができた。植字工は、モールスに、ある文字の活字は他の文字よりも数多く必要なことを教えてくれたのだ。植字工の活字受け皿には、「e」の皿にいちばん多くの活字が入っており、次に多いのが「t」、そして「x」の皿はいちばん少なかった。この情報でモールスは以下のように決めた。文字「e」は、最も短くて最も簡単に送れるように信号のドット1個で表す、また、文字「t」は2番目に簡単なダッシュ1個で表す、そして、文字「x」はドット－ダッシュ－ドット－ドットで表す。

ドットとダッシュは、電信機のキーのつまみを押すという手作業で、1つずつ、送信された。メッセージを送る速さは、ひとりで送信・受信の両方を担当する電信オペレーターの技量に大きく左右された。米国では1860年までに主な都市の大半が電信線で結ばれた。

E •
T —
X • — • •
モールス符号

自動電信

電信オペレーターたちも確かに有能だったが、電信システムが機械化できればさらによいことは明らかだった。機械化されたシステムは、いくつものメリットを提供してくれる。1つの長所は、すべての通信が標準の速さで送信され、かつ、標準化された受信・解読の機械で読み解かれるという点であった。そのことは、通信システムで時計が重要であるという最初のヒントとなった。ドットとダッシュを一定率で「打刻する」ためには時計が必要なのだ。

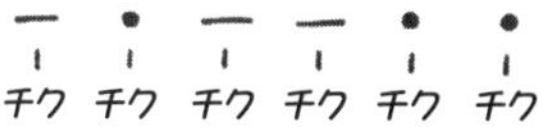

— • — — • •
チク チク チク チク チク チク

電信システムの中での時計は、新しい通信手段を示してくれた。それは、生身の電信オペレーターには及びもつかないことだった。1914年までに、「同期配信」と呼ばれる新しい装置が、米国の基幹電信線の大部分で利用できるようになったのだ。同期配信によって多重メッセージ、すなわち、いくつもの電信メッセージを同一の電信線で同時に送ることが可能になった。もっと一般的に言えば、1つの通信チャンネルをいくつものチャンネルに分ける多重化と考えられる。

電信線でも、現代の光ファイバーでもよいが、単一の通信リンクの中で8つの別個な情報チャンネルを多重化させたいと仮定しよう。これらのチャンネルを使って8組の人たちを結びつけるが、その各組は、送信端にひとり、受信端にもうひとりで成り立っている。送信端には、円形に配置された8つのチャンネル1つ1つを走査できる装置がある。どの瞬間にも、1つのチャンネルからのメッセージだけが走査装置から送信されるが、走査の切りかえ端子が1回転する間に8つの異なるメッセージを重ねた出力信号ができあがる。重ねたメッセージは電信線などの通信リンクを伝わり、メッセージをもとの形に分けるもう1つの走査装置に配信される。図が示すように、両端にある走査装置はたがいに同期されていなければならない。そうでなければ、受信端にある走査装置は誤ったメッセージを受け取ることになる。極めて高速な通信システムでは、走査装置はマイクロ秒かそれ以下で同期されていなければならない。このような通信システムは、信号が、時間帯に分割されているので、時間分割多重化と呼ばれる。

周波数分割多重化

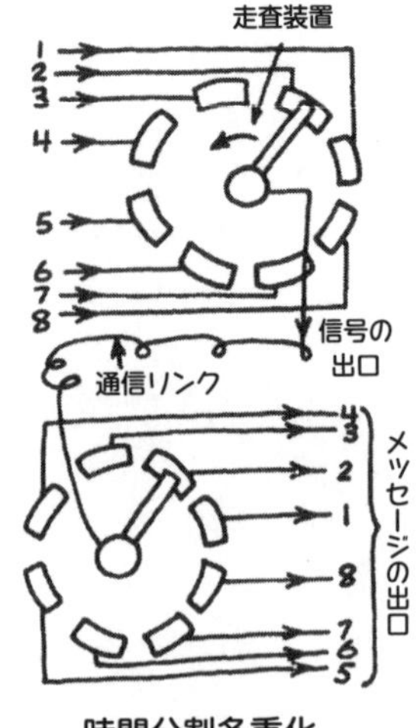

時間分割多重化

周波数を頼りにメッセージを識別するという操作の中でよく知られているのは、ラジオやテレビの装置を望みの局に「同調する」ことである。実際にすることは、合わせようとする局の正しい周波数を装置に選択させることである。私たちがダイヤルをまわして、たとえばチャンネル5に合わせる時、テレビ装置の中では、チャンネル5の放送周波数と同じ周波数を選ぶ。そして装置は、到来するすべての周波数から1つの特定の周波数を選び、その他を遮蔽して番組を視聴させてくれる。

テレビ送信とは、多重化のもう1つの形式だと考えられる。今度は、情報のいくつかのチャンネルを異なる周波数に割り当てることにより同時に送ることを考える。この種の方式を「周波数分割多重化」と呼ぶ。

この節を閉じる前に、時計の時間を同期することと、周波数を同調させることとを明確に区別しておく必要がある。厳密に言えば、時計を同期する時は、それらが同じ時刻を示すように調整する。2つの壁時計を同期するのであれば、両者の文字盤の針が同じ時刻、たとえば10:23などと示すように調節する。

時計を同調させる時は、同じ率で「刻む」ようにだけ調整

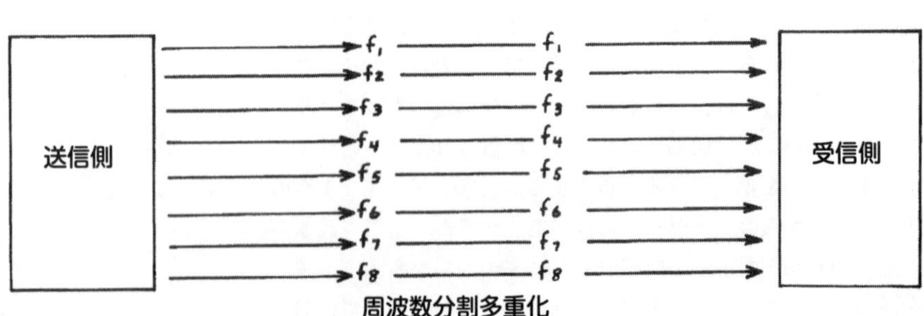

周波数分割多重化

する。一例として、2つの振り子時計を同調させるのであれば、それぞれの振り子が同じ速度で往復振動するように、振り子の長さを調節する。同調している時計は、必ずしも同じ時刻を示すわけではない。話を振り子時計に戻せば、同調していても、1つは11:20を、もう1つは12:20を指しているかもしれない。とはいえ、同調したままでありさえすれば、1時間の時間差は、常に変わらない。

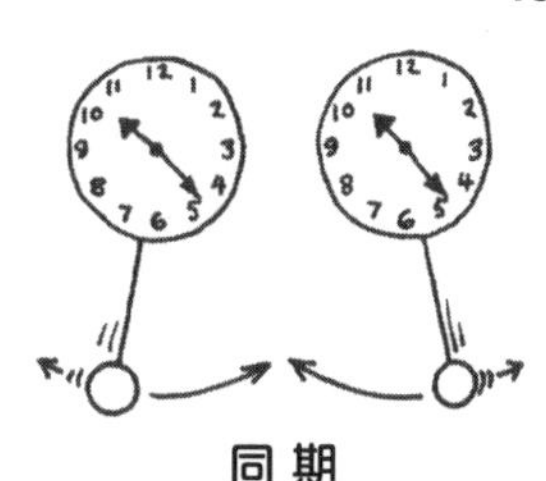

時計の針は同じ時刻を示すが、振り子は異なっている

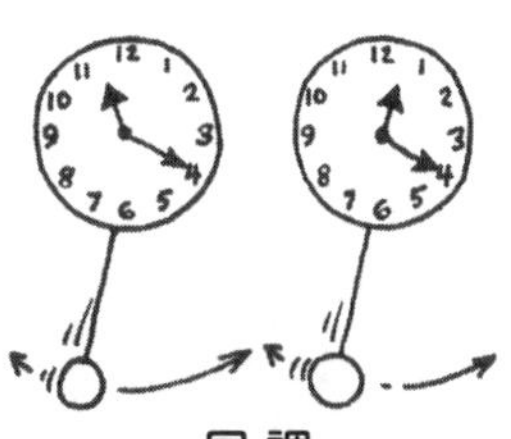

振り子は同じ率で振れるが、時計は異なる時刻を示す

通信システムでは、システムの同調が必要か、同期が必要か、あるいは両方が必要なのか見極める必要がある。こうした区別がなぜ重要かと言えば、時計を同期させることより同調させることのほうがはるかに容易だからである。

11章で知ったとおり、電波の時刻信号は、有限の速度で伝わる。2つの時計を、今、仮にWWVからの時刻信号と同期させようとするのなら、時刻信号の1つの標識、たとえば正午のパルスが、2つの時計に到着するのにどれだけの時間がかかるかを知る必要がある。と言うのも、2つの時計がWWVから等距離にない限り、正午のパルスが時計に到着する時刻は異なるからである。そのパルスが第1の時計に達するのが第2の時計に達するよりも100マイクロ秒だけ先だとすれば、時計の同期には、100マイクロ秒のずれが伴う。到達時間の差を計算または計測して初めて、2つの時計が同期するように調整できる。

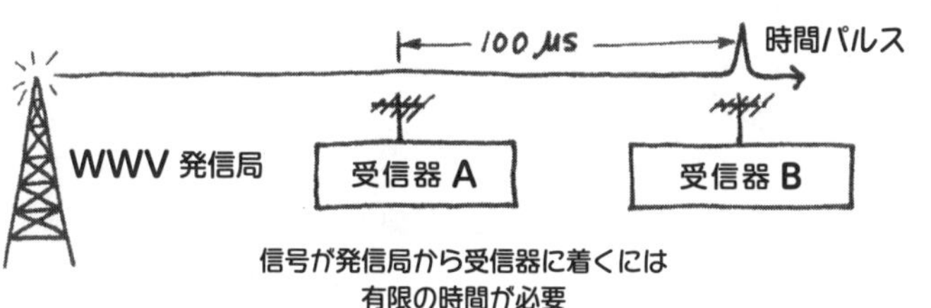

信号が発信局から受信器に着くには有限の時間が必要

到着時間差の測定は、とりわけ、時計を2、3マイクロ秒以下に同期する必要のある場合には、非常に困難な問題となることが多い。

信号の遅れを決めることは通常最難関の問題

時計を同調することだけが必要なら、話はずっと簡単になる。振り子時計を、WWVの1秒ごとのパルスと同調させたいとしよう。幸いにも、この振り子時計は、振り子の周期がほぼ1秒である。その振り子をいくらか調整しさえすれば、時計をWWVの1秒パルスに合わせることができる。注目すべきは振り子時計からWWVまでの距離を気にしなくてもよいことだ。WWVへの距離とは関係なく、秒ごとのパルスは同じ率で到達する。

これらの背景の状況により、周波数分割多重化には同調された時計だけが必要であること、一方、時間分割多重化では同期された時計が必須であることがわかる。

時間と周波数の同時多重化

時間分割多重化と周波数分割多重化とを組み合わせたシステムを構成することも可能で、その際には、発信者も利用者も、同期され、かつ、同調された時計を必要とする。時間・周波数分割多重化をひと目で理解できるようにするためには、「信号空間」を図に示すチェッカー盤のようなパターンに分割してやるとよい。このパターンの各列には t_1, t_2,・・t_8 とラベルをつけてあり、各行には f_1, f_2,・・f_8 とラベルをつけてある。各正方形の1つのコマは、fとtを組み合わせた座標で表される。一例を挙げれば、第3列で下へ2つ下がったコマは座標値 t_3、f_2 をもつ。コマそれぞれは情報の1つの束を表す。64個のコマ、言いかえれば、セルがあるから、この図は64個の可能なメッセージを示している。

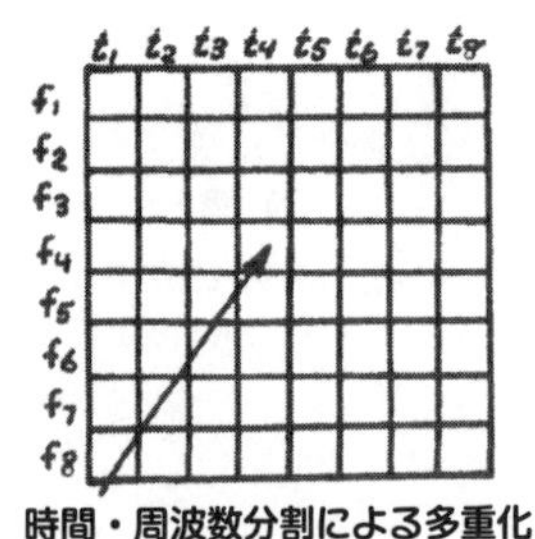

時間・周波数分割による多重化

例：このメッセージは時刻 t_4 に周波数 f_4 で発信される。

メッセージを、信号空間での別々のセルを占めるものと見なせば、かなり効果的な情報技術を考えることができる。これは、コンピューターと時間・周波数技術を組み合わせることにより生まれるものである。差し当たり、仮想の通信システムでの時計はすべて同調され同期されているものと想定しよう。

見たとおり、情報の束それぞれは、tおよびfの関数として固有の座標値をもつ。その点は、情報の「宛先」という見地から好都合だ。メッセージを送る場合、通常は、宛先が必要だからだ。しかし、時間・周波数多重化で処理したメッセージの場合、それは必ずしも当てはまらない。もし私が相手にメッセージを送ろうとするなら、それに先立ち、特定の周波数でしかも特定の時刻にメッセージを送るとあらかじめ相手と合意することが必要だ。たとえば、相手へのメッセージは f_6, t_2 と指定しておく。すなわち、いくつものメッセージが送られる中で、相手は、これらの座標値をもつメッセージだけを取り出す必要があるということだ。

そのことが可能なのは、私たちの時計が同期され、かつ同調されている場合に限られる。そうでない場合、送信者としての私は、間違った時刻や周波数で、相手に送信するかもしれないし、他方、受信者としての相手は、正しくないメッセージを選んでしまうことになるだろう。あるいは、もしも相手の時計が大幅に狂っていたら、メッセージを受け取れないという結果になる。

時計は、同期され、かつ同調されていなければならない。

現代の高速情報システムでは、毎秒何百万ものビットが配信され、メッセージを送るのにかかる時間はマイクロ秒かそれ以下という程度である。したがって、時計が正確に合っていない限り、システムは機能しないのである。

全メッセージの詰め込みは不可

通信ということを、図に示すような信号空間の見地から考え直せば、時間分割多重化された信号は行を占め、周波数分割多重化された信号は列を占めることがわかる。そしてもちろん、時間・周波数分割多重化は、図に示すとおり両者を占める。

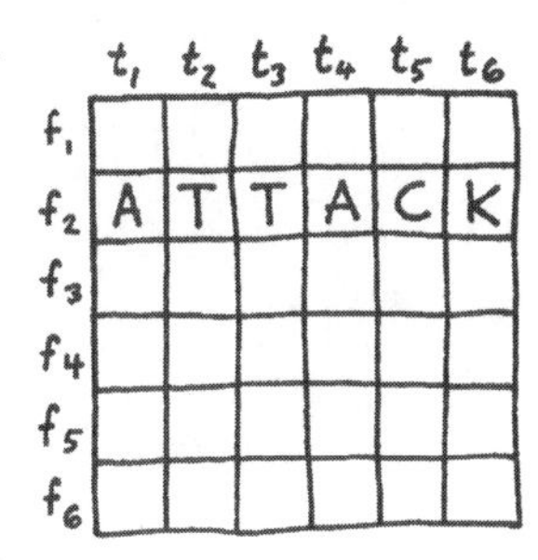

以下、メッセージの多重化がどのように機能するかを、「ATTACK」というメッセージを送りたいという特定の例を考えながら見ていこう。

まずは周波数 f_2 のすべてのメッセージ・セルを用いて、このメッセージを時間分割多重化してみよう。それは、図で言えば、f_2 というラベルをつけた行に沿って A、T、T、A、C および K の文字を埋め込んでいくことである。今、同じ f_2 に何か別の信号があって、私たちの信号を妨害しているものとしよう。その妨害信号は、近所で誰かが電気ドリルを使っているせいで生じたものかもしれないし、あるいは、どこかの悪漢が私たちの信号を意図的に妨害しようとして生じたのかもしれない。

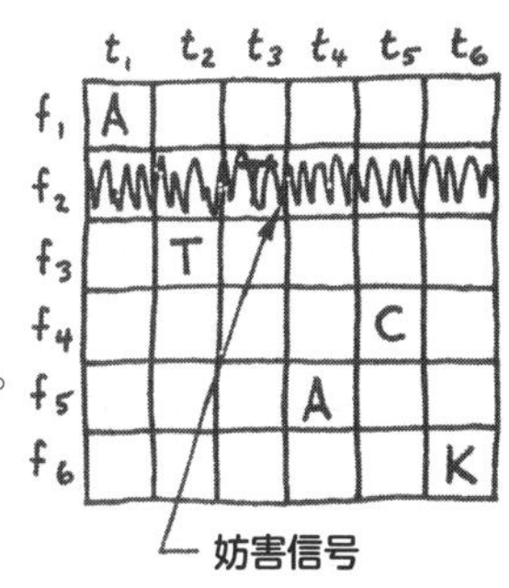

さて、同期的かつ同調的な通信システムなら、手の打ちようは多々ある。図に示すように、メッセージを信号空間の別な行へ、ランダムに移すこともできよう。この手順を取れば、妨害信号は、メッセージがたまたま f_2 行を占める場合を除き、なんら問題を起こさない。周波数を飛び飛びに移すのは、信号を故意に妨害しようとする誰かに対してとりわけ効果的である。なぜなら、妨害の首謀者は、1つのメッセージから次のメッセージへ移る際に、どの周波数を妨害すればよいのかを知り得

ないからだ。

送信周波数が一瞬一瞬変わるような方式は、一般的な名称として「周波数ホップ」と呼ばれている。実際のシステムでは、周波数ホップの順序はコンピューター・プログラムで決められ、そのメッセージの受取人も同じプログラムをもっていることが必要なので、受取人は、送信された信号に合わせて周波数を切りかえることができるように受信器をプログラムすることができる。システム全体がコンピューターでコントロールされていて、切りかえは極めてはやいから、プログラムをもちあわせない妨害者が妨害をし続けることはほとんど不可能である。1つのメッセージを周波数ホップで処理できたら、時間ホップも、図に示すように可能である。今度は、分割されたメッセージが、時間の列に沿ってランダムな順序で現れる。周波数ホップの場合と同様、コンピューター制御された時間ホップも極めてはやく実行できる。

究極の方式は、図に示すとおり、メッセージを、時間と周波数との両方でホップさせることである。こうした方式を取れば、何種類もの雑音に対して防衛をすることができる。時間的に連続な単一の周波数の雑音、時間的には断続するがあらゆる周波数にわたっている雑音、さらには、周波数にかんしても時間にかんしても断続的であるような雑音に対してである。

秘匿メッセージを送る

すでにお気づきのように、周波数・時間ホップは、雑音に対抗する優れた防衛策であるばかりでなく、高度のプライバシーをも提供してくれるのである。目的に適したプログラムをもたない盗聴者にとって、メッセージの判読は極めて困難だ。その人が受信できるのは、たとえ受信器が正しい時刻に正しい周波数に同調したとしても、せいぜい切れ切れのでたらめの信号だ。

だが、もっと確実にプライバシーを確保する方法もあって、それは、メッセージをランダム化する――たとえばATTACKのかわりにTATCKAと送信することである。また、究極のプライバシーは、送信の前に文字ATTACKを他の文字に置きかえてメッセージを暗号化することで達成される。そうすれば、メッセージは仮に盗聴されても、盗聴者は解読しなければならない。現代の暗号化技術のもとで、解読は極めて困難な作

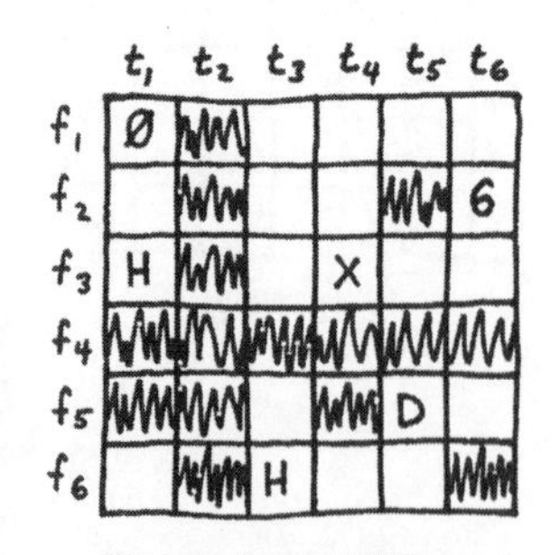

秘匿メッセージを送る：
ランダムな時間・周波数ホップ
メッセージを暗号化する

業なのだ。

時計を合わせる

どんな時計も完全ではないから、いつのまにかたがいにずれてしまう。通信システムの中のすべての時計を時々合わせ直す必要がある。

時計を合わせる1つの方法は、システム中の利用者のひとりが、特定の時刻、たとえば午後4時に自分の所在地点からパルスを送信することである。別の所在地にいる利用者が、自分の時計で4時発信号の到着時刻を記録する。その信号は、4時よりわずかに遅れて到着するはずであり、その遅れは信号が到着するのにかかる時間と全く等しい。もしも受信者が、正確な到着時刻よりはやめに、あるいは、遅めに信号を受信したとすれば、受信者は、信号の到着時刻から判断して、送信者の時計が受信者の時計よりもはやいほうに、または遅いほうにずれているということがわかる。この手順を応用すれば、そのシステムのすべての時計をリセットできるのである。

どのくらいの頻度で再調整をするべきかは、そのシステムの時計の質および情報配信の速度による。ごく身近にある例を挙げれば、私たちが家庭で受信するテレビ放送では、毎秒約1万5000の同期パルスが用いられているが、これはシステムの通信容量の2、3パーセントを占める。この例の詳細については21章で論ずる。

メッセージを配信するためにシステムが使われる時間を最大限に効率よく使う反面、時計を調整するための作業に費やす時間を最小限に留めようとするのなら、できる限り優れた時計を使うべきだ。だからこそ、よりよい時計を開発し、よりよい時計情報を伝達する手段を開発する不断の努力が続けられてきているのだ。

よりよい時計は、より大きな通信容量をもつことを意味する

時刻合わせをするためには、システムを利用することの他に、外部のシステム、たとえば13章で詳細に論じたWWVや全地球測位システム（GPS）から時間を受信する方法もある。この方法の利点は、通信システムのほとんどすべてを情報配信に使用できるという点にある。時計を調整するためのメッセージを送信することに手間を取られずにすむのだ。

V. 時間と科学技術

V. 時間と科学技術

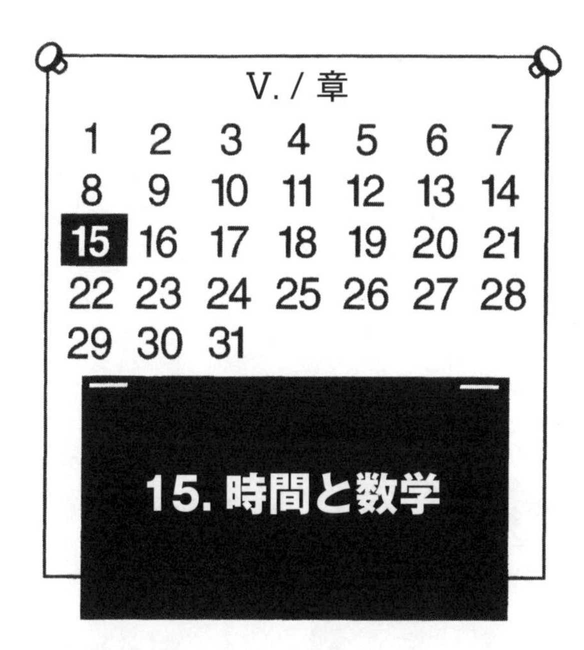

新たな方向へ

これまで私たちは、時間というものをどのようにはかるのか、どのように地球上のほとんどすべての場所に送信するのか、また、どのように現代の産業社会で活用するのか話題にしてきた。本書のこのあとの部分では、時間の測定・送信・実用面などから離れて、時間が他のさまざまな役割を果たす科学技術の諸分野での独立した話題を取りあげていくことにしよう。

まず本章では、17～18世紀の数学、特に微積分学の発展を探求しよう。微積分学は、物体の運動を手ばやくまたしっかりと記述するための言語を新たに提供してくれた。「運動」もまた時間と密接に関係していて、たとえば、地球の自転周期の長さとか、月面で物体がある距離落下するのに要する時間などがその例である。そして、おなじみの宇宙の年齢とか進化といった興味津々で壮大な謎についての話がある。「年齢」「進化」という語そのものがまさに時間と関わっているのである。

本書の後半では、この種の話題が、時間にスポットライトを当てる形で扱われるけれども、その舞台には、他の数々の名優も登場しており、時間だけが主役というわけではない。現代の科学理論は、多種多様な概念や応用に満ちており、そのことは、本書でも取りあげてきた「時間」に関係する課題について、少しでも探求すればただちに見てとれるはずだ。

ここで注意しておくが、これらの話題の大半は、決して議論が終わったものではなく、それどころか、研究や論争の最前線にあるものだ。事実、時間の本質をより深く理解させてくれるような歩みはどれも、他方で、新しい未知の領域への一歩を可能にしてくれるのだ。

質的 量的

数学は科学の言葉だとしばしば言われる。だが昔からそうだったわけではない。古代ギリシャの科学者・哲学者は、自然事象を量的に細かく記述するよりも、究極の原因を質的に解き明かすほうに関心があった。ギリシャ人は、星が地球の周りをまわり続けるのはなぜなのかを知りたがった。アリストテレスは、1つの答えを提示した。「自らは動かずにすべてのものを動かす者『第一動者』が存在するのだ」と。しかし一方、ガリレオは、石が地球の中心に向かって落下するのはなぜかと問うことよりも、石が一定の距離落下するのには「どれだけの時間」を要するかを問うことのほうに関心をもった。性質を問う「なぜ」から「どれだけの時間、あるいは、どれだけの量」へという目的の変化は、精密な測定の必要性を前面に押し出した。強調点がこのように変わったことに伴って、測定の結果を表現し解釈するためのより優れた計測器、および新しい数学的言語としての微積分学が発展し始めた。

科学における測定のなかでも時間の測定は最も重要なものの1つだ。時間は、時間と共に変わったり動いたりする対象を扱う公式や方程式には必ず入ってくる。微積分学が生み出されるまでは、運動や変化を記述するおあつらえ向きの数学的な言葉はなかったのだ。本章では、数学（とりわけ微積分学）と測定との相互作用が、自然界の基本法則を深く解明する諸理論を構築する上でどれほど貢献してきたか、それを、やや詳しく述べたい。このあと見るとおり、時間とその測定は、これら諸理論の構築過程で決定的な要素をなしているのである。

切り離しと寄せ集め

いつの世にも人は、過去と未来にこだわってきた。過去を理解すれば、自分が何者であるかがわかるし、未来について知ることが可能であるならば、最も効果的で実りのある進路を見定める上で役に立つ。未来を知るために人間は多大な努力を払ってきた。水晶玉をのぞき込む占い師であれ、選挙の結果を予測する世論調査員であれ、インフレや株相場の動向を先見するエコノミストであれ、未来にかんする「専門家」は、みな、常連の顧客をもっているのだ。

科学にもまた独自の予測術がある。科学の基盤をなしている前提は2つある。1つ目は、複雑な事柄はいくつかの基本的な原理を通じて理解できるということである。2つ目は、これらの原理によって築かれた厳密なガイドラインに従って、未来は過去から姿を現すということである。それゆえ、科学者の任務の1つは、観察した事実をこま切れにして本質を抜き出す、すなわち基本的な原理を抽出すること、およびそれらの原理を応用して過去・現在・未来を理解することである。

原理の抽出とは、通常、「切り離す」こと、つまり解析であり、原理の応用とは、「寄せ集める」こと、つまり合成である。そして、これら2つの取り組みのどちらについても、科学者にとってこの上もなく重要な手段は数学なのだ。数学は、自然の水源をみつけ、それをあらわにし、水流の行く先の予知を助けてくれる。

過去も未来も薄切りにする――微分学

誰もが知っているとおり、万物は変化する。星は燃え尽き、髪は白くなる。ところが、こんなにも明白な事実についてさえ、人々はその変化を把握し理解することに困難を覚える。変化は途切れることがないし、特定の「今」をピンで留めて置く方法はなさそうだ。

微分＝切り離し
積分＝寄せ集め

この苦闘は、数学の発展の上にくっきりと跡を残している。古代ギリシャの数学は、一定の形と長さをもつ幾何学の世界にこだわり続けた。数の世界は、凍りついたまま留まっていたが、1666年に至って、ニュートンが、変化の数学すなわち微積分学を生み出した。彼はこの新しい手段を用いて、一定の時間内の石の落下距離についてガリレオが実験で見出した法則を素材とし、重力の「本質的な性質」を抽出することができたのだ。

ガリレオの法則をふるいにかけてそこから重力を導き出すためにニュートンが使った手段は、微分と呼ばれ、この微分と積分とはたがいに逆の関係をなしているのだが、その相互関係は、引き算が足し算の逆であること、また、割り算が掛け算の逆であることと同様である。微分は、運動を切り離し分析し、その瞬時的な本質を抜き出してくれる。積分は、瞬時的なものを合成して、運動のひとつながりの姿を明らかにしてくれる。微分は木々を見て、積分は森や林を見ると解してよいだろう。

・条件と規則

微分学および積分学の細部を論ずる前に、いささか前に戻って、数理物理学者が課題とどう取り組むかを、一般的な言葉で考えよう。たとえばビリヤード球の運動を分析したいとする。まず、明白な事実は次の通りだ。

- 任意の時点で、すべての球は、玉突き台上の特定の点において、ある速さと方向をもって運動している。

・球は、台の縁のクッションで限られた範囲内を運動する。
・球は、運動を支配するいくつかの法則に従う。たとえば、クッションに対してある角度で衝突した球は、同じ角度で跳ね返されるし、また、特定の方向に運動している球は、クッションあるいは他の球にぶつかるまで、その方向に運動し続ける。後者の規則は、ニュートンの運動法則の１つであり、前者は、ニュートンの運動法則から導き出される。

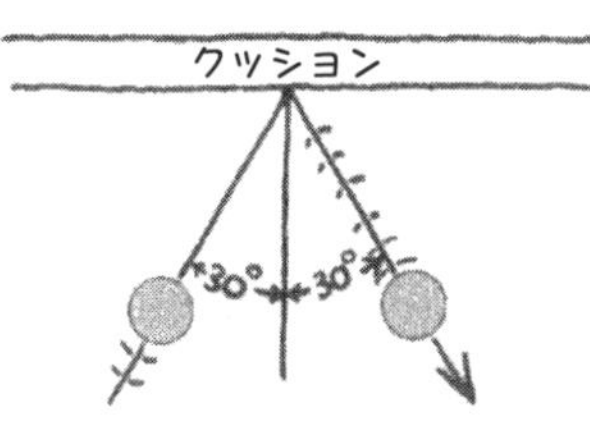

物理学者は、こうした情報すべてを活用すれば、球の運動を予測することができる。数学者たちは、ある時点での球の位置と運動を特徴づける記述のことを、初期条件と呼ぶ。また、運動の許される領域を表す記述――この例では、ビリヤード台の４辺のクッションで囲まれた平面――のことを、境界条件と呼ぶ。自明のことだが、球の今後の位置は、台の形に強く支配される。丸い台だったら、四角の台の場合とは全く違った結果になる。

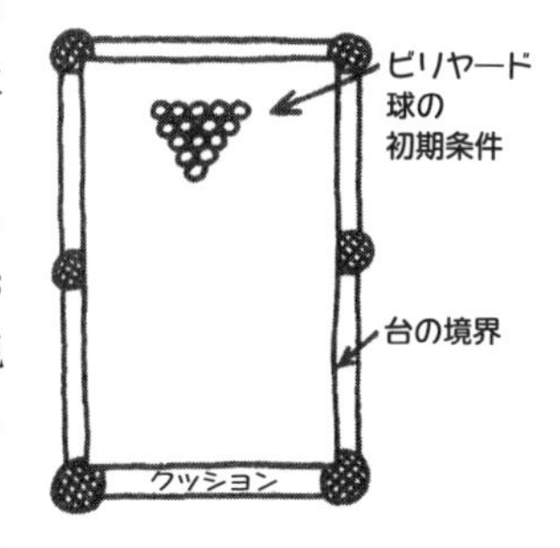

このように、初期条件、境界条件、そして、運動を支配する法則を組み合わせて、今後の任意の時点での球の位置、速さおよび方向を予測することができる。あるいはまた逆行して、現在より以前の任意の時刻のこれらの量を求めることもできる。コンピューターがあれば仕事は簡単だ！

これら諸条件の未来および過去が「今」のそれらと結びついていることを納得したところで、このあとどう進めばよいのか？　先ほどの例では、境界条件は、台の寸法をはかるだけで求められる。初期条件を求めるほうが、多少手間がかかる。写真を撮れば、撮影時の球の位置は求められるけれども、そのほかに、球の速さと方向を知る必要がある。

それでは写真を２枚撮ることにしてはどうだろう。２枚目は１枚目よりもほんの少し、たとえば、10分の１秒ほど遅く撮れば、初期条件のすべてを決めることができる。１枚目の写真から球の位置を決め、２枚目の写真を１枚目と比較して球の方向を決め、さらに、0.1秒の間の球それぞれの位置変化をはかって速さを決めるのである。境界条件および初期条件の変化は、事象の未来を変えることになる。物理学の課題の１つは、１組の観測事実の中の、どの部分が初期条件ないし境界条件に由来するのか、そして、どの部分が過程を支配する法則に由来するのかを、見極めることなのである。

原始時代

B.C. JOHNNY HART AND FIELD ENTERPRISES,INC. の許可で転載

では、これらのアイデアを、ガリレオの石の落下の問題に当てはめてみよう。伝えられるところによれば、ガリレオは、物体をピサの斜塔から落として落下の時間をはかった。ところが彼自身の記述によれば、滑らかな板の上を青銅の球が転げ落ちる時間をはかったという。おそらくは、ピサの斜塔の高さから石が落下する比較的短い時間をはかるための信頼できる方法がなかったからであろう。それはともかく、究極的にガリレオが得た結論は、自由に落下する物体は落下時間の２乗に比例する距離を通過するということ、また、落下時間は物体の質量によらないということであった。つまり、ある質量をもつ石が、特定の時間の間落下するとして、その２倍の長さの時間には４倍の距離だけ落下する。もっと正確に言えば、メートルで表した距離「d」は、秒で表した落下時間の２乗の約4.9倍に等しい。言いかえれば $d = 4.9\ t^2$。

さて、この簡単な式は、運動法則の１つなのだろうか。あるいは、法則、境界条件および初期条件のなんらかの組み合わせなのか？　その点を吟味しよう。

・微分学で真理を得る

微分学の方法は、特定の時刻でのビリヤード球の位置、速さおよび方向を求めるために工夫した手法と似ている。このなかで、ビリヤード球の速さを求めるという問題を、もう少していねいに検討しておこう。

必要なデータを得るために私たちは、球の写真を 2 枚、0.1 秒だけ間をおいて撮り、写真の間で球が動いた距離をはかって、球の速さを求めた。そこで今、特定の 1 つの球が、0.1 秒の間に 1 センチメートル動いたと仮定する。速さが 10 センチメートル毎秒（10 cm/s）であることはたやすくわかる。

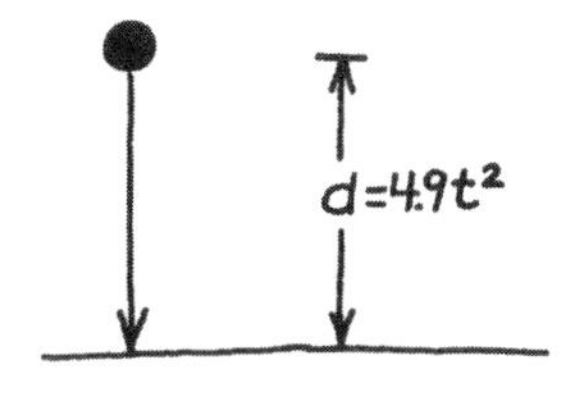

さて次に、2 枚の写真を 0.05 秒おきに撮ったとしよう。その場合、写真の間で、球は半分の距離つまり 0.5 センチメートルしか動いていない。しかし、0.05 秒に 0.5 センチメートル進むのは 0.1 秒に 1 センチメートル進むのと同じであるので、当然のことながら速さはやはり 10 センチメートル毎秒である。

0.1 秒に 1㎝動くと
いうことは

…0.05 秒に 0.5㎝
動くのと同じ

微分学では、複数の写真の時間間隔を限りなくゼロに近づけていく。いま見てきたとおり、写真の時間間隔を半分にしても速さの値が変わるわけではない。と言うのは、球が動く距離も比例して短くなるからだ。だから、写真の時間間隔に対する距離の比は、常にセンチメートル毎秒ということになる。微分学のエッセンスは、1 個の「固まり」を別の「固まり」で割って——先の例で言えば、距離を時間で割って——2 つの固まりを、限りなくゼロまで近づけていくことにある。これは、不思議なやり方のように聞こえるだろうし、とどのつまりは、ゼロをゼロで割ることになってしまうのではないかと思われるかもしれない。だがそうではなく、最終的には特定の時刻と位置とにおける運動の率を求めることになるのだ。

固まりを 0 に向けて縮めるこのやり方を、数学者たちは「極限を取る」と呼ぶ。極限を取れば、求める答え、すなわち、ある 1 点での運動の大きさを、距離——たとえ、極めて小さな距離であっても——に伴う変化に左右されない形で手に入れることになるのである。積分はその逆のやり方であり、瞬時の運動を取りあげて、それを距離に引き戻すのである。

先ほどの例で言えば、ビリヤード球は一定の速さで動くので、写真撮影でも極限を取った時と同じく10センチメートル毎秒という結果を得る。実際には、球は一定の速さで動かず、摩擦のためにわずかにせよ遅くなる。測定を正確に進めたければ写真撮影の間隔はできるだけ短くしたいところで、それは結局、極限を取るという概念に近づくことになる。

$d = 4.9t^2$

ここで、ガリレオの落下する物体の式 $d = 4.9\ t^2$ に戻ろう。この式に手を加えて時間と共に変わることのないある数を導こう。この数は、初期条件および境界条件のどちらからも独立した石の運動を特徴づける量である。ガリレオの式は、見ればわかるように、落下距離が時間でどう変わるかを表している。異なる時間の値を入れれば、異なる距離が得られる。この式が、時間から独立していないことは明らかである。

さて、距離は時間と共に変わるが、速さのほうはいつも一定だとは考えられないか？　ひょっとすると、石は、大地への移動の途中、同じ速さで落ちるのではないか？

それへの答えは、微分から出てくる。微分は、動いた距離から動いた速さへの移し変えを可能にしてくれるのだ。その移し変えとは、「微分機」に式 $d = 4.9\ t^2$ を入れて、速さ s が時間と共にどう変わるかを表す新しい式を作り出すようなものだと考えることができる。この機械でなされる操作は、先ほど述べた写真を2枚撮影する方法とどこか似ている（〈微積分学についての余談〉――「微分機の中はどうなっているの？」も参照）。では、微分機で起こっていることを見てみよう。

入力（$d = 4.9\ t^2$）→ **微分機** → 出力（$s = 9.8\ t$）である。

つまり、残念ながら、速さは一定ではなく、時間と共に増加し続ける。石が1秒間落ちるごとに、速さは、9.8 メートル毎秒ずつ増加するのだ。

であれば、速さが変化する割合すなわち加速度 a が一定なのかもしれない。それを見定めるため、速さに対応する式を微分機に入れてみる。

入力（$s = 9.8\ t$）→ **微分機** → 出力（$a = 9.8$）

こうしてようやく、時間と共に変わることのない量がみつかった。物体の加速度の大きさはいつも同じなのだ。速さは、9.8 メートル毎秒毎秒（m/s^2）という一定の割合で増える。これで話は根底までたどり着いた。9.8 は、変わることのない数値であって、塔の高さとか石の落下方法とかに左右されるものではない。

〈微積分学についての余談〉
—— 微分機の中はどうなっているの？

微分機はどんな働きをするのか、それを理解するために、具体的な例を考えてみよう。石が 5 秒間落下して地面に当たるとして、衝突の際の石の速さを知りたい。まずはガリレオの公式を考えてみよう。落下した距離を y、時間を t とすると、

$$y = 4.9\, t^2、$$

である。公式から、石は 4 秒後には 78 メートル、5 秒後には 122 メートル落ちたことがわかるので、衝突前の最後の 1 秒間については 44 メートル落ちたと判断できる（最後の 1 秒間の石の平均速度が 44 メートル毎秒なのであって、石の真の速さは、最後の 1 秒のはじまりでは平均より小さく、終わりでは大きくなる）。ガリレオの式を使うこの手順を何度も繰り返して、最後の 2 分の 1 秒の間、最後の 4 分の 1 秒の間、遂には最後の 16000 分の 1 秒の間での平均速度を求めていくと、次の表のような結果に到達する。

この表の最下行をたどっていくと、最終的な速さは 49 メートル毎秒に近づいているように見えるものの、この方法では決して証明できない。だが、微分を用いれば、証明することができる。以下、それを見よう。

時間間隔（秒）	1	$\frac{1}{2}$	$\frac{1}{4}$	$\frac{1}{16}$	$\frac{1}{32}$	$\frac{1}{64}$	$\frac{1}{160}$	$\frac{1}{1600}$	$\frac{1}{16,000}$
落下距離（メートル）	44	23	12.00	3.03	1.52	0.76	0.30	0.03	0.003
平均速度（メートル毎秒）	44	46	47.50	48.50	48.60	48.69	48.73	48.76	48.767

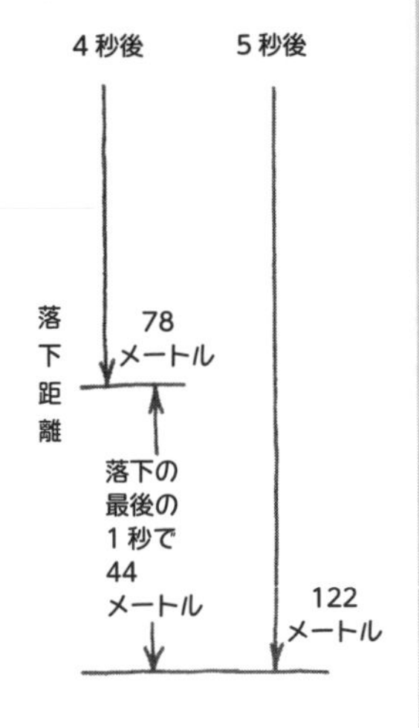

ここで目指すのは、落下距離にかんするガリレオの式に微分を適用して、任意の落下時間に対する速さを求めることである。欲しいのは一般的な式なのだから、以下、新しい式を導くには、数値でなく記号を使うことにしよう。

まず、tで落下時間を表し、Δt（デルタ・ティー）で落下時間の微小間隔を表す。こうすれば、石が、tという時間だけ落下したのち、さらにΔtという短い時間落下すると言い表すことができる。同様に、Δyで、短い時間Δtの間に石が落下した距離を表す。

次に、ガリレオの式を用い、Δt秒の間に石が落下する距離Δyを求める。最初、

$$y = 4.9\,t^2$$

で始める。続いて

$$y + \Delta y = 4.9\,(t + \Delta t)^2 = 4.9\,t^2 + 9.8t\,\Delta t + 4.9\,(\Delta t)^2$$

次に、$y + \Delta y$に対する第２式から、yに対する第１式を引き算すると、

$$\Delta y = 9.8\,t\,\Delta t + 4.9\,(\Delta t)^2$$

を得る。距離Δyを通り過ぎるのに時間Δtを要するのだから、この距離を通過する速さの平均は

$$\Delta y / \Delta t = \frac{9.8t\,\Delta t + 4.9\,(\Delta t)^2}{\Delta t} = 9.8\,t + 4.9\,\Delta t$$

である。さて、最後に欲しいのは、距離Δyを通り抜ける間の平均の速さではなくて、時間にかんする距離変化の瞬時値、すなわち、ある１点での速さである。それを得るために、Δtをゼロに近づける。数学者の用語に改めれば、Δtがゼロに近づく時の「極限」を取るのである。その瞬時値は

$$\lim_{\Delta t \to 0}\,(9.8t + 4.9\,\Delta t) = 9.8\,t$$

すなわち、速さ$s = 9.8t$である。

この新しい式は、どういう働きをするか。この式に５秒を入れると、$s = 9.8 \times 5 = 49$ メートル毎秒となるが、これは、表の中の計算で予期した通りである。

距離yの時間tにかんする変化の瞬時値は、yのtにかんする「導関数」と呼ばれる。それは、dy/dtと書かれ、$\lim_{\Delta t \to 0}$に対応する。簡潔な数学記号を使えば、落下距離y（$= 4.9t^2$）の時

間 t にかんする導関数は

$$\frac{d(y)}{dt} = \frac{d(4.9t)^2}{dt} = 9.8t = s$$

と表される。あるいは、すでに述べたように

入力 ($d = 4.9t^2$) → **微分機** → 出力 ($s = 9.8t$)

微積分学の中の、導関数を求める部分は、「微分学」と呼ばれ、その逆は、積分学と呼ばれる。積分のための「積分」機というものがあるとすれば、速さの式を出発点として逆に距離の式に戻すことをしてくれるわけだ。

入力 ($s = 9.8t$) → **積分機** → 出力 ($y = 4.9t^2$)

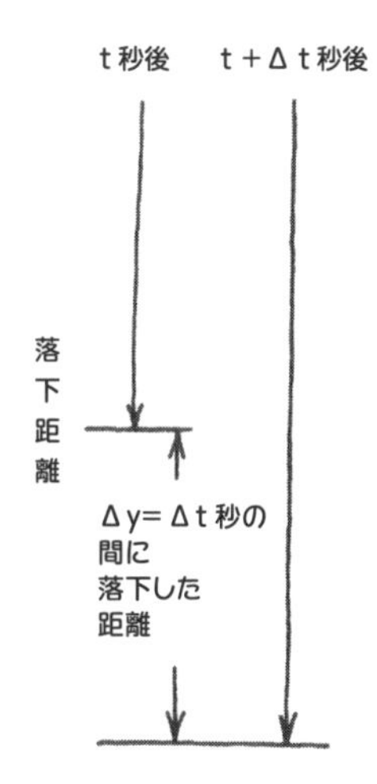

詳細には立ち入らないけれども、($s = 9.8t$) から ($y = 4.9t^2$) へ進む過程——すなわち時間にかんして速さを積分すること——は、私たちが先程やり遂げた練習問題とどこか似ている。違いはと言えば、微小な時間間隔それぞれにおける平均速度をガリレオの式で計算するのではなくて、速度にかんする新しい式 (s=9.8t) を用い、いくつもの相次ぐ短い時間間隔における落下距離を順次求めていくという点にある。続いて、それらの間隔ごとの落下距離を足し算し、最終的に、時間間隔をゼロに近づけてやれば（極限を取れば)、正確な結果が得られる。ただし、特定の課題についての積分過程を正しく仕上げるには、初期条件および境界条件を知らなければならない。たとえば、10 秒の間落ちた石の速さを式 $y = 4.9t^2$ から正しく計算することができるのは、石が静止状態から落ち始める時だけである。もしも最初、下向きの運動をしていたとすれば——たとえば石を、ただ手から離してやるのではなく、下向きに投げたとすれば——正しい答えを得るには、その事実を計算に入れなければならない。言い直せば、式 $y = 4.9t^2$ と併せて、石が手を離れる時の初期条件を、たとえば、14 キロメートル毎時などと知っておく必要があるのだ。

ニュートンの万有引力の法則

ひょっとしたら、自然が別のふるまいをする世界があったかもしれない。加速度が時間の経過と共に増加、その増加の割合は一定であるとか。しかし事実はそうではない。ニュートンは、2回の「微分」のあと、引力は時間によらない一定の加速度を生ずるという事実を発見した。彼は、微積分学のほか、ガリレオやその他の人たちの実験結果をもって、有名な万有引力の法則を導きだすことができた。そして、この法則が、落下する石についてだけでなく、太陽系や星についても当てはまることを証明した。天体への論及に際しては、積分学の適用が必要であった。彼は、過程全体を逆に扱う、つまり、惑星の瞬時の運動を積分することによって、惑星が太陽の周りを楕円軌道でまわっていることを論証した。ニュートンは、微分法という「顕微鏡」を利用したおかげで、落下する物体の本質を発見することができた。彼はまた、積分法という「望遠鏡」を利用したおかげで、惑星は太陽の周りをめぐるのだと知ることができた。

理由は不明だが、ニュートンは微積分学の発明を発表せずにおり、10年ほどのち、ドイツの数学者ゴットフリート・ヴィルヘルム・ライプニッツが、同等のものを発表した。ニュートンが論文を刊行するのは、そのさらに20年後であった。ライプニッツの記号法は、ニュートンのそれよりも扱いやすかったから、微積分学は、ニュートンの出身地英国でよりもライプニッツの出身地ヨーロッパ大陸のほうではやめに普及した。実際、これら2つのグループの間で競合関係が生じ、たがいに数学の難問を相手に投げかけて困惑させようとした。

大陸側からしかけた難題の1つは、針金（完全に垂直には置

愚かな魔法使い

The WIZARD OF ID　JOHNNY HART AND FIELD ENTERPRISES, INC. の許可で転載

(GRAVITY（重力）)

かれていない）にビーズ玉を通して滑らせた時、最も短い時間でいちばん下に到達させるには針金をどんな形にするべきか、というものであった。ニュートンは一夜でそれを解いたが、結果は差出人の名を伏せて大陸に伝えられた。この問題を提起したのはライプニッツの同僚のひとりだったが、うわさでは解答を手に取った時、彼は「私は象の牙を見てその大なるを認めたよ」と語ったそうだ。

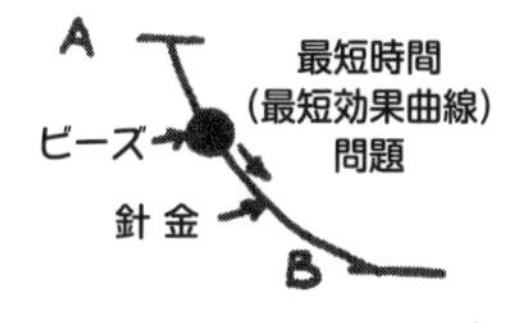

ニュートンの運動の法則と万有引力の法則は、2、3の単純な数学的叙述にまとめあげることができるとはいえ、ニュートンの構想の行き着くところすべてを解明するには、150年余の歳月と、数多くの偉大な応用数学者レオンハルト・オイラー、ルイ・ラグランジュ、ウィリアム・ハミルトンたちの力が必要だった。ニュートンの業績は豊富であったが、彼自身は、力学以外の他の分野、とりわけ電気、磁気および光の方面で今後解明されるべきことが多々あることをわかっていた。これらの領域での大きな進歩が達成されるまでには、ニュートン以後、200年ほどを要した。

後年に至って、ニュートンの法則は、アインシュタインの相対性理論で根底を揺す振られた。最近では、量子力学が、微視的世界を支配する法則として主流になっている。自然にかんする新たな解釈が登場するたびに、時間というものの完全なる理解へ向けて、劇的な一歩が導かれてきたのだ。

16. 時間と物理学

時間への関心は古くからあって、その多くが宗教的な活動の中で芽生えたのは事実だが、当時の「高僧」たちは、夏至、冬至や、年間を通じた天空の星座の動きなど、さまざまな天体現象を予言するために素晴らしい知識体系を構築した。時代はくだって、海上での商業や軍事的活動が発達し航法システム向上の必要性が高まるにつれて、時間への関心は、宗教的なものから世俗的なものへと、いくぶんかの変化を見せた。とはいえ、応用が何であれ、聖俗にかかわらず、時間という織物を「解きほぐす」ための道具は以前と同じだった。

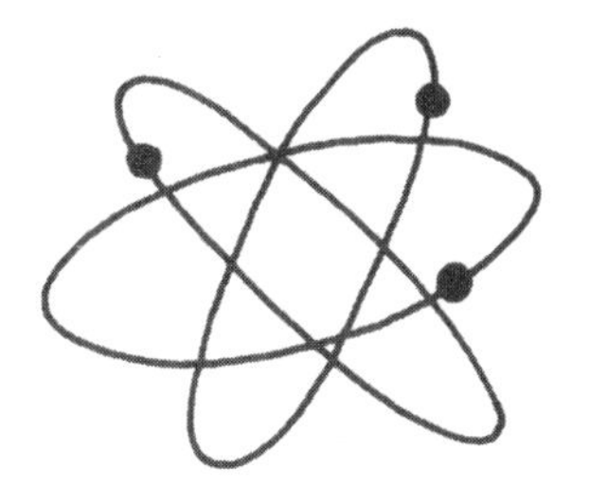

すでに見たように、時間測定は、何世紀にもわたって天文学と緊密な関係を保ってきたのだが、私たちの世代に入ってからは、原子を時間測定と関連づけてとらえるようになった。そして、不思議なこととも言えるが、私たちは、完全な時計を追求する途上で、宇宙論的な物差しから他のものへと、つまり、星から原子へと、まさに量子跳躍のように飛び移ったのだ。振り子、惑星そして恒星の運動は、ニュートンの運動と重力の法則によって、さらには、アインシュタインの一般相対性理論によって一層精緻に理解される。一方、原子の世界は、量子力学の原理で理解される。しかしこれまでのところ、最小のものか

ら最大のものまで、いわば原子からアンドロメダ星雲まで、すべてをひっくるめて説明するような法則は誰もみつけ出していない。科学の究極の目標は、おそらく、統一理論を完成することであろう。あるいは、詩人で画家のウィリアム・ブレイク*の言葉を借りれば、科学のつとめは次のとおりである。

砂ひと粒に世界を見る
花ひとつに天界を見る
君の手のひらの中に無限を捉え
一時の間に永遠を捉える

「無邪気な予言」

* *William Blake*（1757 ～ 1827）英国の詩人・画家。

この目標が達成されるまで、物理の学問は、大であれ小であれ、長であれ短であれ、また、過去のものであれ未来のものであれ、さまざまな難問をとらえて探究を続けるであろう。

時計についての話を進めてきた上ですでにおわかりのように、科学の知識と時間測定の技術は手に手を取って発展してきた。時間の測定がより正確になればなるほど自然の理解はより深くなったし、それが今度は時間を測定する装置の向上につながった。時間測定の改良によって、物理学はその領域を非常に大きく広げることになった。これにより、現代物理学は時間についていくつかの非常に重要なことを教えている。

より優れた
時間測定は、
自然理解を
深めてくれる

より深い
自然理解は、
時間測定をより
優れたものにする

・時間は相対的なものであって、絶対的なものではない。
・時間には向きがある。
・私たちの時間測定は、自然の法則により極めて基礎的な形で制限されている。
・ある物理法則に基づく時間目盛は、他の物理法則から作られた時間目盛と、必ずしも同じではない。

時間は相対的

アイザック・ニュートンは、時間と空間は絶対的なものであると明言した。つまり運動の法則によれば、自然界のあらゆる出来事が観測者の位置と運動には関わりなく同じ形と順序で進行するように見えるという意味である。これは、たがいに同期したすべての時計は常に同じ時間を示すということを意味している。

　アルバート・アインシュタインは、ニュートンが誤っていたのだという結論に達した。水星が太陽の周りをめぐるふるまいに見られるある種の奇妙な運動は、ニュートンの考え方では説明できなかったのだ。アインシュタインは、空間も時間も絶対的ではないと仮定して初めて、観測された水星の軌道を説明する新しい運動法則を定式化することができた。

　さて、アインシュタインの考え方と、時計すべてが同一の時間を示すわけではないということとは、どこで関わり合うのだろうか？　最初にアインシュタインは、２機の宇宙船が宇宙空間で接近し、遭遇し、すれ違った場合、どちらの宇宙船が動いていて、どちらの宇宙船が静止しているのかを確かめる実験は行いようがないと言った。どちらの宇宙船の船長も、自分の宇宙船が静止しており、相手が動いているのだと言い張ることはできる。しかしどちらの船長も、相手の誤りを証明することはできない。誰しもが、静止している列車などの乗物の中にいて、近くを他の乗物が通りすぎる時に、自分たちの乗物のほうが動いていると感じた経験があるだろう。何か別の静止した物体を見て初めて、動いているのは他の乗物のほうであって自分たちのほうではないと確かめることができる。

　ここで強調しておかなければならないが、私たちは、アインシュタインの考え方が正しいということの証明を試みているのではない。ただ、自然界で起きることを説明するために彼が何を仮定したか、それを述べているにすぎないのである。そこで今、すれ違おうとしている２機の宇宙船のどちらもが時計を備えていると仮定しよう。その時計はいささか特殊な時計で、５センチメートル離れて向かい合った２つの鏡からなっている。この時計の周期は２つの鏡の表面間を往復する光のパルスで決まる。光は 10^{-9} 秒（1ナノ秒）間に30センチメートルほど進むから、１回の往復には３分の１ナノ秒を要する。

　宇宙船１号で航行している船長は「宇宙船２号の時計は、１号の時計よりもゆっくりと“時を刻む”はずだ。なぜなら、２号の時計において光は１回の往復の間に10センチメートル以上進むからだ」と言うだろう。ところが宇宙船第２号の船長も、第１号の時計について同じ発言をするに相違なく、それもまた正当ということになるであろう。どちらの船長も、自分の時計

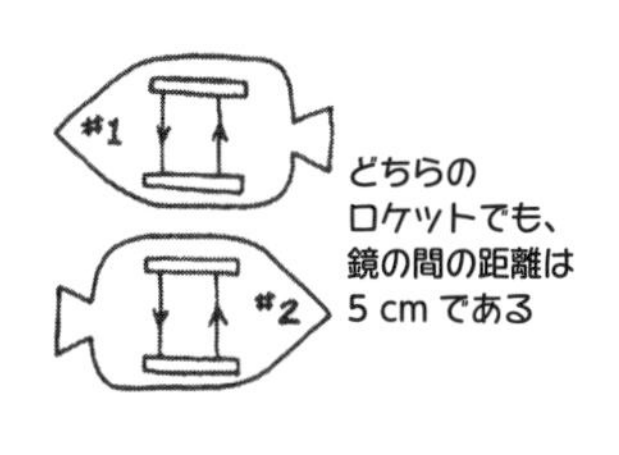

２つのロケットがすれ違う時
第１号の船長は
「第２号での光パルスは
１往復の間に 10 cm 以上進む」
と言う

と相対的にもう一方の時計を観察しているのである。そして、アインシュタインによればどちらの宇宙船が動いておりどちらが静止しているのかを確認する方法はないのだから、ひとりの船長の言い分は、もうひとりの言い分と同等に正当なのだ。こうして時間が相対的であること、つまり時間は観測者の視点によるのだということがわかる。

この考え方を一層深く吟味するため、2つの宇宙船が光の速度で出会いすれ違うという、極端な場合を考えよう。両船長は、他方の時計について、どう発言することになるだろうか？　この問題を解くには、もちろん、相対論の数学を活用してもよいのだが、かなりやさしい方法でも答えにたどり着くことができる。

壁の掛け時計を見る際、私たちが実際に見るのは、時計の文字盤から反射してくる光である。いま、時計は正午を指していると仮定し、その瞬間に私たちは時計から光の速さで遠ざかり始めると仮定しよう。その先、私たちは、正午の時点での文字盤の像と共に移動することとなる。その後の文字盤に示される時刻もまた光の速度で動く像の姿で運び続けられることになる。しかし、その像が私たちに追いつくことは決してないから、私たちが見るのは、いつも、正午の文字盤なのだ。言いかえれば、私たちにとって、時間は凍りついたもの、静止したものになる。

観測者の位置および運動と関連した時間の観念には、もう1つ別の興味深い意味がある。2つの宇宙船の船長は、他方の時計が、自分の時計よりもゆっくりと「時を刻む」ように判断するわけだが、この事実は、アインシュタインの物体相互間の一様な相対運動に関わる「特殊相対性理論」で説明される。その後しばらくしてアインシュタインは重力を考慮した「一般相対性理論」を発展させた。この理論で、彼は、時を刻む率が重力の影響を受けることを見出した。彼は、太陽の近くなど強い重力場に置かれた時計は、ゆっくり進むかのように見えると予言したのであった。

では、なぜそうなるのか、それを考えるために例の2つの宇宙船の話に戻る。今度の仮定では、1つの宇宙船は太陽からある距離だけ離れて止まっているものとする。その地点には、宇宙船およびその中にある鏡時計を含む搭載物が「感じる」重力場が存在する。もう1つの宇宙船については、太陽に向かって空間を自由落下していると仮定しよう。この第2の宇宙船の中の物体は、あたかも重力場がゼロであるかのように船室内を自由に浮遊するであろう。それは、私たちがかつて月へ向かう宇宙飛行士たちのテレビ画像で見たものとそっくりなのだ。

次に、太陽に向かい落下する宇宙船が、その旅の途上で静止している宇宙船と遭遇し、しかも、自由落下する方の宇宙船の船長が、もう一方の宇宙船の中の時計を見ることができるとする。相対運動のために、彼はもう一方の時計は自分のより遅く動いていると再び言うだろう。そして、重力場にある時計はゼロ重力場にあるものよりゆっくり動くと結論することによって、この観測を説明するかもしれない。

特殊相対性理論と一般相対性理論から時計にかんするこれらの観測を用いると、ある興味深い結果が得られる。時計を衛星に置くと仮定しよう。衛星の軌道が地表より高ければ高いほど、地球の重力場が減ずるため時計はよりはやく進む。さらに、衛星と地球の相対運動によっても時計の進み方の率は変化するだろう。この相対運動の差は、衛星の高さが増すにつれ増大する。このように2つの相対論的効果はたがいに反対向きに働く。地球の表面より約3300キロメートルの高さで、2つの効果はたがいに相殺し、そこでの時計は地表の時計と同じ時を刻む率で動作するだろう。

時間には向きがある

ビリヤード台の上を転がる2つの球を映像に撮り、その後映像を逆まわしで再生したとしても、格別変わったことは見えないだろう。2つの球が接近し合い、台の縁にぶつかって跳ね返り、たがいにすれ違うといった映像だ。運動の法則を破るようなことは何1つ目にとまらない。ところが、卵が落ちて床にぶつかるところを映画に撮り、このフィルムを逆再生すると、どう見ても何かがおかしい。私たちの経験からすれば、グジャグジャになった卵の破片が集まってもとどおりの卵に戻り、誰かの手に吸い込まれることなどあり得えない。

卵の映像では、時間の向きという感覚がはっきりと表れているのに、ビリヤード球の映像にはそれがない。時間の向きの感覚は、事象の可能性あるいは不可能性と、どこかでつながっているかに見える。ビリヤード球の映像をもっと長く、たとえば、

球が遅くなり遂には静止するのを見届けるまで撮影し、そのあとでフィルムを逆再生してみれば、今度こそは、それが逆まわしだとわかるだろう。球が静止状態から出発し徐々に運動をはやめていくというようなことは、まずもって起こり得ない。

もう１度言うが、時間の向きは、事象の起こりそうな順序で定まる。球が遅くなる理由は、球と台との間の摩擦が、球の規則正しい回転エネルギーを徐々に、ごくわずかずつにせよ、台と球とを熱する作用に変えることである。もっと正確に言えば、球の規則正しい運動が、乱雑な運動に変わっていくことである。乱雑な運動の尺度はエントロピーと呼ばれる。エントロピーという概念には、時間ということも、また、時間が一方向にのみ「移っていく」ことも含まれている。

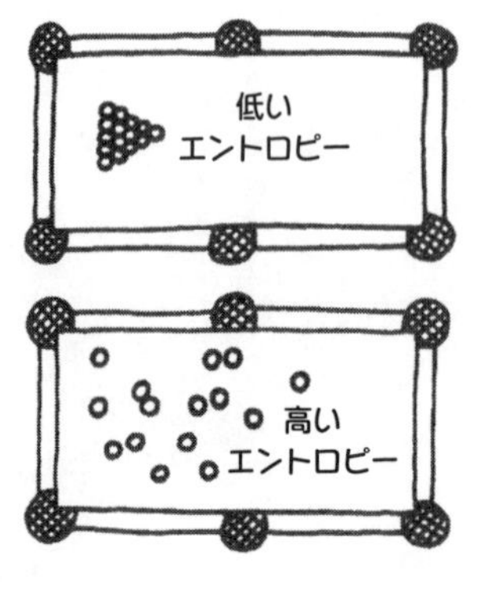

高度にまとまったシステムはエントロピーが低く、その逆も言える。ビリヤード台の例をさらに考えてみよう。まず、球を、ご存知の三角形に並べることから始めるとしよう。この時点では、球は非常にまとまっていて、私たちがそれを「崩す」までは、そのままの状態に留まる。崩したあとでも、ある程度のまとまりは認められるが、競技を始めてしばらくたてば、球はランダムな配列に向かって進み、まとまりは失われていく。球のエントロピーは、低い状態から高い状態へ移行していくのだ。

さて、以上に述べた経過を、崩し始めの時点から乱雑な状況への推移まで、そっくり撮影したと想定する。そしてフィルムを逆再生する。映像の最初の部分では、球が完全にランダムになっている時の球の運動を見るわけだが、その間、フィルムを普通に再生しているのか逆再生しているのか見分けることはできない。物理学者の仲間うちの言葉で言えば、システムのエントロピーが極大に達したあとには、時間の向きをどちらと見極めることはできないのである。

ところが、そのまま映像を見続けていると、球が小さな三角形にうまく並ぶという瞬間が迫ってくる。その瞬間に近づくほど、フィルムの送りが再生なのか逆再生なのかの差異をはっきり見定めることができるわけだ。こうして「時間の矢」の向きを決めることができる。

この観察を、2つの球について以前に論じたことと比較してみれば、もう1つの要点が浮かびあがる。すでに見たとおり、2つの球だけを見ても、時間の向きを見定めることはできなかったのだが、たくさんの球を見れば、時間の向きを定めることができる。2つの球がたがいに衝突し、そのあとで分かれていくのを見ても、私たちは一向に驚かないのだが、たくさんの球が関わっている場合、それらが最後にまた集まって小さな三角形をなすということは、フィルムを逆再生させない限りあり得ないことなのである。

時間の測定には限界がある

すでに述べたように、アインシュタインはニュートンの運動の法則を修正することが必要だと考えた。それからさらに何年か経たのち、科学者たちは、大きさという物差しの上で、惑星や星の対極にある原子などの物体にかんする観察事項を説明するために、ニュートンの法則を修正する必要があることを発見した。ところがその修正点は、アインシュタインが行ったこととはまた違ったものだったのである。

そうした修正点の1つは、ある条件のもとで測定できる時間の精密さには限界があるということである。この意味は、何が起こったか知ろうとすればするほど、いつ起こったかはわからなくなるということだ。また逆に、いつ起こったかを知ろうとすれば、何が起こったかわからなくなる。「食べた菓子はしまえない」という諺に似たタイプの法則の1種なのだ。

そのあたりの感触をつかむには、次の問題を考えればよい。空気銃から発射されたBB弾が空間のある1点を通過する時間を正確に知りたいとしよう。BB弾がこの点を通過する時、それをトリガーとして、細い毛状針金の装置を介して高速のフラッシュ写真を作動させるようにしてある。BB 弾の後方の壁には掛け時計を置き、その写真を、BB 弾の写真と同時に撮る。高速写真には、運動している BB 弾と、写真を撮った瞬間の時刻を示す掛け時計を見ることができる。

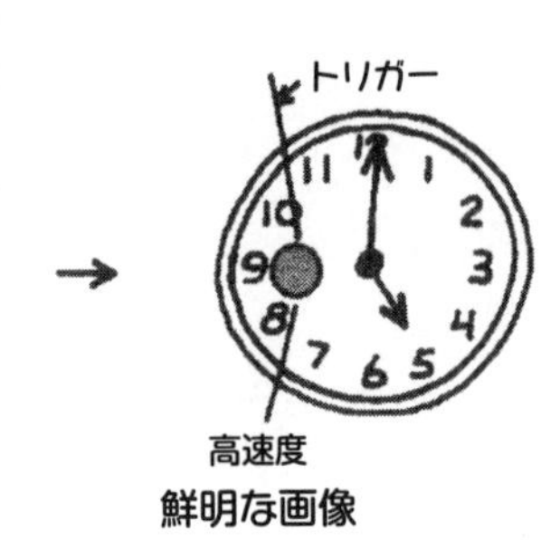

鮮明な画像

さて、私たちは、BB 弾が飛んでいく方向を知りたかったが、写真は１枚しかなかったとしよう。そこでもっとゆっくりした画像を撮ればぼやけた BB 弾の像が写り、この像から、運動の向きを判定できるだろう。ところが今度は、掛け時計の秒針もぼやけてしまい、いつ BB 弾が標点を通過したかという正確な時刻は知り得なくなってしまうのだ。

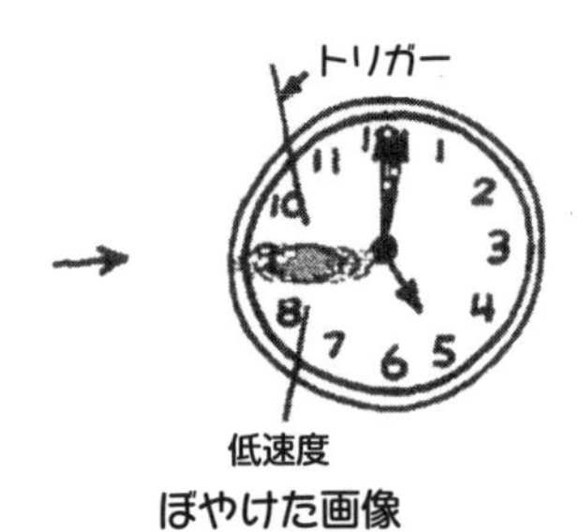

ぼやけた画像

ある出来事が起きた時刻と、その出来事が続いた時間の長さは、それぞれかなり精密にはかることができる。しかしながら、その精密さの度合いが高ければ高いだけ、獲得できる他の情報の量は乏しくなるのである。この事実を科学者たちは「不確定性原理」と呼ぶのだが、これはまさに自然の基本的な特性のように思える。

量子力学に従って不確定性原理をもっと正確に言い表せば、次のようになる。ある過程の「エネルギー」について多くを知れば知るほど、その過程がいつ発生したかについてはわずかしかわからなくなる。その逆も言える。この言い回しは、光子を放出する水素メーザーの水素原子に直接適用できる。不確定性原理によれば、原子から放出されたエネルギーを精密に知れば知るほど、それがいつ生じたかわからなくなる。

５章で見たように、放射されたエネルギーの周波数は、放出されたエネルギーの「量子」と直接結びついている。エネルギー量子が大きいほど、放射される周波数は高いのだ。ところが今、この周波数とエネルギーの関係には、さらに別の応用面もあることがわかる。エネルギー量子の大きさを十分正確に知れば、放射される周波数を十分正確に知ることができる。そして逆もまた成り立つ。

ところが不確定性原理によれば、エネルギー、すなわち周波数を精密に知れば知るほど、放射がいつ起こったかについて曖昧になるということになる。

この事態は、貯水池からの水の流れにどこか似ている。水がごくゆっくりと流れ出るのであれば流量は正確にはかれるが、その場合の流れは長時間におよぶわけだから、流れのはじまりと終わりについての明確な概念はもちえない。ところがダムが決壊した場合、水の巨大な波頭が下流に押し寄せる。私たちは波頭が過ぎ去るのを見ればすぐ、何かが起きたと気づき、またそれが今起きたということに疑いはもたないが、反面、水の流量をはかることは、極めて困難になるだろう。

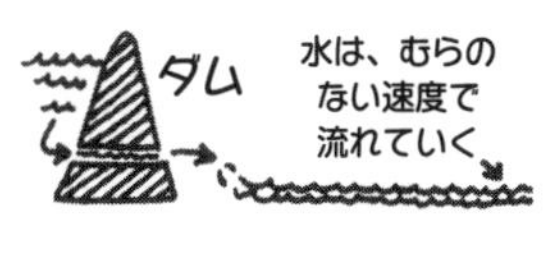

原子の場合、エネルギーがゆっくり漏れ出ていくことはその周波数を精密にはかることができるということを意味する。5章でセシウムビーム共振器について述べた際、これに似た着想をすでに述べた。その時には、原子がビーム管の中を通りぬける際の滞在時間が長ければ長いほど共振器のQ値は高いと述べた。それは、管内滞在時間が長ければ長いほどその共振周波数は一層精密にはかることができると言いかえられる。このようにして、5章で示した共振器の話からも、また、量子力学からも、1つの結論に行き着くことになる。すなわち共振器を観測する時間が長ければ長いほど、周波数をより詳しく知ることができるのである。

この節の結びのコメントとして、これも5章で論じたことだが、原子の自然放出との関連に触れておく。先に述べた通り、原子は、「自然の」寿命をもっている。ということは、孤立した原子は、いつか自発的に光子を放出するのだが、その寿命は原子ごとに異なり、しかも原子の関係するエネルギー状態に応じて決まる。ある原子の自然寿命がごく短ければ、それがいつエネルギーを放出するかについて、他の非常に長い寿命をもっている原子の場合よりもより不確かになるだろう。不確定性原理が主張するとおり、寿命の短い原子は、より不確定な量のエネルギーを放出し、その結果、周波数も不確定になる。寿命の長い原子は、値のよく定まったエネルギーの固まりを放出するから、その周波数も確定的になる。

こうして、原子はそれぞれ固有のQ値をもつということがある程度わかる。長い自然寿命をもつ原子は減衰時間の長い振り子に相当し、したがって高いQ値をもつ。短い自然寿命をもつ原子は減衰時間の短い振り子に相当し、したがって低いQ値をもつのである。

ただし、強調しておかなければならないが、ある固有の原子のエネルギー遷移が、他の原子の遷移と比べ、相対的に低いQ値をもつとしても、そのこと自体は、時計製作に対する重大な妨げにはならない。たとえば原子ビーム共振器は、何百万個もの原子を含んでおり、また私たちが観測するのは、その「平均」であって、個々の原子からの放出に伴うゆらぎはならされてしまっている。唯一の妨げは、5章での原子共振器の限界の話で指摘した点だけである。

原子時計と重力時計

これからあれへ

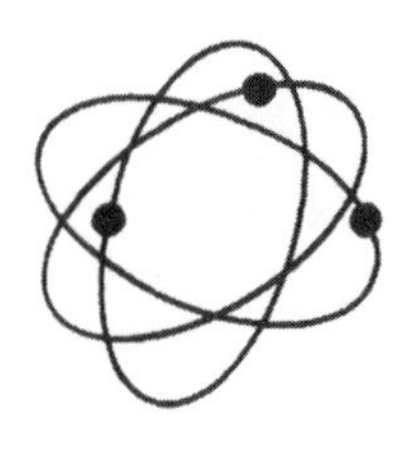

天体の巨視的世界と原子の微視的世界とを併せて説明するような単一の科学理論はない。重力は星、星雲、振り子などの運動を支配するが、原子は量子力学による理論のもとに置かれている。

時計の進歩の歴史をたどってみると、ここ数十年間に劇的な変化があったということがわかる。振動する振り子、その他の機械的な装置を共振器とする時計から、原子の現象に基づく共振器までたどり着いた。言いかえれば、時計の共振器を支配する法則について、巨視的な世界から微視的な世界へという変化を経験してきたのである。

この変化の幅が大変に広いことから、おもしろい疑問が出てくる。運動と重力にかんするニュートンの法則に基づく時計は、量子力学に基づく時計と同じ時間を示すのだろうか？　原子の秒は、1900年時点での暦表時の——言いかえれば「重力」の——秒にほぼ等しいものとして定義された。だが、この関係は、今から100万年後まで、いやそれどころか、わずか千年ののちでさえ、果たして成り立つのだろうか？　原子の秒と重力の秒とはゆっくりとずれていくのではないか？

このやっかいな問いへの答えは、巨視的世界を記述する諸法則と微視的世界を記述する諸法則との関係についての、一層深遠な疑問の中に埋め込まれている。これら2つの法則群の中には、時間を経ても変わらないと想定される物理定数と呼ばれる数値が存在している。そうした定数の1つが光の速度であり、他の1つは万有引力定数 G である。G はニュートンの万有引力の法則に登場し、この法則によれば、2つの物体の間の重力による引力は両者の質量の積に比例し、また、それらの距離の2乗に反比例する。そこで、2つの質量を M_1 および M_2 とし、両者の距離を D とすれば、ニュートンの法則は、

$$力 = F = \frac{GM_1M_2}{D^2}$$

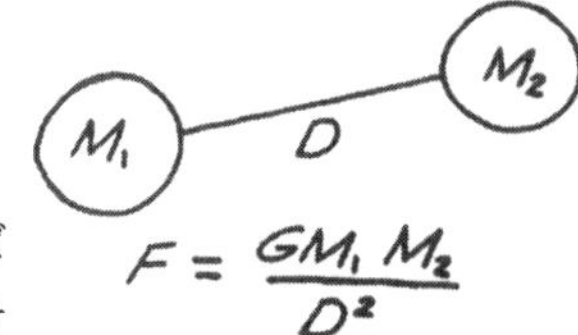

と書ける。

力 F に対する正しい答えを得るには、G を導入しなければならない。G は、実験的に決める必要のある数値だ。G を計算で求めることのできる科学理論はないのだ。

量子力学においても同様な事態に遭遇する。エネルギー E が周波数 f と結びついていることは、すでに学んだ。数学的な表現は $E = hf$ で、ここで h はまた別の定数——プランク定数——を表すが、h もまた実験的に決めなければならない。さて、G あるいは h が、何らかの不明な形で時間と共に変わるとすれば、重力時計および原子時計で計時される時間はたがいに食い違っていくだろう。なぜかと言えば、G が時間と共にゆっくりと変わるなら、重力の影響下にある振り子時計は、ゆっくりと周期を変えることになるからだ。同様に、h が変わるなら、原子時計の周期にずれが生じる。そうした事態が起こっているかどうかについては、目下のところ、実験的な証拠はないけれども、その問題は今も熱心に研究されている。

もしも G および h の値が、「適切」な仕方で離れていくのであれば、何か奇妙な結果が到来することになろう。たとえば、重力に基づく時間の目盛が、原子に基づく時間よりもわずかずつ小さくなると仮定してみよう。どちらの目盛が「正しい」のか、本当のところは決められない。一方は、他方と全く同等に「真」なのだ。それはそうなのだが、原子に基づく目盛を基準に選び、それに比べて重力に基づく目盛のほうがどう変わるのかそれを見ていくことはできる。

重力の時計の進む率が、原子時計に比べて10億年ごとに2倍であると仮定してみる。例題を簡略化するため、重力の時計の率は、連続的に変わるのではなくて、10億年目の終わりにとびとびに発生するものとする。そうすれば、10億年前には、振り子時計すなわち重力の時計は、原子時計のたった半分の率で時を刻んでいたことになる。さらに過去へ向けて10億年の幅で話を進めると、2種の時計ではかった時間の合計は、下表のようになる。

積算された原子時計の時間＝ 10 億年＋ 10 億年＋ 10 億年……以下、無限に続く。

積算された振り子時計の時間＝ 10 億年＋ 1/2 × 10 億年＋ 1/4 × 10 億年＋ 1/8 × 10 億年……以下、無限に続く。

過去へ向けてもっともっと進んでいくと、積算された原子時は無限大に近づくが、積算された振り子時は、無限には至らず、20億年に近づくのである。

$$1+\frac{1}{2}+\frac{1}{4}+\frac{1}{8}+\frac{1}{16}+\frac{1}{32}+\frac{1}{64}\cdots\cdots=2$$

この算術は、前に取りあげた例題と似ている。そこでは、落とされた石の速さについて、地面に接近するまでの間隔を区切って順次に平均速度の計算を続けた結果、49 メートル毎秒に近づくことを確かめた。それと同様、この例題では、重力の時間は時間の明白な原点を示すが、原子時計はそうではない。

ここで取りあげた例は、いくつもの可能性のうちのほんの1つにすぎず、いわば、劇的な特徴をもっているという理由で選んだ。とはいえ、そこには、時間の測定に関わる諸問題の考察には慎重さを必要とするということが象徴されている。時間をどうやってはかるのかを指定しないまま時間にかんする問いを発しても、それは、ほぼ疑いもなく空しい努力に終始するであろう。

〈余談〉——時間の向きと自然現象の対称性

ビリヤード球と時間の向きとをめぐる話は、数学と時間についてすでに述べてきたことと関連づけることができる。その時の話を思い出していただきたいが、数学者は、問題を特徴づけるために、初期条件、境界条件および研究している過程を支配する法則を用いる。時間の矢の向きは初期条件から導かれることであって、球の運動を支配する法則のためではない。すべての球が三角形にまとめられていたところから始まり、テーブル面全体にランダムに散らばっていくことから、時間の向きの実感を得ることができる。

もしも、球がランダムな形から出発する——すなわち、球がランダムに散らばっていて、ランダムな速さでランダムな方向に動いているという初期条件であった——とすれば、時間の向きについて何の認識ももち得ないであろう。ただし、運動を支配する法則は、球が最初テーブル面でまとまっていようと、散らばっていようと、同等である。

こうして見てくると、興味深い疑問が出てくる。ランダムな宇宙では時間の向きという方向は全くないのだろうか？　これまでの話からすると、方向はないかのように見える。だがこの疑問への最終の答えを得ることはできない。1964年までは自然の中に時間の向きを表す法則はないと思われたし、また、時間の矢とは、自然が秩序から無秩序へ動いていくという事実の1つの帰結にすぎないかのように見えたのだ。つまり、遠い過去に宇宙は小さく秩序立ったものであったが、今、100億年ないし200億年ほどにわたって、無秩序に向かう過程にあるということだ。このことは、宇宙のビッグ・バン理論とも関連させてあとで再び述べよう。

対称性を保存するための苦心

時間の向きについての問題をさらに深く掘り下げるためには、物理学の実験的および理論的な発展の最前線に相当する方面に進まなければならない。それは、すなわち議論百出で解決からほど遠い課題であるということだ。現時点でできるのは現状の描写を試みることぐらいで、将来何が判明するか推測しても、どうなるかは誰にもわからない。

すでに述べたとおり、1964年まで、自然法則には、多少なりとも時間の向きを示唆するような事柄は含まれていなかった。ところがそれより10年前に、プリンストン高等研究所の2人の物理学者T・D・リーとC・N・ヤンは、たまたまこの課題についての新しい推測を行っていたのであった。

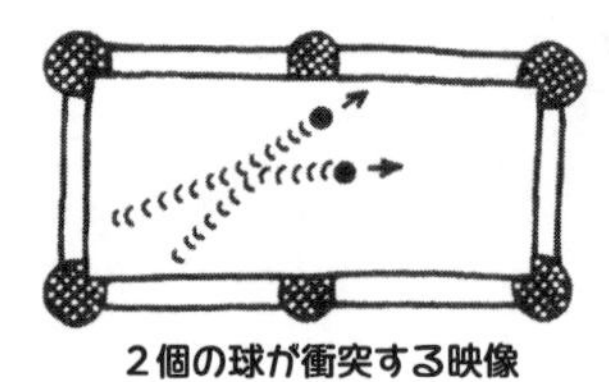

２個の球が衝突する映像

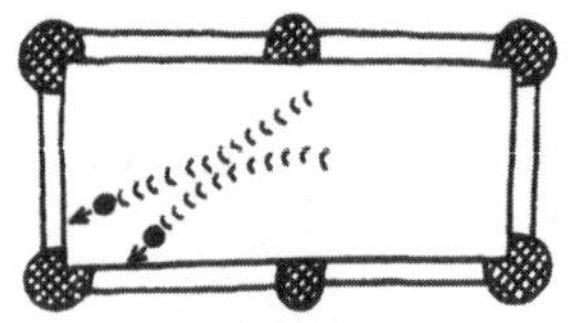

上の映像の逆再生
時間の不変性
（T 不変性）
再生の映像も逆再生の映像も、
自然界には起こり得る

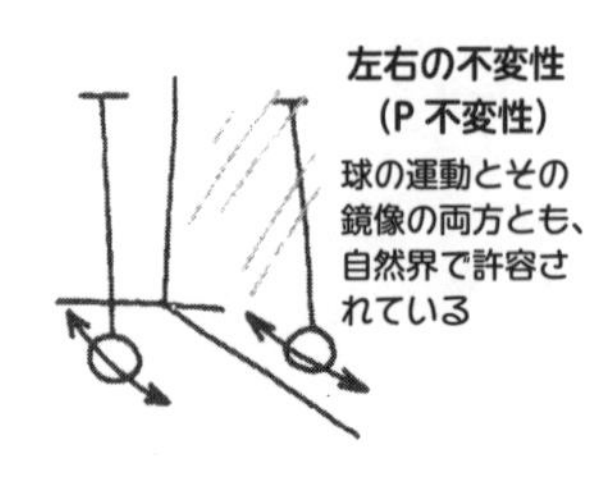

左右の不変性
（P 不変性）
球の運動とその
鏡像の両方とも、
自然界で許容さ
れている

物理学で有力な着眼点は、自然の中に一種の対称性が内在するということと、その対称性を検出することによって自然にかんする理解が著しく深まるということである。実例として、2つのビリヤードの球に戻ろう。台に摩擦はないと仮定すれば、フィルムを再生したり逆再生したりしてみても時間の向きを決めることはできないということがわかった。球の間の相互作用と運動とを支配する法則は、時間の向きによらないのだ。この方法を用いて、調べたい法則に支配される過程を撮影すれば、どんな自然法測もテストすることができる。フィルムを再生したり逆再生したりしてみた時に差異を認めることができないのであれば、その法則は、時間の向きによらない、すなわち物理の言葉で言えば、時間不変性——T 不変性——が保たれていると言うことができる。

しかし、T 不変性は、自然界に見られる対称性の唯一のものではない。それとは別に、左右の対称性と呼べるものがある。この種の対称性は、2つの実験を行うことでテストできる。最初に、ある実験を行うための装置を組みあげ、実験の結果を観察する。次に、その装置を、最初の実験を鏡に映したかと見えるように組み変えて、この実験の結果を観察する。左右の対称性が保たれているのであれば、第2の実験の結果は、第1の実験の結果を鏡で見た時に観察されるものと全く同じになる。そのような結果が得られれば、左右の対称性、物理学者の言葉では左と右との間のパリティ——P 不変性——は保たれているということがわかる。

1956 年まで、誰もが、左右のパリティは常に保たれると信じていた。それに矛盾するような証拠は1つも見当たらなかった。ところが、リーとヤンは、微小な素粒子にかんして当時の科学者たちが悩んでいた1つの現象を説明するために、パリティは必ずしも常に保たれるものではないと提言した。

この提言は、コロンビア大学のチェンシャン・ウーが行った実験によって、1957 年に証明された。彼女は、この実験で放射性原子核を磁場中に整列させ、すべてに同じ向きのスピンをもたせた。この時彼女は、ある方向に偏極している電子が、別の方向の電子よりも多く現れることを観察した。それは、リーとヤンが予言したとおり、左右のパリティが破れるということを意味していた。

パリティ（P不変性）の破れは物理学者たちを甚だしい混乱に陥れ、彼らはその打開策を求めた。彼らがたどった道筋を垣間見るには、T不変性およびP不変性とは別な第3の対称性の原理を考える必要がある。これは、電荷共役——C不変性——と呼ばれることになった。自然界では、あらゆる粒子が、自分とは正負の符号が反対の仲間をもち、それらは反粒子と呼ばれる。反粒子は、それぞれの対に相当するものと同じ性質をもつが、電荷があればその符号だけが反対になっている。たとえば、負の電荷をもつ電子と対をなす反粒子は、陽電子であって、正の電荷をもつ。ある1つの粒子が、その反粒子と遭遇すれば両者は一瞬にして消失し、アインシュタインの有名な関係式$E = Mc^2$に従って電磁エネルギーに生まれ変わる。反粒子は、1928年、英国の物理学者ポール・ディラックによって予言され、1932年、宇宙線を研究していた米国の物理学者カール・アンダーソンによって実験的に確認された。

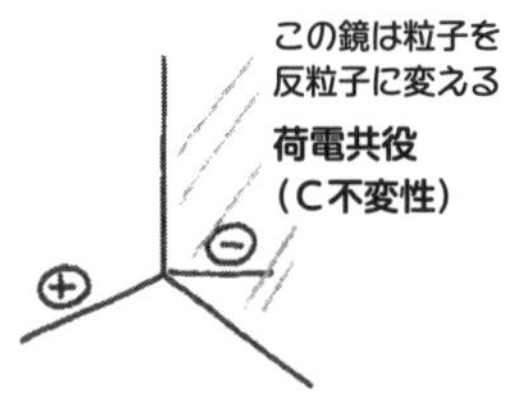

ところで、上述のことすべては、パリティの破れや、そしてまた、私たちにとってさらに重要な関心事である時間反転と、どこで関わるのだろうか？　まずはパリティ問題から見ていこう。既述のとおり、パリティが破られることを示した実験は、悩ましい結果をもたらした。しかし物理学者たちは、まことに巧みな方法で、対称性を救済することができた。通常の鏡のかわりに新形式の鏡を取り入れ、鏡像を作り出すだけでなく、実験で扱う粒子をそれの反粒子に変換してやれば、対称性は保たれる。すなわち、新しい種類の対称性を破らない結果を得る。別の言葉で言うと、自然界の鏡は、右のものを左に変えるばかりでなく、物質に働きかけてそれの反物質に変換するのである。こうして、荷電不変性とパリティ不変性が一緒に保たれる——CP不変性は保たれる——こととなり、物理学者たちは大いに安堵した。

対称性

時間不変性

左右

荷電共役

しかしながら、心の平安は長続きしなかった。1964年、J・H・クリステンソン、J・W・クローニン、R・ターレイおよびV・フィッチは、物質を反物質に移し変える鏡を用いてもなお説明できないような実験結果を出したので、CP対称性は破られた。ただし、そのことから、時間不変性すなわちT不変性に対する1つの意味づけがなされた。現代物理学の基盤である相対論と量子力学から、超対称性の原理が現れたのだ。すなわち、左を右に変え、物質を反物質に変え、おまけにフィルムを逆再生する意味での時間を反転させる鏡をもっているとするなら、自然界に許容される結果を得ることになるのだ。クローニンとフィッチは、いささか遅すぎという感があったものの、1980年に、この業績に対してノーベル賞を受賞した。

ここで私たちは、超対称性原理は、物理学界の片隅で行われた数少ない、しかも異論の多い実験に基づいたものではなく、相対論と量子力学とによって明晰に意味づけられたものであることを強調しなければならない。この超対称性を否定することは、現代物理学の全体の基礎を危うくするものとなるかもしれない。CP不変性の破れを証明した1964年の実験が意味するのは、超対称性原理が保たれる場合には、時間不変性——T対称性——が破れることが必要になるということだ。今日まで、T不変性の破れを実際に観察した人はひとりもいない。それは、CP対称性の破れの実験と、超対称性原理とが結びついてこそ推論されるのである。

対称性の破れが、人々の日々の暮らしにどんな意味をもつのか、それは定かでない。しかし過去のそうした困難は常に課題を生み、それが自然の奥底に秘められた過程にかんする、新たな、そして予期せぬ洞察につながってきた。ここで取りあげた対称性原理の破れは、一般的に得られる結果と比べてごく稀な例外的なものにすぎないが、こうした些細な矛盾が、自然を理解する上での革新的な新しい方法を導き出したことは何度も見られたのであった。

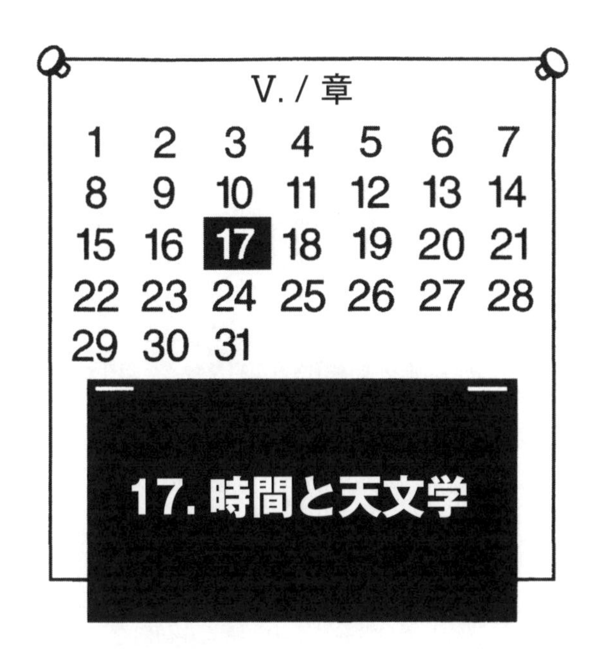

17. 時間と天文学

これまで見てきたとおり時間の測定と決定は、天文学と不可分の関係がある。この関係には別の局面もあって、宇宙およびその中のさまざまな天体の進化の考察に光を与えてくれるのだが、実は、その方面のことは最近数十年の間に解明されてきたことばかりなのだ。本章では、観測の裏づけをもった理論によって、どのようにして宇宙の年齢の推定が可能になったのかを見ていくことにしよう。まず「時計」のような規則的信号を発するいくつかの星について述べ、次に、周辺の時間の流れを理解するには相対性理論を存分に活用しなければならないような、奇妙な星についてお話する。そして最後に、電波天文学の新技術を取りあげるが、それは原子時計が開発されて初めて実用可能になったものであるばかりでなく、電波天文学以外の分野への応用の上でも興味深いものである。

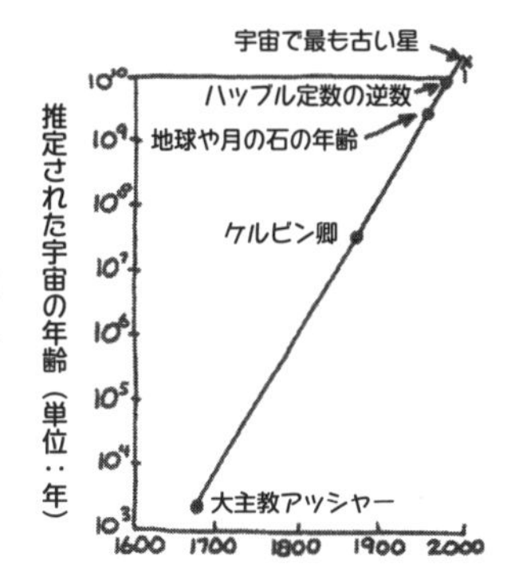

宇宙の年齢をはかる

1648年にアイルランドの大主教ジェームズ・アッシャーは、宇宙は紀元前4004年10月23日（日曜）に創造されたと主張した。それ以来、宇宙の年齢を推定する試みが数多くなされてきたが、新しい数字が発表されるたびに宇宙の起源はより遠い過去へとさかのぼっていった。19世紀になってからケルビン卿は、地球が初期の温度から現在の温度まで冷却されるには2000万年から4000万年かかっただろうと推定した。1930年代に入ると、放射線年代測定法により岩石の年代を20億年程度とする説が次第に広く認められるようになり、さらに、宇宙の年齢にかんする最新の推定値は80億年から160億年の間とされている。

最新のこれらの推定値は、理論と観測とに基づく2つの研究動向に沿って研究されてきている。第1は、宇宙の年齢を遠方の銀河が地球から遠ざかっていく速度と関連させて推定するものである。第2は、宇宙の構造を観測し、それが宇宙の進化の「経路」のどのあたりにいるのか見定めることから得られる。

・膨張する宇宙――時間は距離

歴史のほぼ全般を通じて、人々は、宇宙とは「永遠から永遠へ」ずっと続くものと考える傾向をもっていた。ところが、1915年、アインシュタインは、宇宙の進化の問題に彼の一般相対性理論を適用して、不本意にも、宇宙は変化していて膨張しているという結論を得た。アインシュタインは、この結論にかなり懐疑的であったので、方程式に「宇宙項」と呼ばれる新たな項を導入し、式が宇宙の膨張を予言することを妨げるようにした。ところが14年後の1929年に米国の天文学者エドウィン・ハッブルが、宇宙が実際に膨張していることを発見した。その時、アインシュタインは、宇宙項は「私の人生の最大の失敗」だったと言ったと報告されている。

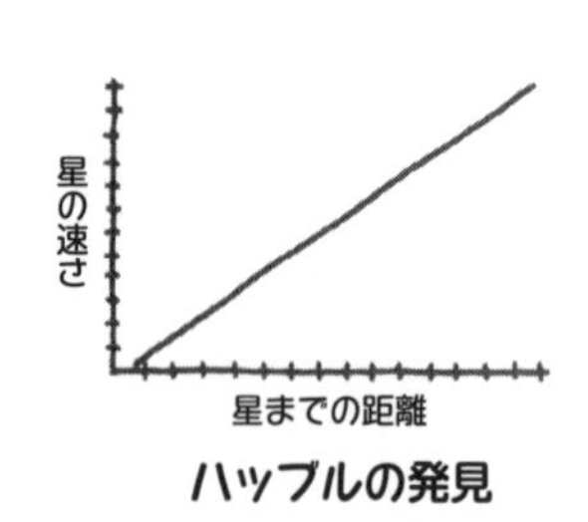

ハッブルの発見

宇宙が膨張することを発見した際にハッブルが利用した技術のことは、すでに話題にした。その基礎となったのは、ドップラー効果、すなわち列車の汽笛の周波数が列車が近づいてくる時には高い値のほうへずれ、列車が遠ざかる時には低い値のほうへずれるという効果であった。ハッブルは数多くの天体からの光を研究していたが、その間に、光のスペクトルの中のある部分について、あたかも発光体が高速で地球から遠ざかっていくかのように、低い周波数へのずれがあるということに気がついた。さらに天体が地球から遠ければ遠いほど、地球から離れる速度は一層大きいのだ。

距離と速さの関係についてのハッブルの発見で、宇宙の年齢を見積もることが可能になった。すべての天体が地球から遠ざかっているという事実は、すべての天体が過去のある時間に1点から発生したということを意味しているのだ。天体までの観測された距離と天体の遠ざかる速さを使って時間をさかのぼって推定した時、はじまりはおよそ200億年前であることが示された。遠ざかる速さは時間と共に遅くなると推定されるので、宇宙の年齢は現在測定された速さから導かれたものよりは小さいだろう。実際、宇宙の進化の線にそって宇宙の年齢を見積もると、どうやら200億年より若いことがわかってきた。

・ビッグ・バンか定常状態か

科学者たちは、宇宙の進化にかんするさまざまな理論を構築してきた。これらの理論によれば、宇宙は、ある定まった経過を見せながら進化するが、宇宙の構成はいついかなる時にも唯一のものである。今日までの観測結果が示すところによれば、宇宙の年齢はおよそ100億年であって、この値は、初期において宇宙は、今日の速さよりもはるかにはやく膨張していたという解釈と一致している。この解釈に立つ理論は「ビッグ・バン」理論という呼び方で広く知られている。この理論は、宇宙が、時間の原点では無限に大きい密度で結集していたこと、そののち劇的な膨張を始めたこと、そしてこの原初の物質から銀

河が形成されたことを前提としている。

ビッグ・バン理論と競い合う形で「定常理論」があるわけだが、こちらは、宇宙が「永遠から永遠へ」ずっと続くと解釈する哲学的な考えに沿っている。とはいえ、現代天文学が集積している膨大な観測事実は、定常理論よりもビッグ・バン理論と

一致しているので、定常理論はおおむね否定される。

ビッグ・バンの前には何があったのかという、不安をかき立てるような問いは未解決のまま残っている。答えはない。しかしおそらく読者は、時間というものがいくつもの面をもっているということをこれまでに理解されたことだろうし、また宇宙の究極的なはじまりと終わりとに関わるこの手の疑問は、おそらく私たち自身のごくささやかな体験を、はじまりも終わりも知らない巨大な宇宙に向けて投影したものにすぎないということも理解しておられるだろう。

こうした疑問についてはもう1度、18章で検討しよう。

天体の時計

科学の世界で時おり見受けられるように、ある分野の研究をしているうちに、思いがけず、別の分野の興味深い結果に出くわすことがある。何年か前、英国のケンブリッジ大学のマラード電波天文台が、電波星すなわち電波を発する星のまたたきを研究するために、特別な電波望遠鏡を構築した。そのまたたきは、太陽から放射される電子の流れで引き起こされる。またたきは非常にはやいので、装置は急速な変化を検知できるように設計された。

パルサー信号

1964年8月、恒星の電波信号を記録するために使われたチャート紙に奇妙な信号が記録された。鋭いパルスがひと固まりになって記録されていたのである。この効果は、1カ月あまり観測されたのち消失し、また現れた。慎重な検討の結果わかったが、パルスは、1.3373113秒という信じがたいほどに規則的な周期で到来し、各パルスは10ないし20ミリ秒ほど持続する。それほどに一様な周期をもつことから、観測者の中には、宇宙の知的生物による信号が傍受されたのだと疑う者もいるほどだった。しかしながらさらなる観測の結果、その種の「天体の時計」が私たちの銀河——天の川——に複数存在することが明らかになったが、私たち自身の銀河の中に知的生命がそんなにたくさんいるのは理屈に合わないように思われた。

星の形成

今日広く信じられているところによれば、天体の時計いわゆるパルサーは、中性子星である。それは星の一生の最終段階の1つである。星の誕生、進化そして死の理論によれば、星は、初期のビッグ・バンの残り物のちりないしガスから、あるいは、巨大な爆発で消滅した星つまり超新星のちりから生まれたとされている。

ガスやちりの雲は、粒子相互間の重力作用により、濃縮し始める。粒子がまとまって高い密度をもつようになれば、重力はますます強まり、粒子はますます硬い球体になり、やがて極めて高い密度と高い温度をもつことになって、その内部では、連続して爆発する水素爆弾のような核反応が起きるのである。

・白色矮星

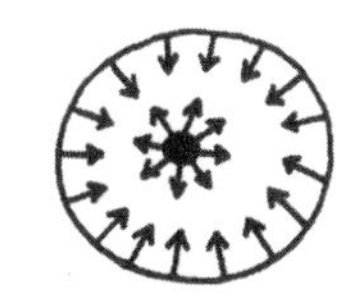
重力と核反応で生ずる
外向きの圧力との
間の拮抗

若い星では、熱と光のエネルギーは、水素からヘリウムへという核反応で生み出される。この過程で生じた圧力は、星の内部へ向かう重力と対抗する形で、星体物質を外側へ押し出そうとする。これら２つの力は、たがいに競い合い、平衡に向かう。水素が枯渇すると、星は再び重力の作用で崩壊し始めて高圧に達し、やがてはヘリウムの「燃焼」をひき起こして、新たに、いっそう重い元素を作り出す。そして遂には、どんなに圧力が高くても「燃焼」が不可能となり、星は自身の重さでまた崩壊し始める。

核反応は燃焼し尽くし、
星はおのずから崩壊する

この時点で星に何が起きるかは、その質量による。問題の星の質量が、私たち自身の太陽のそれに近ければ、当の星は崩壊して一種の奇妙な物質に変わるのだが、その物質は、私たちが地球上で親しんでいるさまざまなものを構成する諸物質と比べて、異常に大きい密度をもっている。１立方センチメートルでおよそ1000キログラムもの質量をもつ物質である。崩壊してできたこの種の星は、「白色矮星」と呼ばれ、何十億年にもわたって淡い光を放ち、遂には宇宙の中で「燃えがら」になる。

・中性子星

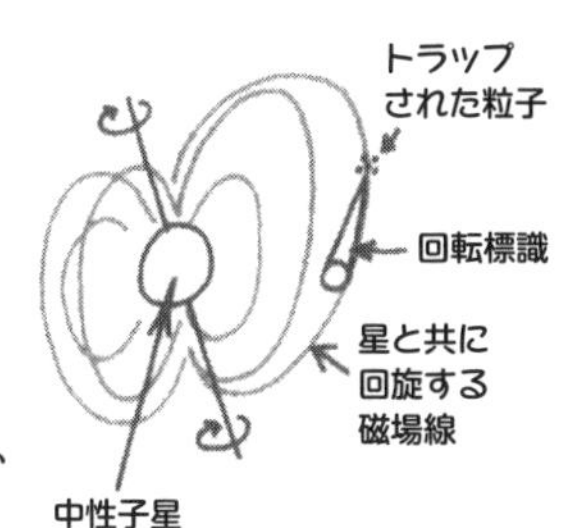

私たちの太陽と比べてみてやや質量の大きい星では、重力による崩壊が、白色矮星の段階を越えてさらに進行する。重力は極めて強くて、原子はぎっしり詰まっているから、原子の中心を回旋している電子は中心部に押し込められ陽子と結合して、電荷をもたぬ中性子に変化する。通常、中性子は崩壊して、陽子、ニュートリノと呼ばれる粒子および高速度の電子となる。中性子の半減期はおよそ11分であり、言いかえれば、中性子の半分は11分の間に崩壊する。ところが崩壊した星の内

部には強力な重力が存在するから、電子は逃げ出すことができず、結果として「中性子星」——直径はおよそ20キロメートル、密度は白色矮星のそれの1億倍という球——が形成される。こうした物体は極めてはやく回転してもばらばらにならないので、どうやらこの中性子星こそが、例の「天体の時計」という謎めいた存在の正体のように思われる。

さて、そもそも、あのパルスはどこから来るのか？　こうした中性子星は、地球磁場が地球と一緒に回転するのと同様、星と一緒に回転する磁場をもっている。星の近くにある荷電粒子は、この回転磁場による掃引の効果を受ける。そして、あたかも人がチェーン状につながって滑り、先頭の人が列を振り回す遊び「クラックザホイップ」の終端のスケーターのように星から隔たった粒子ほど、はやく回転しなければならなくなる。

回転の中心から最も遠く離れた粒子は、光の速度に近づくことになる。相対論によれば、どんな粒子も光の速度を越えることはできないのだから、これらの粒子は、光の速度を超過するのを「防ぐ」ために、エネルギーを放出する。もし粒子がいくつかの固まりに分かれているのであれば、そうした固まりが通り過ぎるたびに、あたかも回転式の光の標識から到来するかのような、光もしくは電波のエネルギーの出現を観察することになる。それゆえ地上で観測するパルスは、現実には光が私たちの周りを掃引していく時にもたらす信号そのものなのである。この説明が正当なら、星は電波ないし光の放出によって徐々にエネルギーを失い、回転も遅くなるはずだ。注意深い観察によれば、パルスの間隔は理論が予測するとおりの割合で、徐々に遅くなっているのである。

・パルサーと重力波

1970年代になされた1つのめざましい発見は、天文学における時間・周波数技術の重要性を示す事例となった。ラッセル・A・ハルスおよびジョセフ・H・テイラーJr.は、パルサーを探して天界を系統的に探査している間に、通常のパターンとは合致しないパルサーを発見した。毎秒およそ17回の割合でパルスを発生するのに、パルスの周期は1日におよそ80マイクロ秒ほど変わるのだ。これは、全く予見されない結果だった。

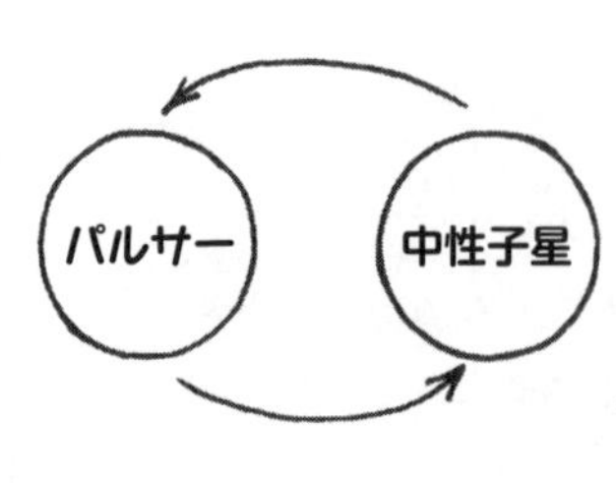

続く研究で明らかになったが、信号のパターンは規則的に変

化し、7時間45分の間隔で繰り返す。そこで、問題のパターンはそのパルサーがおそらく中性子星と連星の形で軌道をめぐっているのであれば説明できるだろうとハルスとテイラーは推論した。中性子星1個とパルサー1個とがペアをなすというこの想定外の組み合わせが、これまで1度も行われていなかった一般相対性理論からの重要な予言をテストするために理想的な状況であるということに、ハルスとテイラーは気づいた。

一般相対性理論によれば、加速される物体はどれも、加速された電子が電波を放出するのと同様に、重力波——光の速さで伝搬する時空のさざ波——を放出する。ただ重力波は、極端に質量の大きい物体を例外とすれば、全く微弱である。

計算によると、中性子星とパルサーの対から発生する重力波は、太陽からの放射の全量のおよそ5分の1という並み外れた量のエネルギーを運び去っている。このエネルギー損失の解釈の1つとして、中性子星とパルサーとの距離が、ゆっくりと、1年に2、3メートルほど縮まっているのだと考えることはできる。と言ってもこれほど大きな距離についてこんなにわずかな変化を、どうすれば測定できるだろうか？

さらに計算を進めたところ、2つの星のゆっくりした接近は、パルサーからの放出電波に検出可能な変化となって現れることが示された。テイラーとその同僚たちは、電波パルスを長年にわたって注意深く測定した末に、パルス・パターンの変化は、一般相対性理論とほぼ厳密に一致することを確認した。

ハルスとテイラーは、その努力に対し、1993年にノーベル物理学賞を受けた*。

* 2015年、米国の*LIGO*グループは、レーザー干渉計を用いて地上で重力波の直接検出に初めて成功した。これにより2017年ノーベル賞を受ける。

・ブラックホール——時間の終焉

私たちの太陽と比べて、質量がほぼ同じかあるいはやや小さいような星たちは、崩壊して白色矮星になる。他方、質量がいくらか大きいような星たちは、中性子星になる。ここから先は、質量があまりにも大きいために崩壊後は空間の1点になるような星を考える。

中性子星の場合、中性子内部の核力の働きで、全面的な崩壊は妨げられるのだが、質量がもっと大きい星においては、重力が核力さえ上回る。それで今日活用できる理論によれば、そうした星は、もとの星の質量すべてを包含する形で空間の1点になる。ただし体積はゼロだから、密度および重力は無限大である。この天体の周囲では重力が極めて強いから、光でさえもそこから逃れることはできない。そのことからブラックホールという呼び方が生まれた。

ブラックホールの名をもつこの奇妙な天体は、1930 年代に相対論の枠内で理論的に提唱された。以来、歳月を経て、それらの実在を示す証拠が着実に集積されてきた。ある観測により、宇宙の見えない天体の周りをまわる星があるという重要な事実が明らかになった。目には見えないこの星すなわちブラックホールの近傍では、強い X 線が放出されているが、この X 線はブラックホールに流れ込む物質、つまり、ブラックホールの重力場が伴星から引き寄せた物質から発生したものと考えられている。

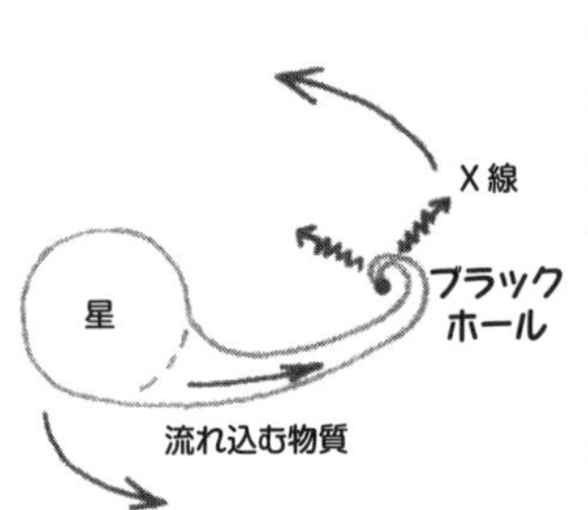

ハッブル望遠鏡を打ちあげた結果、事態は決着したかのように思われる。地球の周りの大気のゆらぎを受けていない宇宙の写真は、私たち自身の天の川銀河系の中心も含めて、ブラックホールの存在しそうなたくさんの場所を明らかにする。

さて、こういった奇妙な天体の近くでは、時間はどういうふるまいを見せるのだろうか？　相対論を扱った節で学んだように、重力場が強くなるにつれて時計の進み方は遅くなる。この考えをブラックホールに当てはめてみよう。たとえば質量の大きい星が核反応に用いる燃料はすべて使い果たし、今や重力による崩壊にさしかかろうとしていると仮定してみよう。

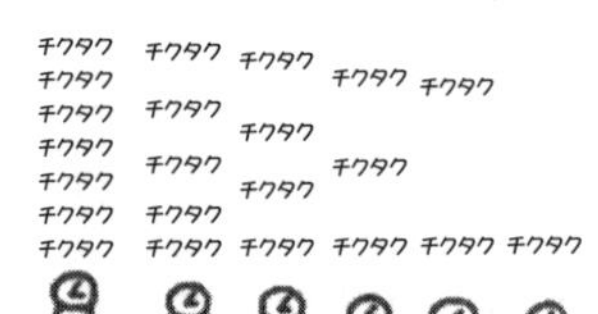

ブラックホールの形成

崩壊途上のこの星の表面に原子周波数標準器を置き、その周波数を光信号の形で、遠方の観測者に送信すると仮定する。星の崩壊が進むにつれて重力場は強まり、光信号の形で送信される原子標準の周波数は減少する。最終的に星の直径は 1 つの臨界値に達し、その先、重力による引きが極度に強まって、光信号はもはや星の表面を離れることができなくなる。星の直径がこの臨界に近づくにつれて、遠方の観測者は 2 つの事実に気づくことになる。まず星の表面に置かれた時計の運行が次第に遅くなること、そして同時に星の像が弱くなることである。最後には、星の「チェシャ猫の笑顔」*しか残らないことになる。

この事態を数学的に詳しく解析すると、遠方の観測者にとっては、星が臨界直径に達するには無限の時間を要するように見えるのだが、時計と共にこの星の表面にいる観測者にとっては

* *Lewis Carroll*（1832～1898、英国）作『不思議の国のアリス』に登場する体が消えて微笑みだけ残る猫。

臨界点に至る時間は有限だということになる。
これらはいったい全体どういう意味をもつのか？　確かなことは誰にもわからない。方程式が示すところによれば、質量の大きい星はそれ自身で崩壊を続け空間のただの１点に行き着く。数学者たちは、空間のこのような点を特異点と呼ぶ。自然の数学的な法則の中に特異点が顔を出す場合、その理論は行きづまったと解され、科学者たちは、新たな視界の開ける別の理論を探し始める。その例は、これまでの物理学にも何度も見られた。たとえばニールス・ボーアは、原子内の電子が原子核に落ち込むことなしに核の外側を回転できると主張した際、ミクロな世界にかんする全く新しい考え方に通じる足がかりを提示したのであった。「ブラックホール」は、ことによると、ミクロの世界をマクロな世界につなぐ通路となるのではないか。

時間、距離および電波星

13章で私たちは、同期された電波信号を用いて距離と位置とを決定するためのシステムのことを述べた。ここでは、電波星の観測を通じて距離を時間に結びつける新技法、すなわち電波天文学という比較的新しい科学から生まれてきた技法について述べよう。

天文学の課題の１つは、遠方にある天体の方向と形をはかることである。天文学者はそれを「分解能」問題と称する。望遠鏡の分解能は、主に２つの因子で決まる。宇宙からの放射を集める装置の面積および観測される放射の周波数である。

分解能
アンテナの面積
電波周波数

さて、放射を集める装置の面積が大きいほど分解能が優れているということは私たちも予想しやすいが、より低い周波数で観測するほど分解能が低下するということはさほど自明ではない。光学天文学者にとっては、放射を集める装置の面積と言えば、天体の放射をとらえるためのレンズあるいは鏡の面積である。しかし電波天文学者にとっては、分解能の値を決めるのは、アンテナ、多くの場合パラボラアンテナの面積である。

分解能は周波数に依存していて、光の周波数は電波の周波数よりもずっと高いから、光学望遠鏡は、同じ面積のパラボラアンテナをもつ電波望遠鏡より、はるかに高い分解能をもつシステムを作り出す。電波の周波数で高い分解能を得られる巨大な電波アンテナを構築するには費用と技術的困難が伴うことから、それにかわる方法が生み出された。長い距離を隔てて2つの小さいアンテナを別々に設置すると、その距離を直径とする大型アンテナと同じ分解能をもつ。たとえば直径10キロメートルの大型アンテナ1個を設置するかわりに、10キロメートル隔てて小形アンテナ2個を設置すれば、同じ分解能を得ることができる。

何事につけ、利点には対価が必要である。この場合の対価は、2つの小さなパラボラで受信した信号を極めて慎重に組み合わせねばならないことである。長い距離を隔てている場合、2つのアンテナでの信号は、たとえば高性能のテープレコーダーで磁気テープに記録される。

その際の2つの信号は、極めて正確に時間を記録する必要がある。それを達成するには、両方のアンテナ設置場所に、同期させた原子時計を置いて時間信号を発生させ、それを星からの2つの電波信号と共に2本のテープへ直接記録すればよい。これらのテープへ直接に記録された時間情報は、後刻、2本のテープをどこかに――多くの場合、容量の大きいコンピューターのある場所に――もち寄り、当初に記録された時間順序で2つの信号をまとめることができる。この手続きは重要だ。なぜなら、それを経由しないと結合した信号を解きほぐすことが容易でなくなるからである。

電波星の信号は非常に安定した周波数源を基準に記録されるということもまた重要である。そうでないと、あたかも電波望遠鏡の測定中に電波星が「放送」するさまざまな周波数に合わせられたかのように、記録された電波星の信号が変動することになる。それはまるで特定のラジオ放送を選んで聞こうとしている最中に、他の誰かがたびたび他の放送に合わせるようなものだ。原子標準は安定した周波数基準信号を提供してくれる。時間・周波数情報に求められる基準は非常に厳密なものなので、2つのアンテナの距離を隔てて配置する技術は、原子時計があって初めて実用化できる。

この技術は、同期化や距離測定の分野では「長基線干渉測定」と呼ばれるが、その意味を理解するには考察をさらに深める必要がある。図に示すような形で、遠方の電波星から来る1つの信号を観測する。電波星からの信号は単一周波数ではなく、いくつもの周波数の信号の混ぜ合わせなので、その信号は図に示したように「雑音」のような外見をもつ。電波星の信号のこうした特徴については、13章ですでに論じた。

以下、2つのアンテナに到着しようとしている信号について考えてみよう。星はちょうどアンテナの真上にあるわけではないので、アンテナAに到着した信号がアンテナBに到着するまでには、さらに追加の距離 D を進まなければならない。信号がこの追加距離を進むのに T という時間を要すると仮定する。つまりAで信号を記録するのは、それがBで記録される時刻よりも T だけはやいのである。この状況は、衛星からの音声を地上の2つの離れた地点で録音する場合と似ている。両地点とも同じ音声を録音するのだが、一方の音声は他方よりも遅れてBに届くのである。

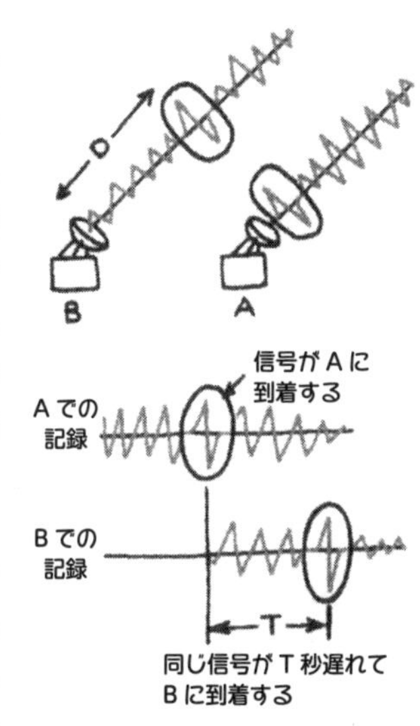

ここで電波星を衛星に置きかえて考えてみよう。図に示すように、その衛星と地上の2地点AとBそれぞれの位置はわかっているとする。2つの音声をテープに録音し、後刻、2つの録音をもち寄って同時に再生する。2つの音声を聞くが、一方は他方の「エコー」のように遅れて聞こえる。

今度は遅延装置を使って、テープレコーダーAから出る信号を装置についた計器に示された値だけ正確に遅れさせる。テープレコーダーAからの信号を遅れさせる時間を調整し、2つの音声信号が同期するような状態——つまりエコーが消える状態まで——に合わせ込む。2つの音声を同期させるために要する遅れは、基準と考えたアンテナAからアンテナBまで信号が進む余分の道のりに相当する遅れ T に精密に一致するのである。

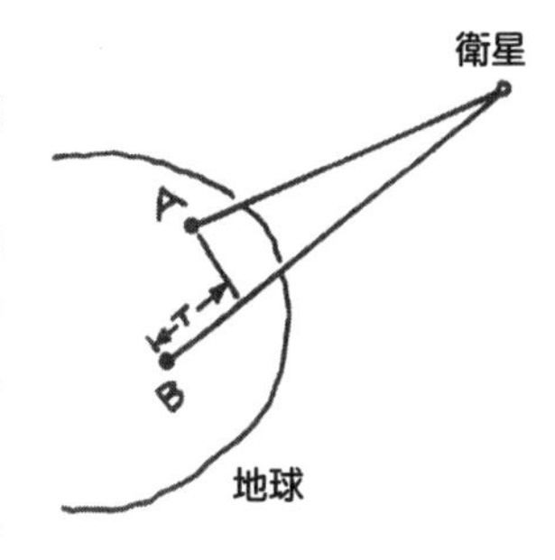

先に述べたように衛星、A、Bの位置はわかっている。これは T を計算するのに十分な情報となる。ここで T は100ナノ秒と計算されたものの、エコーを取り除くために測定した遅延は90ナノ秒であったと仮定しよう。すると問題に直面することになる。T を計算するのに使った衛星、AとBの位置に誤差があるのか、あるいは、AとBの原子時計が同期していないのかのどちらかである。

再度調べてみても、地上局および衛星の両方の位置には誤りがないことが確認された。したがって、10ナノ秒の誤差は、時計が同期されていないから生じたのだと結論する。つまり時計は10ナノ秒だけ同期が外れているに相違ない。こうして時計を同期させるための新しい方法を手に入れることになった。

また、状況を逆にすることもできる。たとえば時計が同期されていることを確実に知っていて、また衛星の位置も正確に知っているとする。AとBで記録された信号を組み合わせることによって、時間遅れの実測値に見あうAとB間の隔たりを求めることができる。地上の離れた2地点間の距離を数センチメートルまではかる作業が、たとえばGPSなどの衛星や電波星を用いて現在進行中である。この種の測定は、地震予知のために非常に重要な、地殻の運動や歪みの解明に新たな知見をもたらす。

時間・周波数および天文学の関係を活用できる範囲は広大で、今のところその研究はまだ始まったばかりである。

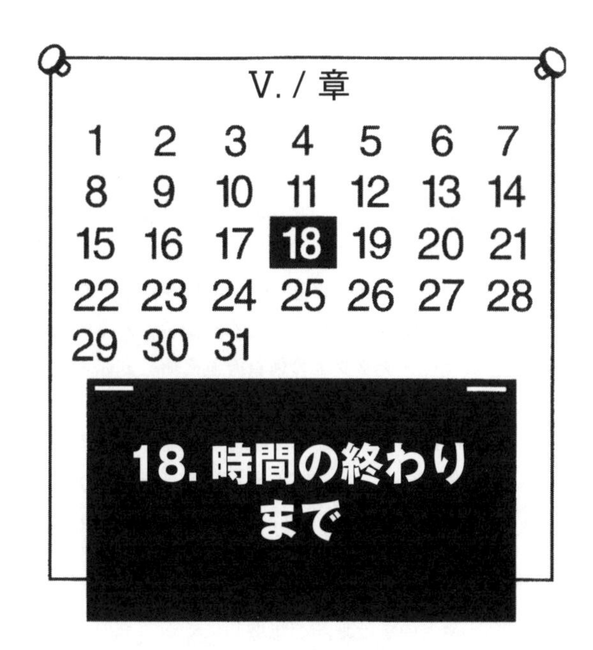

18. 時間の終わりまで

ジョウよ、君は、実在しないものを探し求めているのだ
はじまりなんてね　終わりとはじまり
終わりとはじまり——そんなものはないのだよ
あるのは途中だけさ

ロバート・フロスト*

* *Robert Frost*（1874 ～ 1963）米国の詩人。

パラドックス

常識的な知識は、宇宙の本性を知るための道案内としては信頼できないことがあまりにも多い。地球は平坦で、その周りを太陽がめぐっているのだということはどう見ても事実のように思えるではないか？　だが同時に、これ以上、真実からほど遠く隔たっているものはあり得まい。

平らな地球

この問題の一端は、原子より小さな粒子から、広大ならせん状の銀河までという、この世界の途方もない規模にある。人間は原子のように小さくもなければ銀河のように大きいわけでもないので、直接体験してわかるのは、馬、大理石の彫刻、れんが、自動車など、同様の大きさの物体だけだ。人間の手による仕事の中にすら、人間の理解を超えた大きさや小ささをもつものがある。100階建ての高層ビルの高さを、下の歩道に立ち一瞬ではかれる人がいるだろうか？　あるいは郵便切手大のコンピュータチップ上の何百万個という回路の意味を理解することができるだろうか？

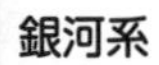

時間と空間における地球の位置、宇宙の他の物質との地球の関係についての常識的概念は、詳細に調べると、アインシュタインが登場するずっと前からの問題であった。地球が平らであったとすると、それには境界がないのか？　もし境界があったら、その端でどこへ落ちるのだろうか？

境界のある地球を想像しにくかったので、おそらく地球には境界がないとされた。しかしそれもまた信じがたかった。空間が無限であり得るのか？　境界があるにせよないにせよ、地球が平らであるという考えにはパラドックス的な疑問が生じる。しばしば、パラドックスを生じるような考えには、その考えそのものに何か間違いがある場合がある。たとえば、地球が平らだという考えを放棄して、地球は球形で空間に浮いているという考えに乗りかえると、パラドックスは消え去る（今度は、どうやって空間に浮かせるかあれこれ思いをめぐらせねばならず、それが新しい疑問につながる）。

誤った考え ⟶ パラドックス

同様に、時間にははじめと終わりがあるのかどうかのパラドックス的疑問が生じるのも、おそらく私たちが時間の基本的性質について誤った考えをもっているからだろう。この疑問にはあとで戻ろう。

1つの常識的真実は、宇宙には、空間を占有し、かつ時間的に存在する物体が満ちているということである。しかし、この常識的宇宙はいくらか魅惑的な疑問を生じる。たとえば昔の哲学者や科学者は、たった1個の物体しか存在しない宇宙では、運動とはいったい何を意味するのかと考えた。孤立した物体の速さを人はどうやってはかることができるのか？　速さは地球の表面とか、遠い星とか、何かと比較して測定される。しかし、

1つの物体しか存在しない宇宙では「他の何か」がない。

ニュートンはこれらの問題に相当悩まされた。それらがニュートンの運動の法則についての公式に関係していたからである。特に悩ましく感じた問題は、空間、特に「絶対」空間にかんするものであった。その問題は、運動の法則がすべての一定に動いている座標系に対して同じであるという彼の確信から直接に起こった。言いかえれば、たとえば、ビリヤードをお気に入りの玉突き場でしようが、海上を一定の速さで進んでいる船の上でしようが関係なく、全く同じ形で衝突した球は、どちらの場合でも同じように動くということだ。実際、もし目隠しをされて、お気に入りの玉突き場と全く同じようにしつらえた部屋をもつ、滑らかに航行する帆船に乗せられたとするなら、船上にいるか陸地にいるか、球の運動からは決してわからないだろう。

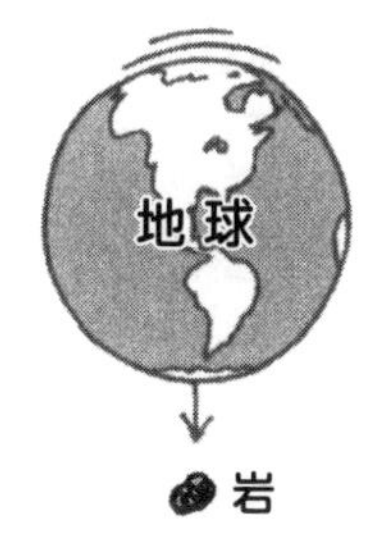

地球は岩に向かって落ちる?!!

だがそこには問題がある。運動の法則が、一定の運動をしているすべての基盤の上で共通だとすれば、その中からどれか1つを選んで、こちらは絶対空間で他は違うなどと、どうして言えるのだろうか？　ニュートンは、このジレンマを解決しなかった。

しかしながらニュートンは、時計が彼の家の暖炉の上にあろうと動いている船上にあろうと、すべて同じ時刻を示すと信じて疑わなかった。時計が同じ時刻を示さなかったということは、宇宙全体を厳密に一様に流れる時間を正確に反映する時計を作る能力が欠けていることとみなされた。

「時間は絶対的ではない」
A・アインシュタイン

しかし16章で述べたとおり、絶対的な時間という観念はのちに放棄された。この考えを説明するために、2つの鏡の間を往復する光子が時を刻む率は、鏡に対して静止している観測者と鏡に対して一様な速度で動く観測者とでは、同一ではないという例を取りあげた。

時間は絶対的なものではない

絶対的な時間の放棄の種がまかれたのは、1676年にデンマーク人の天文学者オーレ・クリステンセン・レーマが、光の速さは当時信じられていたように無限ではなく有限であるということを発見した時である。彼は木星の衛星の食のはじまりの時間を測定するという賢明な方法によって、光は22万5000キロメートル毎秒進むと結論した。その値は現代の値29万9000キロメートル毎秒*からそれほどずれていない。

* 正確には 299 792.458 km/s。

ところでレーマは偶然にこれを発見したのであり、彼の本当の使命は木星の衛星の食の時間を航海の基本時計として使うというガリレイの提案を吟味することであった。

光のレシピ
電気の素
足す
磁気の素

しかしながら、光の伝播にかんする納得のいく理論は、1865年まで現れなかった。その年、英国の数学者兼物理学者であるジェームズ・クラーク・マクスウェル——気体が原子から構成されることを明らかにしたマクスウェルと同一人物である——は電気と磁気の2つの部分に分かれた理論を1つの完全な理論に統合することに成功した。その理論は、とりわけ、新しい種類の波、すなわち電磁波の存在を予言した。不思議にも、マクスウェルが指摘したように、この新しい波は光の速さで進み、光について他に知られていたすべての特徴を示した。光が実際は電磁波の1つであるという結論に至るための1歩であった。

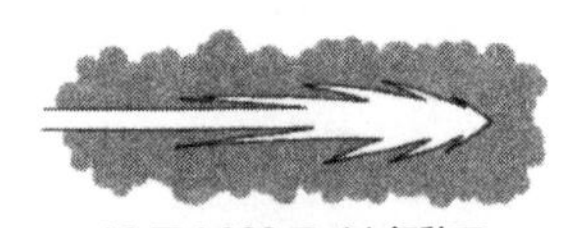
18万6000マイル毎秒で
エーテル中を進む
光の信号

マクスウェルの理論で光は29万9000キロメートル毎秒で進むということが予言されたので、自然に「29万9000キロメートル毎秒は何を基準にしてのものか？」という疑問が生じる。当時一般的に信じられていたのは、音波が空気中を進むように、光は「エーテル」と呼ばれる物質の中を進むということだったので、29万9000キロメートル毎秒が基準にするのはエーテルということであった。したがってエーテルの中を光源に向かって動く観測者は、光が29万9000キロメートル毎秒よりはやく進むのを観測するはずで、一方、光源から離れていく観測者は、より遅く進むのを観測するはずである。当時の何人かの研究者は、「エーテル」はニュートンの法則がみつけることができなかった「絶対的空間」と、怪しいほどよく似ているということに気がついた。

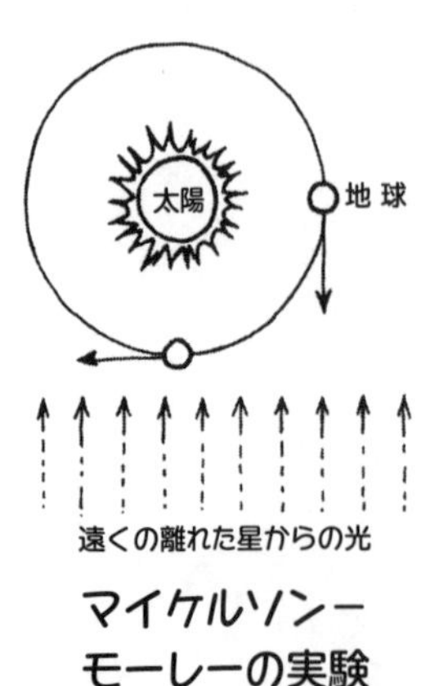

マイケルソン－モーレーの実験

いずれにせよ、米国の科学者アルバート・マイケルソンとエドワード・モーレーは、光の速さが光源に対する観測者の運動の方向によって変化するかどうかを確かめるために、クリーブランドのケース応用科学校で、注意深く設計された実験を何度も行った。測定のプラットホームとして地球を用い、地球の運動している方向にある離れた星から放出された光の速さと、地球の運動の方向に垂直な星からの光の速さを測定した。彼らや世界中の科学者が大変驚いたことに、何の変化も観測されなかった。光の速さは、観測者の運動にかかわらず、揺るぎなく29万9000キロメートル毎秒であった。それはまるで、100キロメートル毎時の速度で走る2台の自動車が接近した時、おたがいに見た相手の速度が200キロメートル毎時ではなく、100キロメートル毎時のままであるというようなものだった。ここでもまた常識は間違った指針を与えた。

一般相対性理論

「光の速さは
すべての観測者に
対して同じ」
——A・アインシュタイン

これまで述べてきたことからわかるように、アインシュタインの特殊相対性理論の基礎の1つは、光の速さはすべての観測者に対して同じであり、観測者の相対的運動とは無関係であるということであった。したがって、マイケルソン－モーレーの謎であったことが、アインシュタイン版の新しい運動の法則の基礎になった。のちにアインシュタインは、重力を含めた一般相対性理論を構築した。彼の新しい理論の本質の1つは、空間、時間、そして物質は、ニュートンの宇宙で楽しんだ種類の独立のものではもはやなく、おたがいに相手を定義しあいながら切り離せないほどに絡み合っているものだということであった。だから絶対的な空間、時間、物質は、この新しい宇宙観の中で根拠を失った。

しかし一般相対性理論がいくら強力であったとしても、物質、空間そして時間の絡み合いの結果として時間が無限か有限かを確定することはできなかった。言いかえれば、時間と空間は宇宙全体の物質の分布に依存した。ペンと紙を手にしただけの理論物理学者ではなく、天文学者によって決められるべき論点であった。

静止状態にある宇宙
あるいは
動いている宇宙

アインシュタインは、彼の新しい一般相対性理論で時間の性質について調べた最初の科学者であった。アインシュタインが一般相対性理論を構築した20世紀初頭、宇宙は本質的に静止状態にあるということが常識的に信じられていた。それを出発点にすると、宇宙は永久に存在しているか、あるいは有限の過去のある瞬間に現在の形が現れたと推定することになる。しかし相対性原理のもとで、静止状態の宇宙は可能ではなかった。不運にも、アインシュタインは静的な宇宙の概念にたいそう影響されていたので、彼は一般相対性理論に宇宙を崩壊から妨げる「宇宙定数（宇宙項の係数）」という新たな反発力を加える

ことで修正を行った。しかしこの反発力をもってさえ、アインシュタインの宇宙は不安定であった。

アインシュタインが彼本来の一般相対性理論に執着していたならば、彼は、宇宙は崩壊しているか、あるいは膨張しているかのどちらかであるという、時間についての史上最大の予言の1つを行っただろう。しかし彼の理論が誕生した時に、宇宙が崩壊ないしは膨張しているという証拠はみつかっていなかった。

1922年にロシアの数理物理学者アレクサンドル・フリードマンは最初の現実的な宇宙モデルを提案した。彼はアインシュタインの宇宙定数を破棄し、単純な仮定に基づいて論を進めた。それは宇宙の中で観測がなされた方向にかかわらず、宇宙はすべての方向に同じように見えるというものだ。この仮定のもとで、3つの可能性しかないということを示すことができた。宇宙は膨張するか、収縮するか、再崩壊を避けるために十分はやい臨界率で膨張するかである。これらの可能性のどれが起こるかは、宇宙中の質量分布に依存している。しかしながら、これらのモデルのどれを取るにしても、宇宙ははじまりをもたねばならない。フリードマンの解析が正しいならば、時間の謎の1つは解決したことになる。つまり時間にははじまりがあった——時間は宇宙の創造と共に始まったのだ。宇宙に先行するものとして時間を考えることも、時間の流れのある瞬間に宇宙が誕生したと考えることも、もはやできなかった。

「時間にははじまりがある」
A・フリードマン

しかし時間が終わりをもつかどうかの疑問がまだ残っていて、それは3つの可能な宇宙の終局に依存している。もし宇宙が永久に膨張するなら時間も未来にわたって永遠に続いていく。しかしもし宇宙が最終的に再崩壊するならば、時間は「宇宙大収縮」と呼ばれる瞬間に終わる。

アインシュタインは一般相対性理論を時間の問題に応用することで誤りを犯したのだが、それにもかかわらず、その失敗はある重要な要素を含んでいた。最初に述べたように、一般相対性理論は空間、時間、物質が密接に関係していることを要請する。もっと具体的に言うと、空間と時間は物質によって変えられる。すでに述べたように、時計が時を刻む率は、物質すなわち重力場の存在で変わる。しかし空間もまた物質によって変化する。湾曲するのだ。

湾曲した空間は把握しにくい概念なので、たとえ話で思い描くしかない。湾曲のない空間で、球の体積は $4/3\ \pi r^3$ である。その公式は高校の幾何学で学んだ。しかし、湾曲した空間で、球の体積はそれより小さくなる可能性がある。たとえば、アインシュタインの静止宇宙モデルにおいて、星の重力のせいで半径 r の球の体積は、$4/3\ \pi r^3$ より小さくなる。

湾曲のない空間で、
球の体積は $4/3\ \pi r^3$
に等しい

湾曲した空間で、
球の体積は $4/3\ \pi r^3$
より小さい

おそらく次の例を考えてみれば、空間の曲率が幾何学的な図形に与える影響を理解できるだろう。最初に、図に示されたように、半径 R の球の2次元表面の上に半径 r の円を描く。その図が示すように、円によって囲まれた面積は円によって閉じられた球の表面の面積より小さい。ただし、球面上の面積は R の大きさにより変わる。たとえば R が増すにつれて、球面上の面積はおなじみの πr^2 に接近する。別の言い方をすれば、R が増すにつれ、球の表面はますます平らになる。

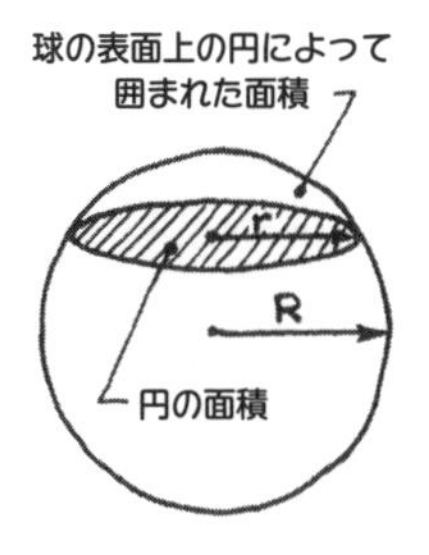

この2次元面との類推において、球の半径 R を空間の湾曲の度合いとして考えることができる。だから、R が増すにつれ、空間は平らになり、球面上の円によって囲まれた部分の面積はおなじみの結果に接近する。

アインシュタインの静止宇宙モデルは質量を含むので、それ自体が湾曲していて、その体積は有限であった。つまり、原理的に宇宙飛行士は、アインシュタインの宇宙を端か境界に遭遇することなしに完全に探索できるということを意味する。それは、2次元の生物が端か境界に遭遇することなしに球面を探索できるのと同じである。

アインシュタインの
静的な宇宙は
それ自身で
湾曲していた

アインシュタインの静止宇宙モデルが成り立たないものだとわかったが、それにもかかわらず、有限で束縛されていたフリードマンの宇宙の3つの型すべてに通じる要素の鍵を含んで

宇宙は、あらゆる方向で同様に見えるようだ

いた。宇宙は有限で終わりがあるということであった。

あいにくフリードマンの業績が注目されるようになったのは、17章で述べたように、エドウィン・ハッブルが実際に宇宙が膨張していることを発見してからであった。

爆発、あるいは、収縮？

フリードマンは、この宇宙はあらゆる方向について全く同じように見えるとする仮説を提唱したが、この仮説は、地球の近くでは正しくない。地球はある銀河系の端に位置しているが、この銀河系の星は端よりも中央部に著しく密集している。もっと広い視野に立てば、銀河系の固まりがさらに大きい銀河系の固まりの中に含まれていることがわかる。しかし十分に大きなスケールでは宇宙は一様であるという強力な証拠もある。

ビッグ・バン

1964年、米国の2人の科学者アルノー・ペンジアスと ロバート・ウィルソンが微弱な電波雑音を発見したのだが、その発信元は、最初、突き止められなかった。研究の進展に伴い、この放射は宇宙から来たもので、放射の強さは観測の方向によらず同じであることがわかった。さらなる探究の結果、ある理論的考察により、初期の宇宙には強力な放射が存在し、また、その放射の極めて弱い残照が今でも観察されるということを科学者たちは知った。結局のところ、過去から残存するこの放射は、宇宙が巨大な爆発、すなわち「ビッグ・バン」で生まれたということを示す最も重要な証拠であった。

ペンジアスとウィルソンが発見したマイクロ波の放射は宇宙全体をほとんど吸収されずに通過できる電波周波数領域をカバーしていた。だから宇宙のまさに端から我々のところまで電波は届いた。そうは言っても、宇宙の大規模な不規則性はすべての放射に検出可能な効果をもたらすので、ある方向から来た放射が他の方向の放射より強かったりするはずだ。初期の地球での観測はどんな不規則性もみつけることができなかったが、今日の衛星観測により小さいが意味のある不規則性がみつかった。これらの新しい観測は天文学者を安堵させた。なぜなら絶対的に一様な宇宙では、星や銀河は決して生まれなかったからだ。

宇宙、それと共に時間は、宇宙大収縮で終わるのだろうか、あるいは宇宙が永久に膨張するにつれて時間も永久に続くのだろうか？　その答えはまだない。直接的な天文的証拠は宇宙大収縮を起こすには宇宙の至る所の物質が十分に密ではないということを示している。しかし間接的な証拠によれば、宇宙全体には目に見えない「暗黒」物質があり、それと目に見える物質が合わされば宇宙大収縮が導かれるかもしれない。しかし現在見込みのある説は、宇宙には、フリードマンの第３のモデルを実現するのにちょうどいい量の物質があるということである。すなわち、かろうじて宇宙大収縮を避けるための臨界率で膨張する宇宙である。もしこれが事実なら、時間ははじまりをもつが終わりをもたないということになる。

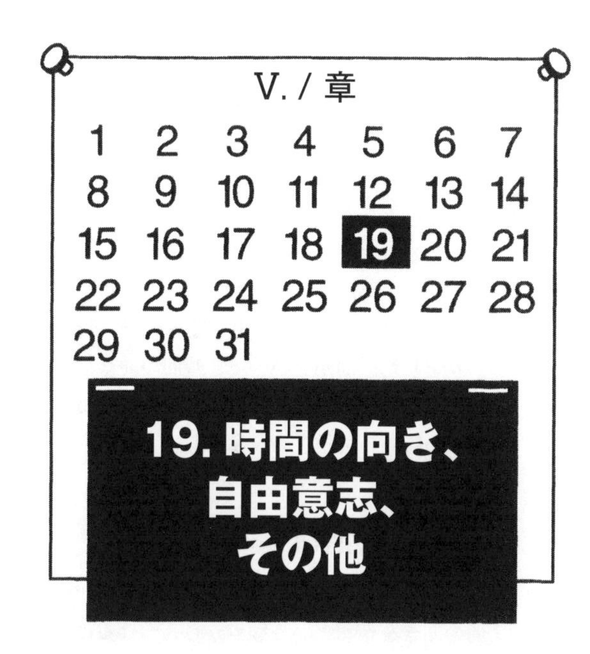

19. 時間の向き、自由意志、その他

16 章で、明らかに時間が前に進んでいるように見えるのは、宇宙が全体に秩序から無秩序へ進むという事実の結果であるということを考察した。特にビリヤードゲームを取りあげ、最初に球は三角形に並べてあるが、ゲームが進むにつれ乱雑さが増大するという例を考察した。このようなゲームのビデオは再生した場合と逆再生した場合で同じようには見えないこと、自然な時間の流れを表すにはフィルムをどちらに送ったらよいかが簡単にわかるということを指摘した。時間の方向性が無秩序の増大から生まれるということは、宇宙の無秩序がますます増大するにつれ時間の指向性は失われるということを意味している。すなわち 6 章での温度についての議論を思い出すならば、宇宙のすべての部分が平衡温度に達した時、時間の向きはなくなると言うことができるのだ。

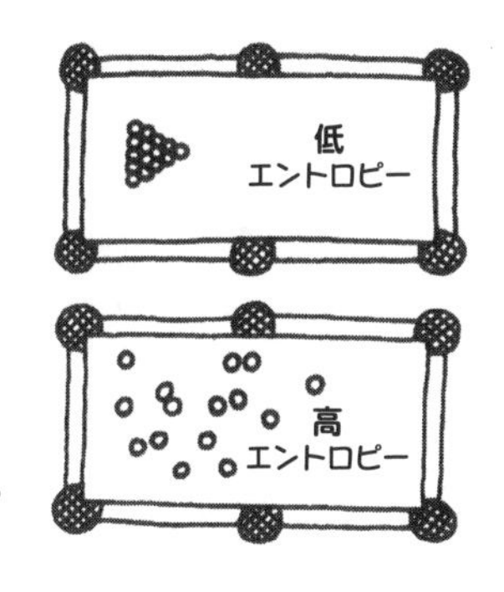

時間の向きと情報

先の時間の向きについての「ビリヤード球」を用いた説明に導いた問題の 1 つは、物理の基本法則には時間反転性があるということであった。ニュートンの法則や電磁場のマクスウェル方程式、アインシュタインの相対性理論などは、時間が前進す

物理の基本法則は
時間の方向によらない

「過去と未来は
1つである」
I・ニュートン

るか後進するかで違いはない。たとえば、ニュートンの法則で、木星の衛星の今後の進路を予言するため時間を先に進めることができるし、過去の場所をみつけるため時間を前に戻すことができる。ある意味で、この見方では未来も過去もない。しかし私たちの平凡な日常的経験において、未来と過去ははっきり分けられる。過去は知られており、終わっているが、未来は未知であり、まだ起こっていない。しかしニュートンの宇宙において、未来は過去と同様知り得るもので、現在と過去の間にはっきりとした区別がないので、時間の向きは消失する。実際の生活において体験する時間の不可逆性と、物理の基本法則のレベルでの時間の可逆性を、私たちはどう一致させることができるのだろうか？

無秩序と情報

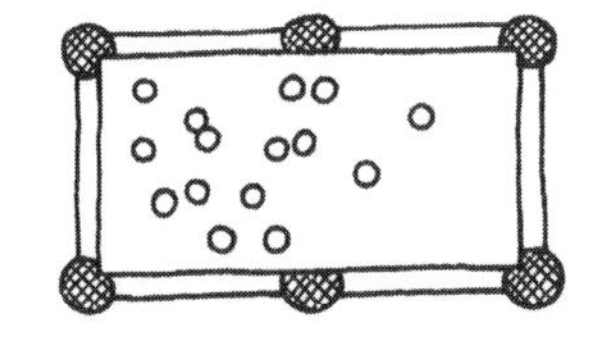

ある意味で無秩序とは単純に情報の欠如のことで、それは時間の向きを情報という観点からみつけることができるということを示している。たとえば、しばらく前から続いているビリヤードゲームを調べるとしよう。ビリヤード台の面上には、ある球の配置を見るが、球がどうやってこれらの位置を占めたのか具体的に述べることはできない。過去にさまざまな時間で見られたゲームのいくつかが、今見ているパターンと同じか、あるいは非常に似通ったパターンに思えるかもしれない。言いかえれば、今見ているパターンははっきりとした経緯をもっていない。球はあらゆる経路をたどって現在の位置を占めるに至ったのだろう。たとえばゲームをビデオに撮るなどして、最初から今までのゲームの記録を残しておくことによってだけ、どうやって球が現在の配置になったのかの詳細を知ることができる。

ゲームの記録を残すか残さないかという話は、熱力学の議論を思い出させる。その際、温度のような概念は、物質を作る粒子の正確な位置や運動の詳細は除外して、物質全体の性質に関係するということを述べた。現在の技術ではできないのだが、もし気体粒子の運動を映画に記録できれば、ビリヤードゲームで見たように、気体粒子が特定の瞬間にどうやってその位置に達したのかわかるだろう。

このすべてが示唆していることは、もし時間の向きが無秩序の増大する結果であるならば、温度が粒子の運動の正確な詳細は除外して生じるように、時間の向きは微粒子の環境の中で進行していることの詳細を除外して生じた特性であるということだ。

類似した状況を考えることで、このことにより深く焦点を合わせてみよう。たとえば、家から遠く離れたスミス町に行くことにしよう。どのバスがスミス町に行くかを知るために、バスの時刻表を調べることから始める。通常、可能な経路はたくさんあるので、全移動時間が最短になる乗り継ぎを選ぶ。一般的な場合のように、スミス町までの途中にあるどの２つの町の間を往復するバスの本数も同じであると仮定しよう。言いかえれば、どんな２つの町の間も同じ容易さで行き来できる。これを「微視的可逆性」と呼ぶ。

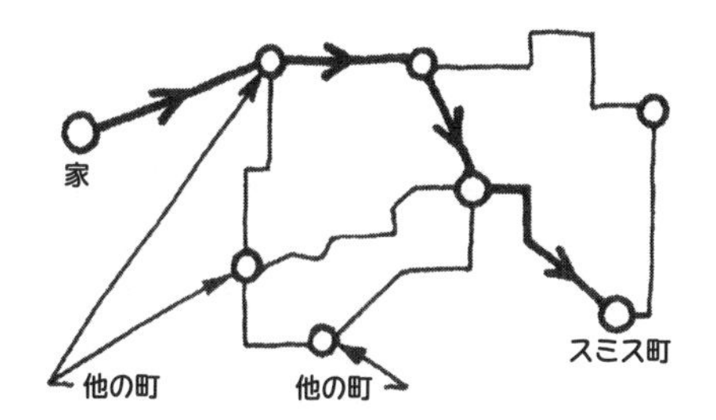

スミス町で仕事を終えたあと、バス時刻表を参照し、もと来た道を引き返して家へ帰る。

スミス町へ行った別の機会に、今度は家へ帰る時間に時刻表をみつけることができないという場合を仮定しよう。バスが到着し出発する番号がついた停留所は今までどおりそこにある。唯一前回と違ったことはバスの到着地と出発と到着の時刻についての知識がないということだ。この情報がなくては、相当なお金をもっていたとしても、家にたどり着くチャンスはかなり少ない。ニューヨーク、デンバー、あるいはワイオミングの山の中に迷いこんでしまうかもしれない。しかし唯一違ったことは、何が起こっているかについての情報がないということに注意しよう。物理的な状況は変わっていない。前と同様、バスは行ったり来たりしている。しかし、以前可逆的な状況であったものが不可逆的になったのだ。

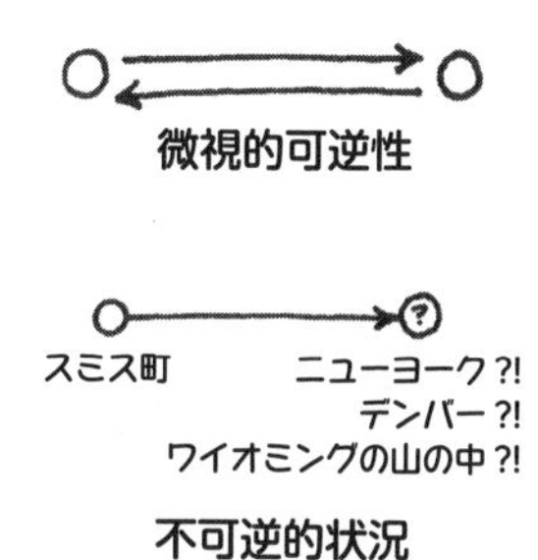

私たちが基本的物理法則で知った時間反転対称性は、現象を引き起こすものを反転させる——時間を反転させる——ことで

現象をもとへ戻すことができる微視的可逆性にあたる。非常に特別な状況でだけ、なされたことをもとへ戻すことができる。なぜなら、ビリヤード台上の球のように、現在の状況をもたらすために何がなされたのかを知らないからだ。すべての原子と分子、すべての原子を構成する粒子や光子の経路に印をつけ記録することはできない。最も単純な現象を除くすべてのものに、温度のような大まかな概念を用いざるを得ない。温度は、無数の、印のない、微視的粒子の平均をとったものなのだ。これがいわゆる「巨視的不可逆性」につながり、この巨視的不可逆性が時間に方向を与えるのだ。

全体の概念は巨視的不可逆性に導く

巨視的不可逆性の問題から離れる前に、バスの時刻表なしに家に帰る方法をみつけるかもしれない、小さいがいくらかの可能性があるということを指摘しておこう。同様に、床に落ち粉々になった花瓶が再びもとに戻るかもしれないわずかな可能性がある。そのためには、微視的なレベルで花瓶のすべてのかけらや小片が、そこへ至った過程をあと戻りする必要がある。可能ではあるけれども、計算は、宇宙の年齢に等しい150億年、あるいは、この年齢の何百万倍の時間の間でさえ起こり得ないだろうということを示している。しかし、もしそれが起こったならば、少なくとも花瓶に対して、時間はもとに戻ったと言うことができるだろう。あるいは、W・S・ギルバート*作オペラ『軍艦ピナフォア』の歌詞にこんなものがある。

時間は逆方向に進む

決してないだって？　そう、決してない！
決してないだって？　まあ、絶対にない！

* *William S. Gilbert*
18世紀末～19世紀初めの英国の劇作家。

もし時間の方向が、秩序から無秩序に向かう絶え間のない流れの表れならば、ビッグ・バンから秩序立った宇宙が生まれ、それがだんだん無秩序になって時間に向きを生じさせているとはいったいどういうことなのかと、不思議に思わずにはいられない。これからわかるように、これは簡単に答えられる問題ではない。主要な問題は「今日見ている宇宙を説明するのに必要な初期の宇宙について十分な詳細をどうやって説明することができるか」である。その答えに迫る方法は数多くあるが、6章で発展させた熱力学的考えに基づき着手しよう。

時間の向きのビリヤードモデルによる説明においては、誰かが最初に整った三角形のパターンに球を並べたと仮定した。しかし宇宙のはじまりにおいては、誰が、あるいは何が「球を並べた」のか？

6章での、気体は微小の粒子からなり、おたがいや容器の壁と絶えず衝突しているというマクスウェルの考えに立ち戻ることにより、この質問で起こる問題をいくらか理解することができる。

気体で満ちた容器があり、その気体粒子のほとんどが容器の1つの隅に存在しているところを思い浮かべてみてほしい。それはあり得ない状況に思える。粒子が容器中に完全にランダムに混ざり合っているほうが、はるかにありそうに思える。16章から思い出すようにエントロピーは無秩序の度合いで、無秩序であればあるほどエントロピーは大きい。言いかえると、容器全体のすべての粒子が1カ所に集まっている容器は、粒子が容器中に混じっているものよりエントロピーが低い。後者のほうが起こりやすい状況で、実際、最大のエントロピーをもち、「熱平衡状態」と言われる。

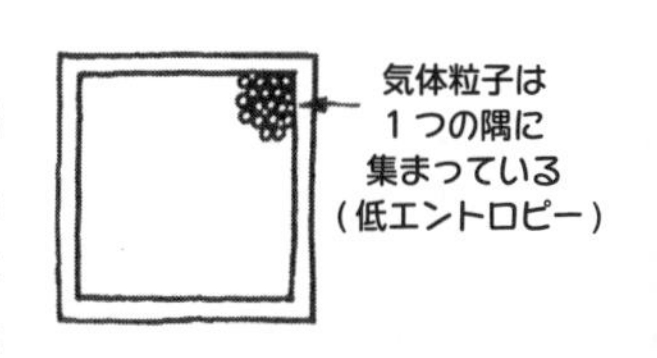

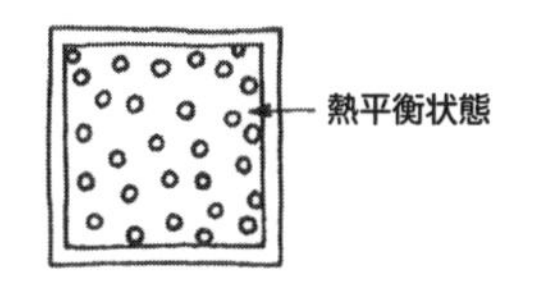

宇宙のはじまりにかんしてのエントロピーについて考えるならば、初期の宇宙のエントロピーは低くなくてはならない。そうでないならば、時間の向きは低エントロピーから高エントロピーに移行していくことによるので、宇宙の時間の向きを理解する手がかりはないだろう。しかし、なぜ宇宙はそのはじまりにおいて、気体の容器のすべての粒子が1カ所に集まっているほどエントロピーが低くなくてはならないのだろうか？　宇宙のはじまりは秩序的な形より無秩序な形で始まるほうがたくさんのあり様がある。トランプカードの束の配列がきちんとそろっているより、ばらばらになっている方がはるかに多くの配列があるのと同様だ。そうでないとするなら、トランプの「あがり役」は、特別ではなく当たり前になってしまうであろう。

初期宇宙には可能な配置がたくさんあるので、各々の可能性を1つ1つ考えなくても、この事実を表せるような方法が必要だ。19世紀に米国の物理学者ウィラード・ギブスはまさにそれをするための方法を考え出した。

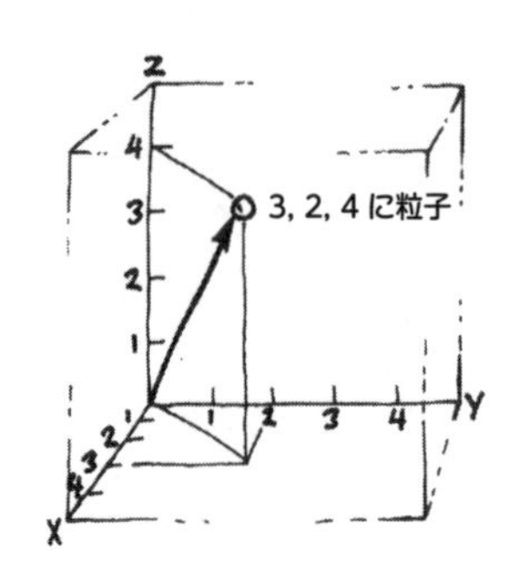

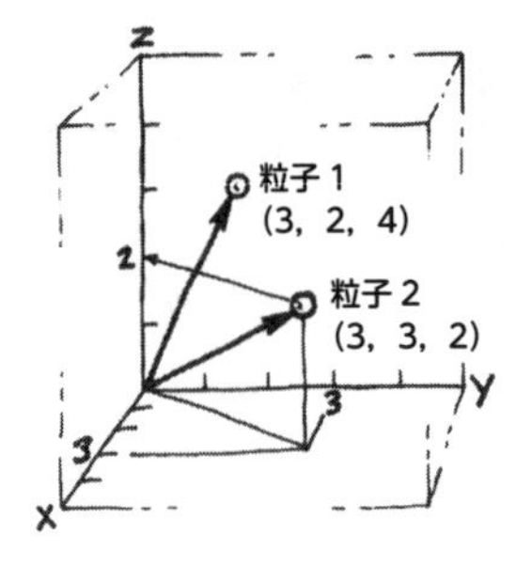

300 次元空間

位相空間

ギブスの方法を考えるために、1粒子だけを含む箱型の容器を考えよう。図に示すように、粒子を x, y, z 座標が3, 2, 4の位置に配置し、これもまた図に示してあるのだが、粒子の位置を座標系の原点から粒子までの矢印で示す。この矢印は「ベクトル」と呼ばれる。この粒子に対するベクトルは、図に示されるように、3つの座標3, 2, 4で指定される。

今度は2つの粒子の位置を指定しよう。図に示すように、新しく加わった粒子は座標3, 3, 2をもち、これを2つのベクトルで表すことができる。さらに一般的にもっと多くの粒子の位置は、各々の粒子を適切なベクトルで関係づけることによって指定することができる。しかしながら以下のことに注意しよう。使用する3次元座標系では、1つの粒子の位置を特定するために3つの数（3, 2, 4）を必要とし、2つの粒子を特定するためには6つの数（3, 2, 4と3, 3, 2）を必要とする。

今度は、3次元座標系のかわりに6次元座標系を使う場合を考えよう。私たちは3次元世界の生き物なので、このような座標系を思い描くことはできないが、数学的にそれをすることは問題ない。この6次元座標系において、6つの座標が3, 2, 4, 3, 3, 2である単一のベクトルで2つの粒子を表す。もし100個の粒子があるならば、それらのすべての位置を、300次元をもつ座標系において1つのベクトルで表すことができる。原理的に、十分な次元をもつ座標系を使う限り、多数の粒子を単一のベクトルで表すことができる。

この考えを拡張して、各々の粒子に他の3つの数を割り当てれば、粒子の速度を指定することができる。1つではなく3つの付加的な数を必要とする。なぜなら速度は粒子の運動の速さと方向の両方を決めるからである。このすべてを一緒にするなら、n 粒子の位置と速度の両方を（$6 \times n$）次元の単一ベクトルで指定することができる。この多次元空間は「位相空間」と呼ばれる。この方法は奇抜に思えるのだが、計算上は極めて力強い方法であることがわかっている。どのようにそれが効果的か見てみよう。

すべての粒子が隅にかたまっている低エントロピーの容器に戻ろう。新しい多次元空間で、単一ベクトルで粒子の全部の集まりを表すことができる。同様にもう1つのベクトルで、同じ粒子のグループが最大のエントロピー（熱平衡）状態にある時を表すことができる。さらに面白いことに、ベクトルの先端が移動する行路を追跡することによって、低エントロピーから熱平衡状態までの遷移をたどることができる。なぜならこの行路が、容器中を拡散するにつれての気体の各状態を表しているからである。

位相空間において、1つの粒子の位置と速度を指定するために6次元が必要である

図はこれがどのように見えるかを示している。ベクトルは低エントロピーと名づけた位相空間の部分から出発する。位相空間のこの部分にあることができる粒子にはたくさんの配置がある。たとえば、容器の片隅にあるものだけでなく、粒子が固まりになっていればどんなものでも位相空間のこの部分を占める。

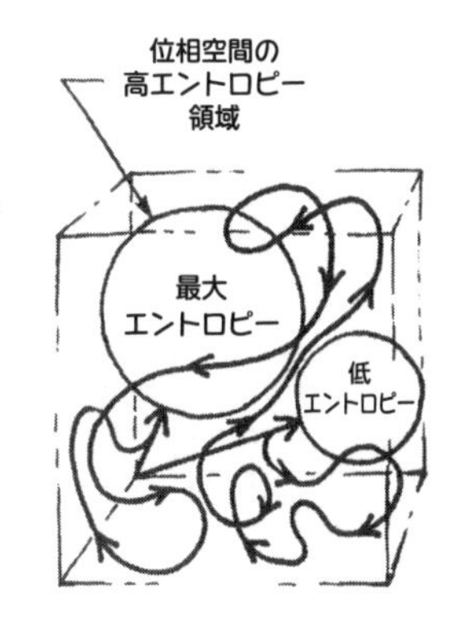

もしこの図がひと束のトランプカードの位相空間を表すならば、カードのどんな秩序立った配列も位相空間のこの領域にあるだろう。これらの秩序立った配列によって占められた位相空間の体積はこれらの配列と関連したエントロピーの度合いである。

気体が容器中に広がるにつれ、ベクトルは位相空間中をさまよい最終的には「最大エントロピー」と名づけた位相空間の部分にやってきて静止するのが見られるだろう。最大エントロピーの体積が低エントロピーの体積よりいかに大きいか注視しよう。これは単に、低エントロピーより高エントロピーがずっと起こる可能性が高いという事実を反映している。

図はこれらの2つの体積の差がいかに大きいかを表すのには不十分である。この箱は1辺が1メートルの立方体と仮定しよう。気体が通常の空気であるなら、箱の中にはおよそ10^{25}の分子があるだろう。これらの分子は隅にかたまっていて、箱の全体積の10分の1を占めると仮定しよう。簡単な計算で、粒子によって占められる位相空間の体積は全位相空間のたった10分の1の10^{-25}倍であることがわかる。これは、粒子が偶然にも箱の隅にかたまるというようなことがなぜ極端に起こりにくいかを効果的に示している。もし私たちがそのような固まりを見たとするなら、人的要因が加わっていると強く疑うだろう。

異なるエントロピーに必要になる位相空間の桁外れに異なる体積を考えるなら、もっと操作しやすい系が必要となる。そこでエントロピーは位相空間の体積に直接比例しているというか

わりに、エントロピーは体積の対数に比例しているとしよう。すなわち、

エントロピー ＝ k log 体積

k はボルツマン定数と呼ばれる一定の数値である*。

* ボルツマン定数 $k = 1.380649 \times 10^{-23}$ m^2 kg s^{-2} K^{-1}

対数とは、ある数――それを底という――が他の数を得るために乗されるべき数である。たとえば底を 10 とすると 3 は $10^3 = 1000$ であるので、数値 1000 の対数であるという。

位相空間と宇宙

しかしこれが宇宙の中の時間の流れとどう関わるのだろうか？　その答えは、位相空間を用いれば、今日の宇宙の状況となるためには、ビッグ・バンの時、宇宙がどの程度秩序化されている必要があったかを推定できるということだ。

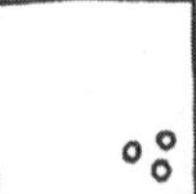
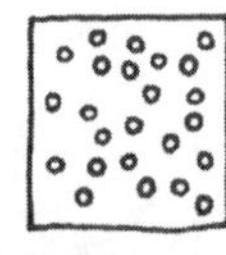

同じ大きさの箱に対して、よりたくさん存在する粒子はより大きなエントロピーの可能性を意味する

ビッグ・バンで作られたマイクロ波放射は、宇宙のはじまりの秩序化の度合い、あるいはその欠如の度合いを知るための最上の手がかりである。結局のところビッグ・バンでのエントロピーは、現在の宇宙にあるビッグ・バン放射で生じた光子数で近似される。

これは最初奇妙に思うかもしれないが、気体で満たされた容器について再び考えるならば、なぜこれが本当であるのかわかる。容器の中の気体のエントロピーは容器の中で粒子がいかに配列しているかだけではなく、容器の中にどれだけの数の粒子があるかにもよる。もし、その容器に粒子が 2、3 個だけしか入っていなければ、エントロピーは同じ容器にたくさんの粒子が入っている場合に比べて必ず低い。なぜなら、無数の粒子を配列するには、2、3 の粒子だけを配列するのに比べて、たくさんの方法があるからだ。このようにエントロピーは、粒子の配列はもちろん、粒子数の関数であることがわかる。

測定はビッグ・バン放射がおよそ 10^{88} 個の光子からなることを示す。すぐわかるように、たとえ測定に甚だしい誤差があっても、最終結論にはほとんど影響はない。

ビッグ・バンの時のエントロピーを見積もったからには、今度は現在の宇宙のエントロピーを見積もることが必要である。

ブラックホールとエントロピー

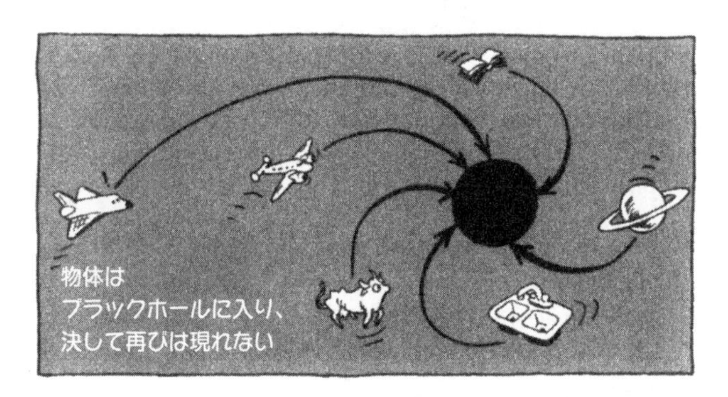

前に、バス旅行の話で、エントロピーと情報が、一方を知れば他方が決まるという同じコインの裏表の関係であることを示した。ブラックホールは情報の究極のシュレッダー――情報の粉砕器――である。ブッラックホールに近づきすぎたどんな物体――本、宇宙船、さまよう惑星、その他何でも――も、重力でブラックホールに引かれ、二度と現れることはない。これらの物体に関連したどんな情報も永久に失われる。これは、もしブラックホールが情報を粉砕するならば、同時に、エントロピーを生じることを示唆する。そして、それは本当だ。

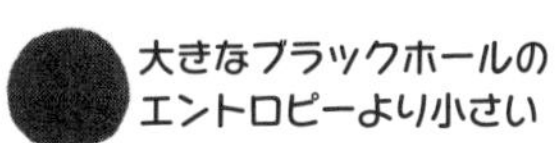

注意深い解析はブラックホールのエントロピーは表面積に比例するということを示している。あるいは、そのかわりに、ある大きさに含まれることができる情報量の上限は表面積に依存すると言える。こちらの言い方をしたなら、結果は理にかなっている。なぜなら、蓄える情報が多くなればなるほど、図書館にせよ、コンピューターのメモリーにせよ、いっそう大きな多くの部屋が必要になるという考えは、おなじみのものだからだ。いずれにせよ、結果が現在の宇宙のエントロピーを見積もる手がかりである。天文的な測定から、現在の宇宙の半径は約 150 億光年ということがわかっている。それゆえ、宇宙の面積はこの数の二乗に比例する。適切な計算を行えば、現在の宇宙のエントロピーは 10^{123} にも大きくなることがわかる。前と同様に、たとえこの見積もりに大きな誤差があっても、最終結論にはほとんど影響がない。

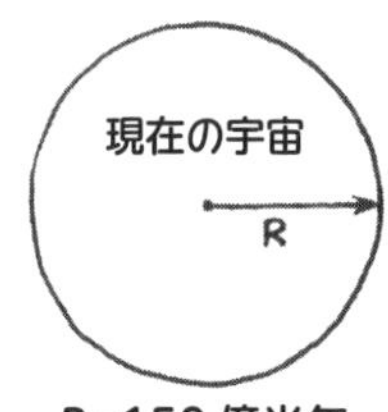

R=150 億光年

今のところ、どこへ私たちがたどりついたかを見てみよう。

宇宙のはじまりのエントロピーは
約 10^{88} であった
現在の宇宙のエントロピーは
約 10^{123} である

$$\frac{10^{123}}{10^{88}} = 10^{35}$$

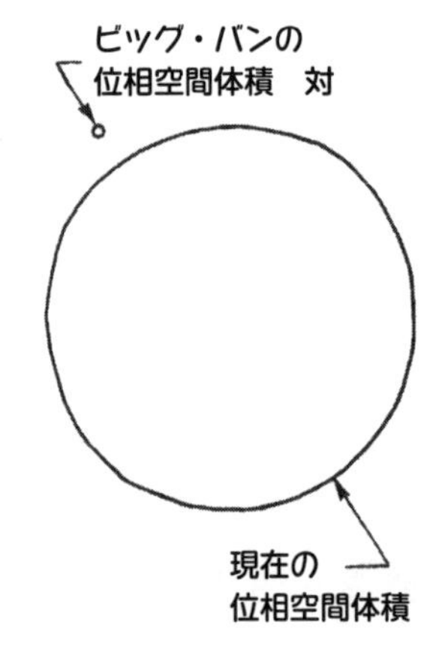

最初に、ビッグ・バンの時の宇宙のエントロピーの見積もりを行った。第二に、現在の宇宙のエントロピー（あるいは情報）の見積もりを行った。位相空間で、エントロピーの個々の値が位相空間の個々の体積に相当する。エントロピーが大きいほど、体積は大きくなる。今、初期の宇宙のエントロピー値を 10^{88}、現在の宇宙のエントロピー値を 10^{123} と見積もると、簡単に計算しただけで現在の宇宙のエントロピーは初期のエントロピーの 10^{35} 倍を越えたということがわかる。どのくらい多くのエントロピーがビッグ・バン以来増大したか認識するために 10^{35} 倍という数字を書き出してみよう。

100 000 000 000 000 000 000 000 000 000 000 000

しかしまだ終わりではない。次に、最初と現在の宇宙のエントロピーに相当する位相空間の体積を計算する必要がある。エントロピーが体積の対数に比例することを思い出すなら、現在の位相空間体積は $10^{10^{123}}$ の因子で、ビッグ・バンでの最初の体積より大きいことがわかる。この数は書き出そうとさえ思わない。原子１個につきゼロ１つとして、宇宙には、すべてのゼロを書き留めることができるほど十分な原子はない。さらに、たとえ底である数の見積もりが数億の誤差をもったとしても、得られる数は理解を超えたほど大きなものになるだろう。

このすべては、時間の向きにかんして何を意味するだろうか？　全宇宙を表す１つの巨大な位相空間を想像しよう。ここまでの話からわかるように、全体積のうちビッグ・バンを表す体積の部分は想像できないほど小さい。もっと具体的に言うと、宇宙の全位相空間は宇宙が始まることができたすべての考えられる方法を表すので、実際に起きた方法で始まることができた確率は $10^{10^{123}}$ 分の１である。

この確率は非常に小さいので、容器の隅にかたまった気体粒子の場合にしたように、単なる偶然以外の説明を探したくなる。

一貫して言われるのは、自然の法則に対する私たちの知識は十分進んでいないので、宇宙がそのはじまりにおいていかに精妙に構成されたかを説明することはできないということである。現在私たちには、宇宙の巨大なスケールの性質を理解するためには一般相対性理論が、原子や素粒子の宇宙である小さなスケールの性質を説明するためには量子力学がある。これらの2つの宇宙が重ならない限りは、量子力学と一般相対性理論は抜群によく成り立つ。しかしビッグ・バンの最初の瞬間は、大きさは量子力学にふさわしく、重力は一般相対性理論にふさわしいという期間だった。必要なものは量子力学と一般相対性理論を統一させた理論である。

ビッグ・バンにおいては量子力学と一般相対性を結合させた理論を必要とする

アインシュタインは彼の人生の最後の30年をこのような理論を探すことに費やした。そして20世紀後半の幾人かの優れた科学者はアインシュタインの追求を継続した。いくつか期待をかき立てるような可能性はある。しかしそれらは単に期待をかき立てるに留まっている。

自由意志という問題

この章の最後に、科学というよりもっと哲学的な話題——自由意志——を取りあげよう。なぜなら、自由意志の真の性質が何であれ、その解釈は時間というものと切り離せないからである。

ニュートンの法則で、天地万物に対する人間の理解は前例がないほど進歩した。しかし、これらの進歩は特に哲学者に問題を提議した。ニュートンの宇宙においては、たくさんのドミノの駒が次々と倒れるように、厳密な原因と結果がある。もしすべてのものが決められているならば、自由意志というものは存在し得るのか？　人間は自分以外の万物と同じ物質からできているのだから、もっとも平凡なごみの粒子のように、あるいは、もっとも高貴な彗星のように、ニュートンの法則に支配されるのではないだろうか？

1つの説明は、人間は原子や分子の複雑な配列以上のものであるので、物質の世界を超えて精神的な側面をもつということである。多くの人にとって、これは十分な説明であったし、今

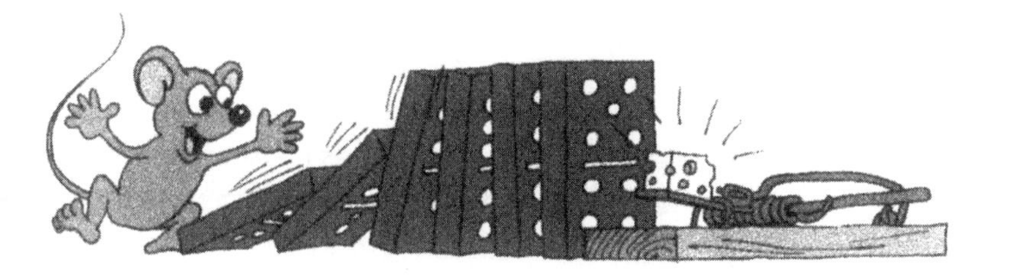

もそうである。しかし、もし私たちが自然法則の領域の中で自由意志の説明を探すとするならば、「精神界の扉」を通って逃げることは公平にゲームをしていないことになる。

この前の17章と18章でわかるように、時間は宇宙の他の部分から切り離されて存在しているわけではない。聖アウグスチヌスは「宇宙は、ある時間にではなく、時間と共に生まれた」と言った。時間の物質的宇宙との密接な関係によって、どうやら時間にははじまりがあるが、終わりはあるかもしれないし、ないかもしれないこと、時間には向きがあることがはっきりしたようだ。

これらの主要な特徴のうち、自由意志に対して最も重要であるものは方向性の面である。時間の向きという考えそのものが、私たちが過去は知っているが未来は不確かであるということを意味する。そして未来が不確かであるかぎり、私たちは自由意志を行使するための選択の自由をもっている。

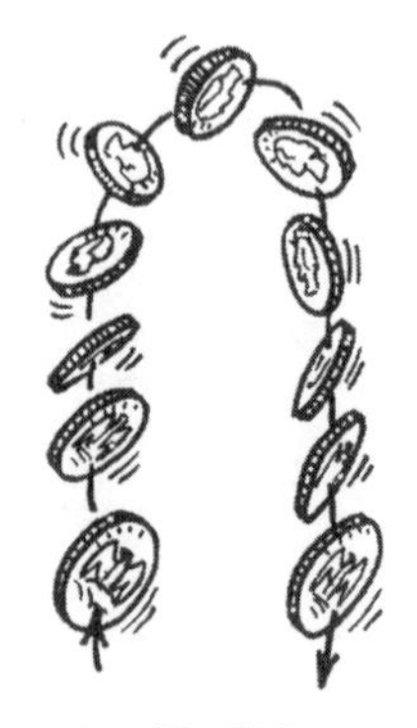

コイン投げはニュートンの世界の乱雑さの幻影である

未来が不確かであることの原因は、1つではないかもしれない。もしニュートンの因果律に厳密に従う世界を信じるならば、自由意志のようなものはないと結論せねばならないだろう。自由意志とは幻想である。なぜならそれは、未来が多くの知られた因子や知られていない因子など数多くの因子に依存しており、しかも人間は知的容量の限界でそういった要因を決して知りつくすことができないという事実に端を発したものだからだ。その状況は、コインを投げることに類似している。コインの表裏はランダムに決まるという。しかしそれは単に私たちが、手を離してからのコインのスピン率と軌道についての完全な情報をもっていないからである。もしそういった情報を手にしたら、原理的にコインが表なのか裏なのか予言することができるだろう。ニュートンの世界において、未来の不確かさは、単に知識が足りないことと、もてる知識を十分に生かす能力がないことのせいで生じるにすぎない。

それにもかかわらず、ニュートンの世界での自由意志という考え方は、便利な虚構であるとも言える。それは生活のさまざまな状況を正当化する考え方を体現しているのだ。もし罪を犯すなら罰せられるだろう。もしシートベルトをするなら長く生きられるだろう。もし一生懸命働くなら成功するだろう。後者にかんして言えば、決定論的皮肉屋はJ・P・ゲッティ*の成

* *J. Paul Getty*（1892～1976）米国の石油王。

功への公式「はや起きせよ。一生懸命働け。石油を掘り当てよ！」に向かってもっと心が傾くだろう。

20世紀のはじめまで、自由意志の入り込む余地はないように思えた。しかしラジウムやウラニウムのような放射性元素が発見され、これらの発見の成果は「ハイゼンベルクの不確定性原理」のような概念を包含する量子力学を育てた。ご存知のように量子力学では、宇宙は根本的にランダムで、原子レベルでは、物事は何の原因もなく起こる。

放射線はランダムな時間に放出される

量子力学は哲学者に、結局自由意志の入り込む余地があるという希望を復活させた。もし未来が本当に非決定論的であるならば、おそらく私たちは自分たちの人生にいくらか影響をもっている。問題は量子力学が、微視的世界ではなく、巨視的世界の創造物である生体のレベルで効力を発揮するという証拠がほとんどまたは全然ないことである。

・クレオパトラの鼻

ニュートンの世界の決定論的性質についていくらか詳細に述べてきた。しかし決定論的であることと、予測的であることは区別しなくてはならない。それについてはのちに述べよう。クレオパトラの鼻に話を転じる。

17世紀の有名な数学者で最初の歯車式計算機の発明者でもあるブレーズ・パスカルは、クレオパトラ女王の鼻が魅力的でなかったならば世界の歴史はどれだけ違ったものになっただろうと言ったと伝えられている。

パスカルの疑問は予測的であった。なぜなら今私たちは、自然のごくささいな出来事が、のちに重大で全く思いがけない事象をひきおこすことがあると知っているからだ。今日の科学者はこれをバタフライ効果と呼ぶ。なぜならブラジルのジャングルに1匹の蝶が舞い降りたことが、数カ月後大西洋上でハリケーンを引き起こすかもしれないからだ。

いったいどうやったらそんなことになるのか？　大いに驚くことに、この種のふるまいはニュートンの時計のように正確な宇宙に由来する。15章で初期条件の変化がいかに事象のその後の連鎖を変えるかについて述べた。ビリヤードの突き球の最初の方向が、その球自体の軌道と共に、それがぶつかる球の軌道も決めるのだ。15章で述べなかったことだが、これらの軌

道を予想するための計算は、数個あるいはそれ以上の球がからんでくると、実際上は不可能だ。

15章でのビリヤード球の計算は理想的な状況を想定したものだった。台は完全に平ら、球は完全に丸いなどと仮定した。しかし、もし現実的に長期の予測をするならば、以下の単純な仮定は無視できなくなる。たとえば無視した要素の1つに球の間の相互引力がある。非常に小さな引力ではあるが、当初ニュートンを苦しめた問題群を含んでいる。

ニュートンは、構築したばかりの万有引力と運動の法則でもって、太陽をまわる惑星の楕円軌道を説明することができた。この成功で勇気づけられ、地球をまわる月の運動を説明するというもっと困難な問題に取り組んだ。月の軌道は小さな不規則な動きを含んでいることが知られていた。ニュートンは、この不規則性は、地球、月、太陽の間の相互作用——いわゆる「3体問題」——によるものだと考えた。彼の数学的な才能のすべてをもってしても、ニュートンは満足な解を得ることができなかった。今日、私たちはニュートンの努力は最初から行きづまる運命にあったことを知っている。すなわち3体あるいはそれ以上の天体が含まれている時、ニュートンが2体に対してみつけたような簡単な解はないのである。3体あるいはそれ以上の相互作用から導かれる方程式は、非常に特殊な状況を除けば、天体の未来の位置を確実に長期予測できるというようなものではない。

この種のふるまいは、今日、カオス的運動と呼ばれるものの1つで、この問題はカオス理論と呼ばれる比較的新しい学問分野のもとで取り扱われている。カオス的な運動の主要な特徴は初期条件の些細な変化がのちに劇的な変化を導くということである。突き球の方向が非常に小さな量変わっただけでも、すべての球の長期での軌道は全く予測できなくなる。

この問題にはもう1つ考えるべき点がある。球の軌道を決めるためには最初に突き球の方向と速度を知らねばならない。しかしこの情報は測定することによってだけ得ることができ、測定には常にどんなに小さくても誤差がつきものだ。それは100分の1、あるいは、100万分の1、10億分の1であるかもしれない。常に誤差があり、この誤差によって、未来のある点での球の軌道の予測は完全に裏切られることになる。ジャングルに蝶が舞い降りたのか否かというような情報の不足と雑音のある測定の両方が、カオスに満ちた世界では未来を知ることから我々を遠ざける。

測定は常に誤差を伴う

天気予報は、本当に予測できないカオス的なふるまいのもう1つの例である。私たちは温度、湿度、風速などを決して誤差なく測定できないので、予報は常に未来のある時刻に外れる。可能な限り最高の測定と想像を超えるほどの計算力を用いても、1～2カ月を超える信用できる予測は決してできない。

カオスによって生じた不確かさと、ハイゼンベルクの不確定性原理に関連した性質の間には基本的な違いがある。カオスが含まれている場合、未来はニュートン的な意味合いで決定的である。遠い未来の球の軌道を予測することはできないのだけれど、各衝突はニュートンの運動の法則に厳密に支配されている。もし、球が不確定性原理に支配されているならば、衝突は厳密なニュートンの因果律に縛られないだろう。

・未来を計算する

決定論的過程と予測過程の間の違いを議論した以上は、最後の概念、計算可能性を考える必要がある。

数学は論理学の確実な基盤上に構築される

議論を始めるために20世紀はじめの数学者デイビッド・ヒルベルトの業績を振り返ってみよう。彼は、量子力学によって自然の最深部に不確定性が置かれた時、数学が無条件の確実性のよりどころの1つであると信じた。何と言っても、数学は純粋な論理学の基盤の上に構築された学問である。これらの線に沿って取り組まれている体系にどんな疑いが生じるだろうか？もしビルがメアリーより年上でメアリーがトムより年上ならば、ビルはトムより年上に決まっている。

だが、疑いが生じた。しかも盛大に。さらに悪いことには、万一最も重要な道具である数学が疑われるならば、科学はどこへ行くのだろうか？

しかしヒルベルトに戻ろう。ヒルベルトは、数学は揺るぎないと信じ、それを証明するための方法があると信じた。彼は当時の最高の数学者であったので、ヒルベルトの主張に疑いはもたれなかった。

1930年代に若き数学者だったクルト・ゲーデルはヒルベルトを信じた数学者のひとりで、彼はヒルベルトの正しさを証明することに取りかかった。しかしゲーデルがみつけたものはヒルベルトが間違っているということであった。

ゲーデルの発見は論証のために数学の長い式を含んでいたが、彼がみつけたものは理解するのに難しくない。彼は十分に複雑などんな数学の体系にも必ず数学的な真実があるが、代数学はその体系自体の中で真実を証明できない1つの例であるということをみつけた。これは未解決というだけでなく巨大な穴であった。

幼い子どもが質問する時のことを考えてみることで、ゲーデルの発見がどのようなものであったかがわかる。幼い子どもの典型的な語彙は数百語である。難しい質問をするには十分な語彙であるが、答えを理解するには十分な語彙ではない。数学もそれと同じであるということをゲーデルはみつけた。数学は質問をするためにあるが、その「語彙」はそれらに答えるのに必ずしも十分豊富でない。

もしこれが問題であるならば、もっと語彙の豊富な数学に頼ればいいではないか？　おそらくそれをすることはできるだろう。しかし今度は、新しい体系の語彙でも答えるのに十分豊富でないほどの、もっと難しい質問をすることになる。そして終わりなしにそれが続くのだ。

ビリヤード台の例に戻ろう。ほんの数個の球の軌道でさえ無限の未来に対し予測することは可能でないことをすでに知った。今度は台の形、すなわち15章で記述したような境界条件を変えるとしよう。ある台の形では球の未来の軌道は計算できないということが判明する。

「予測できない」という概念と「計算できない」という概念は

同じでないことを強調しておこう。予測できないという概念は球のカオス的な運動から生じる。一方、計算できないという概念はゲーデルの出した結論から生じる。言いかえれば、ある台の形の場合、コンピューターでも球の未来の軌道を決して決めることはできないのだ。永久に計算が続き、決して答えを出さない。時間が進むにつれ球の軌道が定まらないということではなく、コンピューターが球の軌道を計算できないということである。それはちょうどある種の数式が、たとえそれが正しいとしても、決して正しいことを証明できないのと同じである。

カオス→予測できない
ゲーデルの理論→計算できない

これは物理にとって悪いニュースである。なぜなら宇宙の究極の基本法則、あるいはそれに非常に近いものでも、ある事象が、自然には起こり得るが計算には決して適応しないようなものかもしれないからだ。

おそらく自由意志は決定論的であるが、予測できないか計算できないものであるという状況に類似している。

・脳の問題

自由意志についてのもう１つの問題は、私たち自身の思考過程を熟考することを要求することである。そしてそれは「脳は、その容量が限られているのに、それ自身を理解できるか？」という疑問をもたらす。

おそらくノーベル文学賞受賞者のアイザック・B・シンガー*の言葉でこの論を閉じるのが最上であるだろう。

「自由意志を信じねばならない。
選択の余地はない」

* *Isaac Bashevis Singer*（1902～1991）ポーランド生まれの米国の作家。

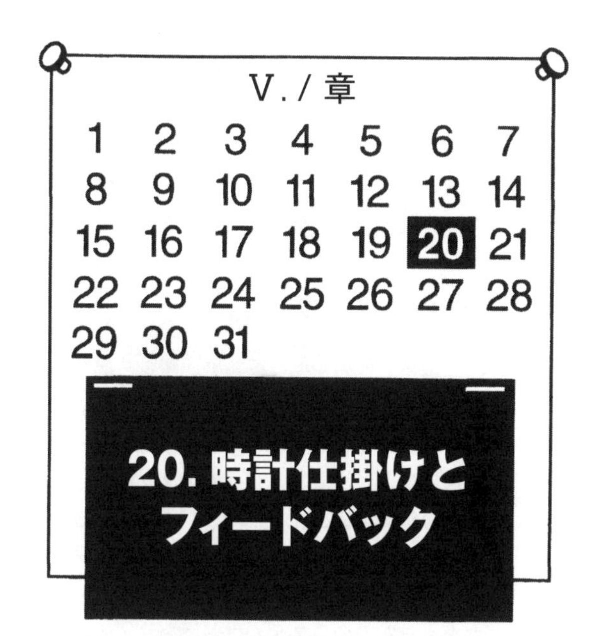

20. 時計仕掛けとフィードバック

自動化は現代産業社会の基礎である。ある意味で、時計は自動化の種をまいたと言える。と言うのは、時計の機構は、各ステップの順序が前のステップにより管理される種類の機械装置を作る際多くの問題を解決するからである。

1つのよい例は自動洗濯機である。ほとんどのこの種の機械は、種々の洗濯サイクルの操作を開始し、また、各操作の時間を制御する「タイマー」をもっている。タイマーは2分間洗濯層に注水、8分間洗濯、排水、種々のすすぎ操作、再び注水、そしてすすぎ、最後に4分間脱水を「指令」する。ほとんどの機械で、使用者はこれらの操作の数と時間をある程度管理することができる。しかし、いくらかのこのような介入がある以外は、洗濯サイクルがいったん開始されるや否やタイマーとその関連した制御要素は外の世界で起こることなど念頭にない。

開ループシステム

自動洗濯機または自動皿洗い機のような制御システムは「開ループ」システムと呼ばれ、その主要な特徴は1度その過程が始まると前もって設定されたパターンで、指定された速度で進行するというものだ。開ループ制御システムを利用した装置の他の例には、ピーナッツの自動販売機、ミュージックボックス、自動ピアノがある。このような機械は、他のことは気にとめずに進行する時計装置のような機構に制御されている。それはちょうど映画『ファンタジア』*で、家中水浸しになっているのにバケツ一杯の水を次から次へと運ぶ「魔法使いの弟子」の箒のようである。

* 1940年米国ウォルト・ディズニー製作のアニメーション映画。

閉ループシステム

制御系の他の主要な種類に「閉ループ」システムがあり、これはフィードバックを用いる。1つの例にサーモスタットからの信号で動作する暖炉がある。室温がサーモスタットに設定した温度以下になると、サーモスタットは暖炉を点火するように暖炉の制御機構に「フィードバック」する信号を発生する。室温がサーモスタットに設定された値に達すると、サーモスタットは暖炉を消すように制御機構に「指図」する。フィードバックをもったこのシステムは部屋をサーモスタットに設定した温度付近に自動的に保つ。2章や5章の原子時計の中で、すでにフィードバック、あるいは自動調節システムをもつ他のシステムについて述べた。

フィードバックを使うシステムは多くの方法で時間と周波数概念に依存している。飛行機の航路を追跡するレーダーシステムの操作を考察することにより、時間と周波数概念をある程度深く調べてみよう。このような追跡システムは第二次世界大戦の間に開発され、対空砲火の自動照準に用いられた。今日、追尾レーダーはさまざまな場面、たとえば暴風雨、民間航空機、そして渡り鳥を追跡するような場面で広範囲に用いられている。

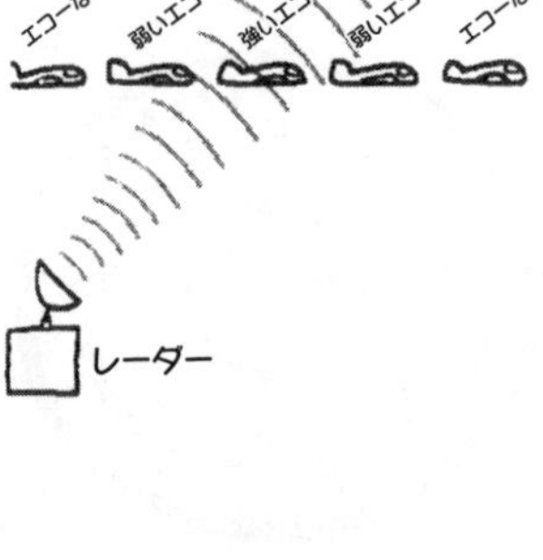

追跡システムの操作原理は簡単である。「一連」のレーダー（電磁波）パルスがレーダーアンテナから送信される。電磁波のエネルギーのパルスが飛行機に当たると、それはレーダーアンテナに向かって反射する。今度はレーダーアンテナは受信アンテナとして働く。この反射信号すなわちレーダーエコーは、飛行機の存在をレーダーシステムに示す。もしエコー信号の強度が時間と共に増えるならば、飛行機はレーダービームの中心に向かって動いている。もしエコー信号の強度が弱くなるなら、その飛行機はレーダービームから離れつつあるということを示す。

エコーなし
弱いエコー
強いエコー
弱いエコー
エコーなし
レーダー

このエコー信号強度の時間につれての変化は適切な装置——恐らくコンピューター——にフィードバックされる。コンピューターは、エコー信号を読み取り、次にレーダーアンテナを飛行機の方向に向けるよう指令する。それは非常に単純に思えるが、いつものように問題がある。

・応答時間

アンテナは飛行機の飛行方向の変化にすぐには応答しない。それにはいくつかの理由がある。まずアンテナは、その質量による慣性のせいで、通知を受けても瞬時に動けない。コンピューターがエコー信号を分析するのにも、レーダー信号自身が飛行機まで往復するのにも時間がかかる。

これらの障害はフィードバックシステムに関係した重要な時間の概念「システムの応答時間」を引き出す。人間でさえ、一般的に約 0.3 秒遅れの応答時間を必要とする。恐竜にとってこの障害は特に深刻であった。体長 30 m の恐竜は、脊椎の突起の根本近くに「補助的な脳」がなかったならば、しっぽ付近の危険に応答するのにほとんど丸 1 秒かかっただろう。

先ほどのレーダーの例で言うと、もしシステムの応答時間が長すぎると、アンテナが補正動作をする前に飛行機はレーダービームの外に出てしまう。世界一優れた情報でも、ちょうどよい時に使われないなら、役に立たない。

・システムの倍率（利得）

飛行機の正確な追尾は、今述べた応答時間とフィードバックシステムの倍率、すなわち、利得という 2 つの因子の間の相互関係に依存する。

望遠鏡を通して飛行機を見る問題を考えると、容易にこの相互関係を理解できる。低倍率、すなわち望遠鏡の「利得」が低い時には、飛行機は望遠鏡の全視野のわずかな部分だけを占める。もし飛行機が突然向きを変えても、機体が視野から消える前に容易に望遠鏡の方向を変えることができる。

低い利得

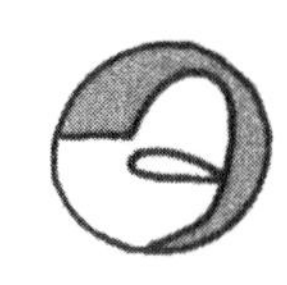
高い利得

しかし望遠鏡の倍率が高いと、機体は全視野のより大きな部分を占める。実際、尾翼の部分のように機体の一部しか見えないかもしれないが、非常に詳細に見ることができる。だが倍率が高い場合、機体が視野から消える前に、望遠鏡の方向を変えることはできないだろう。

これらの観測は、もし私たちが高い倍率、すなわち高い利得の望遠鏡で飛行機を首尾よく追尾しようとするなら、すばやい反応が必要という結論を引き出す。すなわち反応時間を短くしなくてはならない。倍率が低ければ、それほど速く応答する必要はない。高い拡大率の追尾の観点から見た時、倍率を高くすることの明白な利点は、低い倍率よりずっと正確に飛行機を追尾することができることである。低い倍率では、視野の中に機体をとらえる望遠鏡の向きに一定の幅がある。それは望遠鏡がまっすぐに機体に向けられていないかもしれないことを意味する。

望遠鏡のこれらの原理はレーダー追尾アンテナに応用される。レーダーの電波信号はレーダーアンテナからのビームとして広がる。懐中電灯のビームが細かったり幅広かったりするように、アンテナの構造により、ビームは細かったり幅広かったりする。ビームが細ければ、電波エネルギーのすべては１点に集中し、ほとんど同じ方向に進む。もしビームが飛行機の金属表面のような物体に当たれば、強いエコーがレーダーアンテナに戻ってくる。

一方、飛行機の近辺の物体からは何の反射もないだろう。と言うのは細いレーダービームは近辺の物体には当たらないからだ。レーダービームが幅広ければ、エネルギーはもっと分散しているので得られる反射は弱いが、そのかわり、より広い空間にある物体からの反射を得られる。

幅広いビーム＝低拡大率

細いビーム＝高拡大率

このように、細いビームのレーダーでは、狭い空間について詳しい情報が得られるので、高い倍率の望遠鏡に相当する。一方、幅広いビームのレーダーでは、さほど詳しくはないが広い空間の情報が得られるので、低い倍率の望遠鏡に相当する。細いビームのレーダーでは、追尾システムは飛行機の方向の変化にすばやく応答しなければならない。さもなければ、機体はビームの範囲外に飛んでいくだろう。そして幅広いビームのアンテナは、エコーが消えるまでのより長い時間をアンテナの方向の変えるのに利用できる。

明らかに、細いビームの高利得追尾アンテナのほうが飛行機の航路を追跡するのによい仕事をするだろうが、その対価はシステムが機体の方向変化にすばやく反応しなければならないということである。さもなければ飛行機を視野から見失うであろう。

・信号の認識

レーダー追尾システムは他の困難に遭遇するかもしれない。追尾している飛行機からの戻りエコーだけがレーダーアンテナに届くすべての信号ではない。稲妻からの「雑音」、または、他の飛行機からの反射、あるいはある種の雲からの反射であるかもしれない。これらの外部からの信号すべては追尾システムを混乱させる。もしアンテナが機体を正確に追尾したければ、望まれたエコー信号だけを利用し、その他すべては選別して除去しなければならない。

この時点で、もう１つの時間と周波数概念、主に本来数学的な概念に基づいたものが助けになる。これから見ていくように、この数学的な展開はレーダー信号、あるいはどんな他の信号も、たくさんの単純な成分に分解する。そのような分解から「内部構造」にかんする洞察が得られる。そしてこのような情報は望まれた信号を外からの信号や雑音から分離する作業のために非常に貴重である。

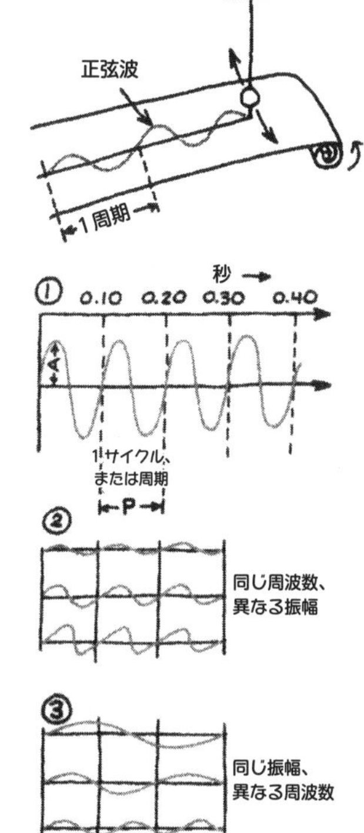

・フーリエの「組立玩具」

これらの考えの発展に最も貢献したのは、19 世紀の初期に活躍したフランス人数学者Ｊ・Ｂ・Ｊ・フーリエであった。フーリエの発展させた理論により、非常に重要な考えが導かれた。情報を伝達するほとんどどんな信号の波形も正弦波と呼ばれる多数の単純な信号に分解できるということだ。実はこの本ではすでに何度も正弦波が登場しているが、この用語で呼んでこなかった。正弦波は振動、または前後に揺れる装置に密接に関係している。たとえば振り子の振動運動の跡を繰り出されるロール紙に記録すれば、正弦波が得られる。

正弦波は２つの重要な特徴をもっている。第一に、Ａと記された矢の長さで示された振幅をもっている。第二に、それは１サイクルごとに同じことを繰り返す。１秒ごとのサイクルの数は正弦波の周波数であり、個々のサイクルの時間を秒の単位で表したのが正弦波の周期である。図の例では毎秒 10 周期であるので、周波数は 10 サイクル毎秒、すなわち、10 ヘルツである。それゆえ周期は0.1秒である。正弦波の中には、同じ周波数であるが異なる振幅をもつもの、周波数は異なるが同じ振幅をもつもの、あるいは、異なった振幅で異なった周波数をもつものなどいろいろある。

フーリエは、異なる振幅と周波数をもつ正弦波の適切な組合せでどんな波形の信号も作ることができるということを発見した。正弦波をさまざまな信号を作ることができる「組立玩具」として考えることができるのだ。どのように行われるかを見てみよう。

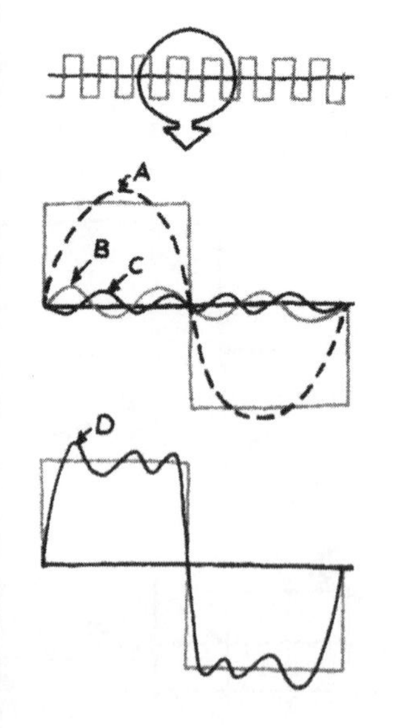

図に示されているような方形波の形をもった信号を作るとしよう。方形波の各サイクルはその隣と等しいので、いかに方形波の1サイクルを作るか考えればよい。図には方形波の1サイクルを拡大して示してある。Aとマークされた正弦波は方形波の形を近似している。どういうわけだか、もし1方形波を作るのに1正弦波しか使えないと制限されたなら、これは選ぶべき1つである。

ある意味で、通信技術者にとってこの正弦波は、彫刻家にとっての自然のままの大理石の固まりのようなものだ。そこで大理石をさらに刻むことで彫刻の細かいところができ上がっていくように、正弦波のさらなる追加により方形波が整形される。正弦波B、CをAに加えることによってDの波形を得るが、それは方形波に幾分近い近似形になっている。正弦波を加え重ね合わせる過程は、異なる波長の大洋の波が一緒に重なる時に起こるものに似ている。大洋の波を混ぜ合わせることで1つの新しい波が生じるのだが、その詳細な特徴は本来の構成要素の波の特性に依存する。

その気なら、AにBとC以外にも多くの正弦波を加えれば、方形波により近い近似形が得られる。フーリエの手法を見れば、どの正弦波を加える必要があるか明確にわかる。ここでは詳細には立ち入らないが、一般的な概論を述べておく。1マイクロ秒の長さのエネルギーパルスのように非常に短いパルス信号を構成するには、周波数の広い範囲にある多くの正弦波を必要とする。一方、もし信号が長く、波形が不規則に変化していないならば、周波数の狭い範囲にあるわずかな正弦波から得ることができる。

このパルスの長さを周波数の範囲に関連づける概念は、4章で取り扱った課題、減衰時間に対する数学的な基礎である。それは共鳴曲線の周波数幅の逆数になる。摩擦が小さいため減衰時間が長い振り子は、周波数の狭い範囲に相当する率、すなわちそれ自身の共鳴周波数付近で押す時にしか応答しないことを思い出そう。同様な数学的な意味で、長い時間続くレーダー信号――ある意味で、それは長い減衰時間をもつ――は、周波数の狭い幅にある正弦波から構成できる。短い時間だけ続く電波パルス――短い減衰時間の振り子に相当する――は周波数の広い範囲にわたる正弦波が必要だ。それはちょうど減衰時間の短い振り子は周波数の広い範囲にわたって押しても応答するのと同じである。

・信号をみつける

今度はフーリエの発見を、弱い電波エコー信号を雑音に満ちた背景信号から抽出する問題と関係づける。その問題はハツカネズミを捕まえるための籠を作ることにいくらか似ている。ハツカネズミは電波エコー信号で、籠はレーダー受信機である。なすべき最も明白なことの1つは、籠の中にハツカネズミだけがちょうど入れて、ドブネズミや、犬、猫は入れない大きさの落とし戸を作ることだ。これは「捕まえよう」としているレーダー信号に合わせて必要な範囲の周波数だけを入れることに相当する。広い範囲の周波数を入れても信号は強くならないし、かえって雑音――ドブネズミや猫――を増やして混乱を増すばかりである。

しかしフーリエの発見は、ドブネズミや猫だけでなく、ハツカネズミと同じ大きさのハムスターも入れないような、さらによいレーダー受信機の作り方まで示唆している。すなわち、たとえそれらが周波数の同じ範囲にある正弦波の異なる「固まり」から構成され得るとしても、フーリエは違った波形の信号をいかに区別するかを教えている。

信号の長さは、信号を作るために必要な正弦波の周波数範囲を基本的に決めるが、この範囲の中に多くの正弦波の固まりがあって、さまざまな種類の信号が作られる可能性がある。それは単に異なる周波数、振幅、そして位相をもつ正弦波を一緒に加えることにより作られるのだ。組立玩具のたとえに戻ると、ある長さ（ある周波数の範囲）に限定されている組立玩具から、多くの違った種類の形（信号）を作ることができる。

私たちはレーダー受信システムを構築するにあたって、正しい範囲の周波数を受信するだけでなく、レーダー信号を形成する正弦波と全く同じ組み合わせの振幅、周波数、位相をもつ正弦波を優先的に取り扱うようにする。この方法で、ハツカネズミをハムスターから区別できる。

話を完結するために、ハツカネズミをハムスターから区別す

るためのもう１つの方法を述べる。それは情報という見地では今述べた方法と同じだが、装置の見地からは異なっている。それは信号の相関検出と呼ばれていて、要するにレーダー受信機が「記憶素子」をもっているということだ。この記憶素子の中に探している信号のイメージが作られている。このようにして正確なイメージをもつ信号を受け入れることができ、もたない信号は拒否することができる。それはちょうど先に述べたシステムに相当する。と言うのは、正しい正弦波の固まりを優先的に処理するのに必要なもろもろの電子回路が、情報という観点からすると、望ましい信号のイメージを受信機に組み込むことと同等だからだ。

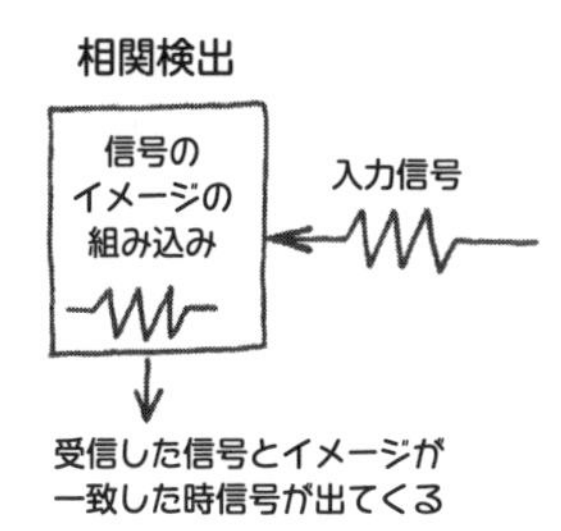

多くの場合に、電子的な処理回路は適切なプログラムをもったコンピューターによって置きかえることができる。ここでの大きな利点は、新しい信号の形を作るためにプログラムを変えることは、電子回路を変えることより容易であることである。

制御系を選ぶ

これまで２種類の制御システムについて述べてきた。開ループシステムは外界のどんな変化にもかかわらずに進む。そして、閉ループシステムは外界の変化に応答する。述べてきたように、両方のシステムは時間と周波数の概念に何らかの方法で密接に関係している。しかし操作の面では、それらはほとんど対極に位置している。

開ループ法がなぜいくつかの応用で使われ、閉ループ法がその他の応用で使われるか不思議に思うかもしれない。恐らく最も決定的な判断材料は、制御したい過程や機構をどのくらい完全に理解しているかに関係している。洗濯機は簡単で、予測どおり毎回同じように動く。最初服を洗剤を入れた水の中で洗い、次にすすぎ、脱水する。この予測可能性は単純、低価格な開ループ制御システムを意味する。それはご存知のとおり、実際に使われているものだ。

開ループまたは閉ループ？

経済性、技術、利点、制限

しかしいくつかの過程は前もって予測できない外からの影響に非常に敏感である。毎朝、家から会社まで車で通勤するのは非常に日常的で、前もってプログラム可能なほどだが、完全にそうではない。万一対向車がそれて自分のレーンに向かってきたら、閉ループ制御を十二分に利用できることをありがたく思うだろう。なぜなら正面衝突を避ける行動を取ることができるからである。

時々、閉ループ対開ループ制御の問題は単純さと経済性の問題に還元される。そこで、たとえ原理的には望まれたゴールに影響するような未知のものはないとしても、しばしば私たちは閉ループ制御を使うことを選ぶ。システムに組み込める利用可能な技術を含めて、すべての因子が考えられねばならない。そして価格やその他の対価の利点を比較考慮しなくてはならない。開閉どちらのシステムにも利点と欠点がある。そしてどちらのシステムの操作も、時間・周波数の情報・技術の応用に依存している。

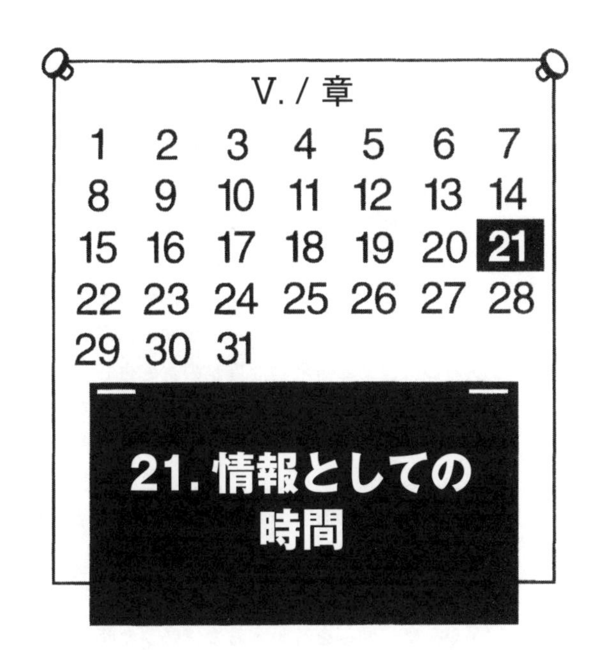

21. 情報としての時間

科学や技術における問いかけの多くでは、次のような詳細な点への回答が求められる。それはいつ起こったのか？　どのくらい長くかかったのか？　他の何かが同時に起こったのか、あるいはある時間遅れて起こったのか？　そして、どこで起こったのか？　私たちは相対論の観点から、いつ、あるいはどこでという質問は絶対的な答えをもっていないということをすでに知った。特に光速に近い速さでは空間と時間の分離は不鮮明になる。しかしこの章では、速度は遅いと仮定し、ニュートンが思い描いたように、空間と時間の間の絶対的分離は保たれているとする。

3 種類の時間情報の再考

1章で詳しく取りあげたように、「いつ」起こったのかという問いは日付の概念と同一である。「どの位長く」かかったのかという問いは時間間隔と同一である。そして「同時に起こった」のかという問いは同期と同一である。

科学において日付の概念は、長い期間にわたって生じたたくさんのさまざまな出来事を関連づけようとするならば特に重要である。たとえば温度、圧力、風速と風向を、地球の多くの地点の地面と上方とで測定するとしよう。天気予報にとって、日付の概念は非常に便利である。と言うのは、あちこちの大陸に散らばったたくさんの人々が、その日、その月、その年の異なる時間で情報を集めるからだ。測定した時間を記述する方法に1つの共通の様式がないことは、少なくとも非常に面倒な記録の問題を生じる。最悪の場合は、時間の測定を完全に無駄にする。

一方私たちは、ある出来事が他の出来事と同時に生じたのか、あるいは、ある規則的な遅れのあと生じたのか、しばしば知りたいと思う。たとえば鉄橋の下を車で通る時、自動車のラジオが必ず消えるという事実はなんらかの因果関係があることを示しているが、それは少なくとも一見して日付に関係するようには思えない。ラジオが消えることと鉄の構造物の下を通過することが同時に生じるのだが、その効果には1月9日朝8時20分にも4月24日の夕方6時30分にも同じように気がつく。重要な点は、同期を特定するのに必要な時間情報の量は一般に日付を特定するのに必要な量より少ないということである。2つの間の区別を理解することでいくらか節約できるだろう。

最後に、先に述べた時間の3つの主要概念――日付、同期、時間間隔――のうち、時間間隔は最も局所的なものであり限定されている。たとえば、私たちはしばしば、ある過程が続く時間間隔を制御することだけに関心がある。朝45分かけて焼いたパン1斤は夜45分かけて焼いたものと同じように、ほどよい焼き具合になる。そして朝3時間かけて焼いたパン1斤は夜3時間で焼いたものと同様に焦げている。

時間の3種類の情報の内容をよりよく理解するために、もう1度卵をゆでる例を考えてみよう。1分に1度信号音を放送する以外は何も放送しない電波局があるとする。3分間卵をゆでるつもりなら、このような放送で十分である。時間信号音を聞いてお湯に卵を入れ、それから3つ目の信号音でそれを取り出す。

しかし隣の人も3分間でゆで卵を作ろうとしているとしよう。そしてどういうわけだか、彼は私たちがゆでるのと同時に自分の卵をゆでたいとしよう。3分間確実に卵をゆでるにはラジオの時間信号を使えばよいが、私たちと同時に卵をゆで始めていることを知るための信号はない。追加の情報が必要だ。たとえ

ば私たちが卵をゆで始める時、台所の電灯を瞬間点滅させ、それを彼が自分の卵をゆで始める信号として取り決めてもよい。

しかしなぜか町中の誰もが私たちがゆでるのと同時に卵をゆでたいとしたならば、これはあまり実際的な解決策ではないだろう。この点で、ラジオ時間信号で「次の信号音を聞く時、卵をお湯に入れてください」というアナウンスを流したほうが、もっと効果があるだろう。

放送に追加情報を加えることにより、同時性の問題を解決したが、この答えでさえ完全に満足いくものではない。と言うのは、町中の誰もが四六時中ラジオをつけていて、「卵をお湯に入れよ」というアナウンスがあるのを待っていなければならないからだ。もっと満足のいく取り決めは「すべての卵は1997年2月13日の朝9時にお湯に入れる」というアナウンスを毎時放送し、さらに、たとえば5分ごとに日付のアナウンスを流すなどして、時間の放送を拡張することだ。このように時間間隔、同時性、すなわち同期、さらに日付の概念へと進むにつれて、放送信号の情報の内容は増さねばならないことがわかった。もっと一般的に言うと、時間間隔という局所化した概念から日付という一般化した概念まで進むにつれ、望みどおりの調整を行うためにたくさんの情報を供給しなければならない。ただでものは手に入らないのが世の常だ。

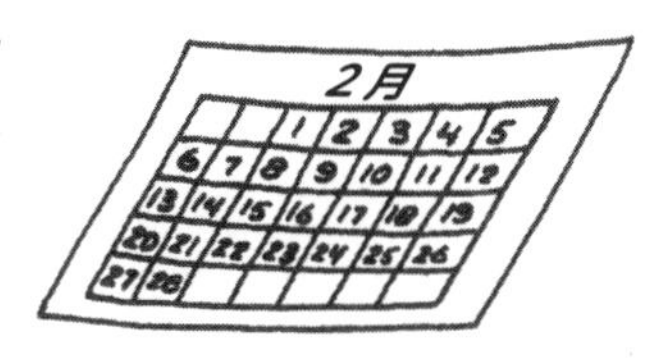

時間情報——短期と長期

一般的に言えば、私たちは時間情報を時計や腕時計で得る。30分程度より短い時間間隔ならば、しばしばストップウォッチで測定する。より高い正確さが要求される場合、ある種の電子的な時間間隔計数器を使うことができる。しかしある種類の時間情報は、一般的な手段で測定するには、長すぎたり短すぎたりする。時間と宇宙について述べる時には、天文学的観測と理論を組み合わせて宇宙の年代を求めた。言うまでもないが、そんなとてつもない長い時間を直接測定できる時計は存在していない。

一方、あまりに短くて、時計や電子カウンターでも、直接はかれない時間の間隔がある。たとえば中間子とかミューオン*といういくつかの素粒子は、他の粒子に変わる前に10億分の1秒以下しか存在しない。

* ミューオンの平均寿命は100万分の1秒ほど。

現存する時計でこのような短い時間をはかることができないとするなら、そうした短い時間間隔についてどうすれば知ったり論じたりできるのか？　ここでもやはり他の可能な測定から時間を推定することになる。一般的にこれらの粒子は光速に近い速さで進むので、1ナノ秒(10^{-9}秒)で約30センチメートル動く。このような粒子が感光乳剤と呼ばれる写真のフィルムのような材料を通過する時、軌跡を残す。その長さが粒子の寿命の度合いである。1センチメートルの500万分の1のように短い軌跡が検出できた時、それを10^{-17}秒より短い寿命と推定する。しかし実際に時間を直接測定したわけでないことを再び述べておく。それを推定しただけである。

軌跡の長さは
粒子の寿命の長さ

さらに短い時間を想像することができる。たとえば光の信号が水素原子の原子核を横切るのにかかる時間はおよそ10^{-24}秒である。もちろん、10^{-1000}秒のようなずっと短い時間も想像することができる。しかし誰も直接あるいは間接にこのような短い時間を測定したことがないので、このような短い時間の間隔が何を意味するかわからない。測定可能な時間間隔に起きることに基づいて、測定能力を超えた時間間隔に起きることを推定しようとするのは、根拠が薄弱だからだ。

時間は連続か、あるいは機械的な時計の秒針が「一気に」動くように「固まり」で来るかという問いは、ギリシャ時代以来哲学者や科学者を夢中にさせた。いくらかの科学者は、時間は連続であり、時間をさらに細かく分割する装置を作れるほど賢明であれば、好きなだけ小さく分割できると推測した。しかし2つのどちらかが正しいと決めるための十分な証拠はまだない。

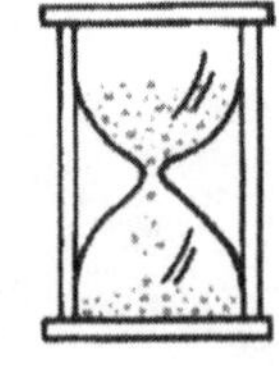

地質学的な時間

いかに宇宙的時間が推定されたかはすでに述べた。ここでは地球の進化とそれが維持してきた生命に多くの光を当てた技術を議論しよう。再びいつものように、時間測定を非常に長い時間にわたってなされた規則的または予測可能な率で生じる機構または過程に結びつけることにしよう。もし長い期間にわたり何かを測定したいなら、測定が完了する前にそれ自身が衰退しないような非常に遅い率で生じる現象を探さないといけない。

このような1つの現象に放射性核種である炭素14がある。炭素14は5000年の半減期をもつ。これは、仮に純粋な炭素14の固まりを用意し5000年後にそれを見たとするなら、最初の固まりの半分はまだ放射性であるが、残りは崩壊し通常の炭素12になっていることを意味する。さらに5000年後、放射性であった半分のうち、放射性のものはその半分に減り、残りの半分は非放射性の炭素になっている。言いかえれば、1万年後、固まりのうち4分の1が放射性炭素で、4分の3が通常の炭素である。

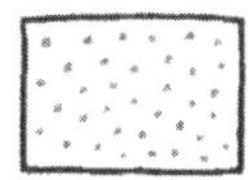
純粋な炭素14

このように、いかなる時に存在している放射性炭素も、5000年後にその半分は通常の炭素に変わるという規則的な過程をもっている。放射性炭素14は地球の大気に宇宙線が当たることによって生じる。この炭素14のいくらかはやがて生きている植物により光合成の過程で吸収される。そして植物は動物によって食べられる。したがって炭素14は最後にはすべての生きている組織の中でみつかる。組織が死んだ時、炭素14は取

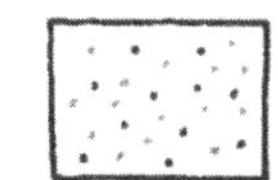
5000年後

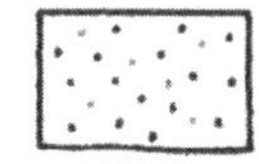
1万年後

り込まれなくなり、残った炭素14は約5000年の半減期で崩壊する。放射線の量をはかることによって、植物にせよ動物にせよ、その組織体が死んでからの経過時間を見積もることができる。

他の物質は異なる半減期をもっている。たとえばウラニウムのある種類は約10^9年の半減期をもっている。この場合に、ウラニウムは非放射性のウラニウムに変わらず、鉛になる。岩の中の鉛とウラニウムの存在比を比べることにより、科学者はこれらの岩のいくつかは約50億年経っているという結論を得た。

この10年ほどで、レーザーが放射年代測定法に大変革をもたらした。カリウム－アルゴン年代測定法を取りあげてその大変革について調べよう。

放射性カリウムは崩壊してアルゴンの同位元素の1つアルゴン40になる。年代測定法は試料中の放射性カリウムとアルゴン40の存在比を測定することによるものだ。通常の方法は試料を2つの部分に分け、1つの部分のカリウムの量、他の部分のアルゴンの量を測定するものだ。これには問題がある。

第一に、カリウムとアルゴンの比は両方の部分で同じであるという保証はない。第二に、1つの部分のカリウム（固体）の量を測定する技術は、もう1つの部分のアルゴン(気体)の量を決める技術と異なっている。誰もが望むのは、2つの部分に分けるのではなく、しかもカリウムとアルゴン両方に対して同じ技術が用いられることである。

比較的新しい技術はまさにそれを行う。第一に、試料に中性子を照射し、カリウムをアルゴン39に変える。この場合、測定が必要なのは、両方気体のアルゴン39とアルゴン40の比である。

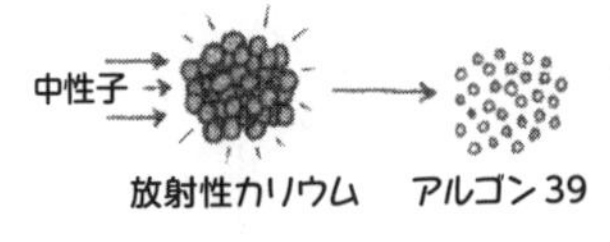

第二に、微小な試料がレーザーで熱せられ、その結果、両方の同位体のアルゴンが蒸発する。すべてのアルゴンを蒸発させる必要はない。と言うのは、どのくらい蒸発したかの気体の量にかかわらず2つの同位体の比は同じになるからだ。

この方法は、わずかな材料しか必要としないので、月の石のような希少な材料の年代決定を行う時にもまた有利な方法である。実際、この方法は月の石に適用され、最も古かったのがおよそ44億年であるということがわかった。それは、地球でみつかった最も古い岩石の年代に近かったので、地球と月は同じ時に形成されたということが示唆された。

時間と位置情報の交換

すでに述べたように、しばしば科学者は、あることがいつ起こるかはもちろん、どこで起こるかに関心がある。天気の測定に戻って、天気のデータが得られた場所を知ることはそれらが得られた時間を知ることと同様重要である。大気の運動を記述する方程式は位置と時間の両方の情報に依存しているので、どちらか1つでも間違えば天気予報の質を低下させる。

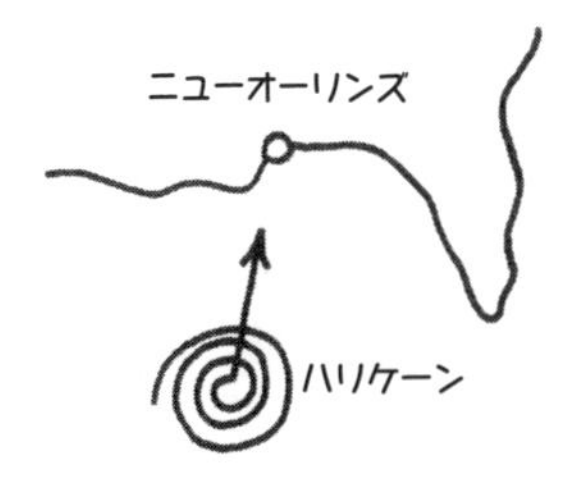

簡単な例として、ハリケーンが朝8時に毎時100キロメートルで北の方向に動いているのが観測され、ルイジアナの沿岸から200キロメートル離れた船上を通過したと仮定しよう。嵐が同じスピードで同じ方向に進むと仮定すれば、2時間後の午前10時にニューオーリンズに上陸するだろう。しかし、警戒予報は2つの単純な理由のどちらか、あるいは両方で間違える可能性がある。船の時計が正しくないか、あるいは船が航海士が考えたより海岸に近いか、より遠いかのどちらかである。どの場合にも、嵐はニューオーリンズに予報と異なる時間に到着し、驚いた市民は2つの可能な間違いのどちらのせいで、予報が間違ったかを知るよしもないだろう。

実際の場合には、もちろん他にも間違った予報を引き起こす要因がある。嵐は他の方向に向きを変えるかもしれないし、移動の速さは弱まるか、加速するかもしれない。しかし上記の例は、いかに時間、位置、あるいは両方の間違いが誤った予報の原因になるかを示している。当然、ここで記述された問題は、また位置と時間の両方の成分をもっているどんな過程にもあてはまる。このように、時間と空間の互換性について、アインシュタインに関係する種類とは異なる例がある。

蓄えられた情報としての時間

人間が宇宙に対する理解を深めていく上で重要な要素は、情報を蓄積し伝達する能力であった。原始の社会において、情報は1世代から次の世代に口伝えにより、また種々の儀式や式典を通して伝えられた。もっと進んだ社会では、情報は本、コンパクトディスク、テープ、マイクロフィルム、コンピューターのメモリーなどに蓄えられる。この情報はラジオやテレビの放送、その他の通信システムで伝えられる。

私たちは時間は情報の一形態であることを知ったが、それはまた動的性質のため風化しやすい。それは「じっと」していないので、ほこりだらけの隅に蓄えることはできない。したがって時間は一般に時計と呼ばれるある能動的装置で維持しなければならない。いくつかの時計は他のものより時間を維持することを上手にこなす。すでに知ったように、最上の原子時計は1000万年に1秒以上のずれはないだろう。それに反して、他の時計は1日に数分遅れたり進んだりし、数年後、全く動かなくなるかもしれない。

どんな時計の時間の「記憶」も時間と共に消えていくが、消えうせる率は時計の質で異なっている。時間情報の電波放送は「時計の記憶をよみがえらせる」ために役立つ。すでに14章の通信システムの議論においてこの話題を扱った。高速通信システムについて述べ、そこで、メッセージが失われない、または、他のメッセージと混線しないためには、システムの中のさまざまな時計を常に同期させておくことが必要であった。また、通信システムそれ自身がしばしば時計の同期を保つために使われるということを述べた。しかし、時計の同期を保つための時間の伝達は、本当は情報の伝達である。もし通信システムの時計の性能が低いならば、システムの情報能力の大部分は時計の同期を保つためだけに使われなければならない。

この過程の特によい例はテレビ画面の作成法で見いだされる。白黒テレビ画面の像は輝度が異なる多数の水平線から作られている。離れて見ると、その線は一様な絵の錯覚を生む。

テレビ信号はテレビスタジオでテレビカメラによって作られ、カメラはスタジオでの場面の像を、一連の短い電気信号——テ

レビ画面に映し出される画像の線１本につき１つの信号——に変換する。またそのテレビ信号は、テレビ画面に映し出される画像の特定の部分が、テレビカメラで走査されるスタジオでの場面の同じ部分に「固定」される情報を含んでいる。すなわちテレビの信号はスタジオのカメラの信号に同期している。このようにテレビ信号は画像の情報だけでなく、時間の情報も同様に含んでいる。実際、テレビ信号の情報能力のごく一部はまさにこのような時間情報に対して利用されている。

原理的に、テレビ受像機すべてに、スタジオのテレビカメラの「時計」に同期した非常によい「時計」が使われているならば、テレビ受像機の「時計」をカメラの「時計」に時々合わせ直す必要はないだろう。しかし実際、テレビ受像機にそのような高品質の時計を使うと、受像機が大変高価になってしまうだろう。だからそのかわりとして、受像機の時計を合わせ続けるために、63 マイクロ秒ごとに同期パルスで合わせ直すのだ*。

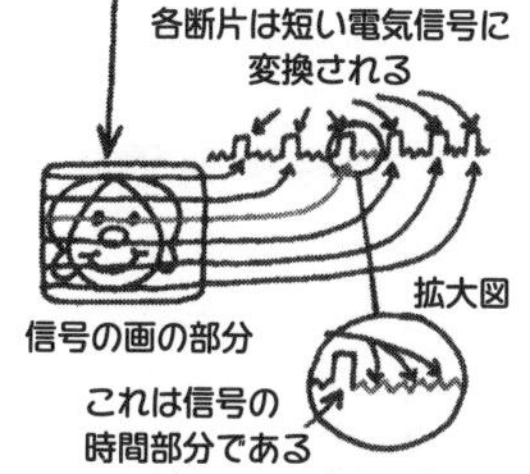

* 現在の日本は地上デジタル放送で、通常走査線1080本、30フレーム／秒の高精細画質（HDTV）カラー放送。

周波数と時間の情報の質

現在、周波数ほど正確にはかれる物理量は他にない。時間間隔は時計の共振器の振動周期の合計であるので、それもまた非常に高い精度で測定できる。すべての物理量の中で、周波数と時間は比類ない質の高さのため、どんな種類の測定の精度と正確さも、それが周波数と時間に何らかの方法で関係づけられるならば大いに改良できる。この事実の例として、時間が距離に変換できる航法システムの操作についてすでに述べた。今日、長さ、速さ、温度、磁場、そして電圧など他の量の測定を周波数測定に変換することにかなりの努力が払われている。たとえば周波数は「ジョセフソン効果」により電圧に変換される。この効果の発見者は英国の当時オックスフォード大学の大学院生だったブライアン・ジョセフソンで、この発見に対して 1973 年ノーベル賞を共同受賞した。「ジョセフソン接合」と呼ばれる超低温で操作される素子は、マイクロ波の周波数を電圧に変換する。周波数は極めて正確に測定できるので、ジョセフソン素子で生じた電圧は極めて高い正確さで知ることができる。

次の章で、標準の周波数測定への変換について少し詳細に述べよう。

この章と前の章では、科学、技術と時間の数多くのつながり

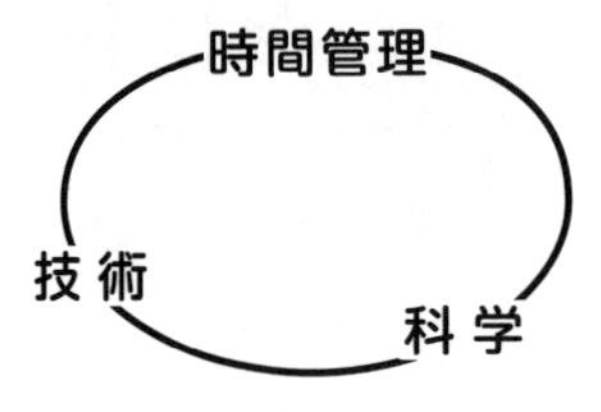

のうち、ごく一部にしか言及できなかった。しかしながら、科学、技術と時間管理の進歩と振興は密接につながっているということは明らかである。時には、3つのうちどれか1つの進歩が原因なのか結果なのかを明白に区別することさえできない。ほとんどにおいて、明白に確立された、あるいは少なくとも将来発展へ向かう科学、技術、時間管理の発展の面を強調することを試みた。

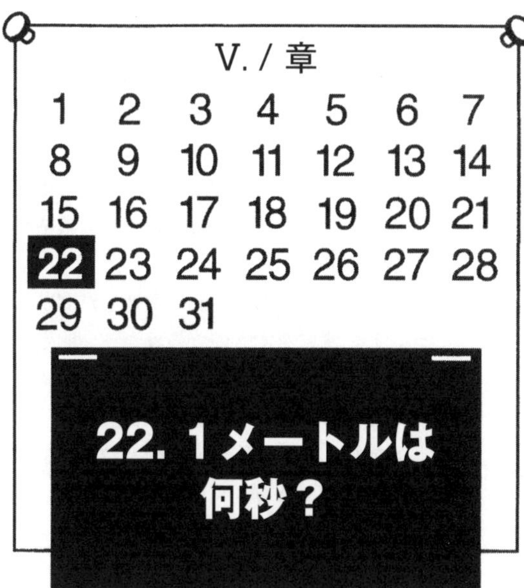

22. 1メートルは何秒？

よくある話だが、物理を学び始めた学生に次の質問をして困らせる先生がいた。「もし巻尺、ストップウォッチ、体重計だけをもっているとしたら、井戸の深さをどのようにはかりますか？」ひとりを除いてすべての学生が「井戸の深さは巻尺ではかります」と答えた。

先生の質問には一見するよりもう少し意味があった。3つの利用できる品、巻尺、ストップウォッチ、体重計は、3つの最も一般的な測定の単位、長さ、時間、質量に対応することに注意しよう。おそらく先生は、次のような、より幅広い見方をさせたかったのだろう。すなわち人々は、長さ、時間、質量がこの世界で測定できる主要な特質であることに気づき、これらの測定をするために固有の装置を作ったということである。

しかしおそらくその状況はそれほど単純ではない。今や一般相対性理論によって明らかにされたように、長さ、質量、時間は本質的に関連しているということを私たちは知っている。そしてもっと日常的なレベルでさえ、通常、何かを行うにはいろいろな手段があるということである。そこで冒頭の例に戻ろう。ひとりだけ違う意見を答えた学生は、どのように井戸の深さをはかることを提案したのか？　学生は言った。「体重計を井戸

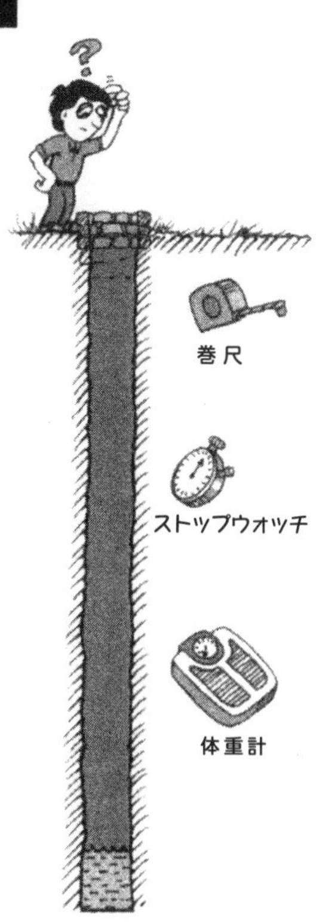

井戸の深さは？

に投げ込んで、井戸の底に体重計が届くまでどのくらい長くかかるかストップウォッチではかります。そうすれば、重力による加速度を知っているので、落下時間から深さを計算できます」

はじめ、この答えを聞くと、少し笑ってしまうだろう。しかしすぐあとでわかるように、おそらく落下時間をはかるのが最もよい答である。

本章では、このあとこれに関連した問題をいくつか述べたい。いかにして測定をするのだろうか？　測定単位は自然によって定められているのか？　あるいは人間には目的に適した最上の単位を選ぶことにいくらかの選択権があるのだろうか？　そして最終的に、測定単位と自然の定数の間には関係があるのだろうか？　などである。

2ファーデル＝1ヌーク

1フート＝36バーリーコーン*

速さ＝16ファーロング毎フォートナイト*

* fardel, nook：ファーデル、ヌーク
中世英国北部の地積の単位
1ファーデルは約10エーカー

fathom：ファゾム
主に海で用いる長さの単位　1.829メートル

foot：フート
（複数でフィート）
長さの単位
30.48センチメートル

acre：エーカー
地積の単位
4046.86平方メートル

barleycorn：バーリーコーン
英国の長さの古い単位
今でも英語圏の靴の寸法の基本

furlong：ファーロング
ヤード・ポンド法での長さの単位
約201メートル

fortnight：フォートナイト
時間の単位　2週間

測定と単位

測定単位の考案と進化の話は長く、しばしば、曖昧である。私たちは、以下のことをただ不思議がるだけである。どうして2ファーデル*は1ヌーク*に等しいようになったのか？　なぜ1ファゾム*はバイキングが抱擁して囲む円周の長さなのか？　なぜフート*は36個の麦粒を縦に並べた長さとして定義されたのか？　それはのちに、英国のヘンリー1世の銅像から導かれるように変わったのか？　一方、測定がはっきりとした意味をなすものがある。たとえば、1エーカー*は2頭の牡牛のチームが1日に耕す面積である。

長さ、質量、時間の単位はしばしば基本単位と呼ばれる。と言うのは、それらをもっと基本的な単位に分解できるかどうか一見して明らかではないためである。しかしながら、ここでも他にいくらでも方法はある。

すべての電車が60キロメートル毎時で動く宇宙を考えよう（このような電車にどうやって乗り降りするかは明白ではないが、それは別の問題である）。すべての電車が同じ速さで動いているということは自然なことで、いつでも起こり得ることだ。この不思議な事実はこの宇宙の人々の目に留まり、彼らはそれを彼らの測定系の基本にすることを決めた。彼らの基本測定は距離すなわち長さ［L］である。時間測定の単位［T］をもっていないが、特殊な電車のために問題はない。彼らの料理本に

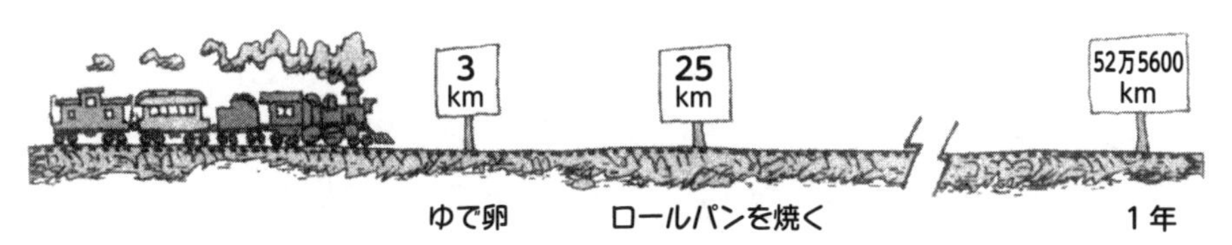

は以下のように書いてある。「半熟卵は、卵を3キロメートルの間ゆでましょう」そして「25キロメートルのあと、ロールパンをオーブンから取り出しましょう」そして彼らの宇宙の本は、1年は「52万5600キロメートルの長さである」と言う。

私たちの理解では、彼らが意味したものは、電車が3キロメートル移動するのにかかる時間の間、卵をゆでることであり、電車が25キロメートル進んだのち、ロールパンをオーブンから取り出すことであり、電車が52万5600キロメートル動いたのにかかるすべての時間は1年が経過した時間である。このシステムは不便に思えるけれども、私たちがしばしばしていることからそれほど離れていない。私たちは繁華街まで20分、海岸まで2時間と言うではないか。これらの言い方は、電車のように、基準の速さが仮定されていることを意味している。

これらの図が示すものは、この場合の電車の速さのように、2つの基本測定の単位、長さと時間をつなげる方法があるならば、これらの単位の間を行ったり来たりすることができるということである。そのうえ、もし私たちが一方の単位の測定をもう一方の単位の測定に変換する手法を用いる気があれば、基本単位を1つにすませることさえできる。

私たちの宇宙では、長さと時間をたがいに変換する最も一般的な速さは光の速さで、おおよそ30万キロメートル毎秒である。先の場合の電車のように、光の速さは自然の定数で、やはり頼りになるものである。実際それは定数であるばかりでなく、私たちが知る限り、たがいの相対的速さにかかわらず、すべての観測者に対して同じ値である。

時間と長さは速さで関係している

たとえば天文学者は光年で星間距離を測定する。ケンタウルス座のアルファ星は約4光年離れているという時、光の速さで進むロケットはそれに到着するのに4年かかることを意味する。しかしこの例の実用性は別として、距離を時間に変える深い理由がある。今までに何回となく見てきたように、アインシュタインは空間と時間は同じコインの表裏であるということを示した。実際に相対性理論において空間と時間は結合され、対等の立場に置かれ、1つの概念「時空」で置きかえられた。

アインシュタインは
空間と時間を
……時空で置きかえた！

相対性理論と時間と空間の変換

数学的な観点から、時空においてすべての座標を長さ［L］の次元に変換することは都合がよいが、これは馬鹿げているように思える。時間と長さがどうして同じものになり得るのか？　リンゴはオレンジに等しいと言っているようである。答えは、おわかりのように光の速さである。それは、通常、文字「c」で示される。c で、私たちはオレンジをリンゴに変換することができる。

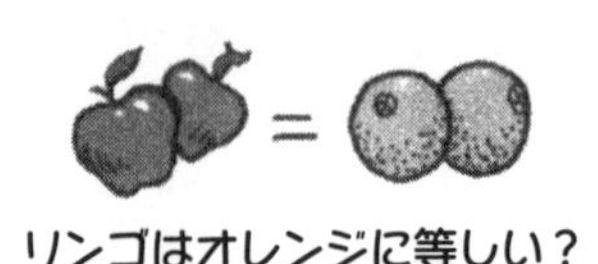

リンゴはオレンジに等しい？

これを理解するために、種々の量の次元を見る必要がある。時間は時間の次元、すなわち［T］をもつ。距離は長さの次元、すなわち［L］をもつ。一方、速さは時間によって割られた距離の次元をもつ（たとえば、10キロメートル毎時）ので、速さの次元は［L］／［T］である。ご存知のように、速さと時間は次の方程式によりつながっている。

距離＝速さ×時間

どんな方程式でも、等号の両辺の式の部分は同じ量を表さねばならない。果物の例を使えば、リンゴはリンゴに等しい。別の言い方では、方程式の両辺は同じ次元をもたねばならないということだ。方程式に対して、左辺の距離は次元［L］で、右辺は速さと時間で、次元では、［L］／［T］と［T］をもつ。しかし、速さと時間は掛けられているので、右辺の次元は、本当は

［L］＝ 速さ ×［T］

$$\frac{[\mathrm{L}]}{[\mathrm{T}]} \times [\mathrm{T}]$$

すなわち単に［L］だ。なぜなら、［T］は消える（［T］／［T］＝1）。したがって、次元の観点から、方程式は

$$[\mathrm{L}] = [\mathrm{L}]$$

になる。これは私たちがまさしく望むところのリンゴはリンゴに等しいである。トリックは何か？　それは c だ。なぜなら速さの次元［L］／［T］は巧みに時間の次元［T］と合併し、［L］

だけを残すのだから。ここで次に時空に戻ろう。

図が示すように、物理学用語では記号 x_1, x_2, x_3 で3つの空間の位置（たとえば東西、南北、上下）を示すのが一般的である。一方、時間は「t」で示す。これらの4つの記号で、ある出来事、たとえば飛行機事故がいつどこで起こったかを図のように示すことができる。しかし相対性理論の数学的見地では、時間はむしろ他の3個の x 座標のように記号 x_4 によって示すので、長さの次元［L］をもつべきである。そのやり方はわかっている。t を c に掛け、この量 $c \times t$ が x_4 に等しい。今、x_1 から x_4 はすべて、私たちが望んだところの長さの次元［L］をもつ。x_4 を得るために時間に c を組み入れたと言ってもよい。

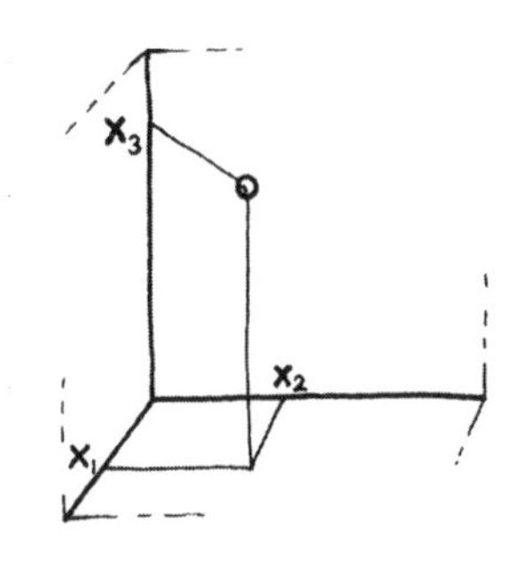

$x_4 = ct$

x_1、x_2、x_3、そして、x_4

すべて次元 [L] をもつ

読者はあれこれとずいぶん作業して、いったい何をしようとしているのだとお思いになるかもしれない。1つにはすべてのx座標が同じ次元［L］をもつことを示していて、それは我々の述べた目標の1つだ。しかしもっと重要なことは、空間と時間の区別を取り除いたことで、相対性理論が示すように、それらは別々のものではないことである。そのうえ計算する時、光の速さを気にする必要がない。私たちは役立たずの石ころを背負うように、方程式にいつもそれを入れる必要はない。

このすべては、方程式の中で使う量を選び問題を公式化するにあたって、できるかぎり単純にすることと言える。しかし正確な答えを得る方法でこれをする必要がある。記号の操作が私たちを道に迷わせないように注意しなければならない。

自然の定数と基本単位の数

正しい記号と正しい視点を選ぶことは科学にとって極めて重要である。コペルニクス以前、人々は太陽とすべての惑星は地球の周りをまわっていると信じていた。太陽系のこのモデルに基づいて入念に作りあげた理論は、太陽、月、惑星の運動を説明し予想した。地球中心の太陽系という立場から見た惑星と太陽は、周転円と呼ばれる複雑な行路を描いた。周転円というのは、小さな円の中心が地球を中心としたより大きな円の円周上を動く時に作り出す軌道である。これらの円の円周は地球の惑星軌道と一致した。驚くことに、このシステムを使って天文学者は惑星の運動と食の正確な予測をすることができた。

コペルニクスが地球中心模型を太陽中心模型に置きかえた時、

予測はよりよくはならなかった。しかし計算はずっと簡単になり、計算が意味したことをずっと簡単に思い浮かべることができるようになった。

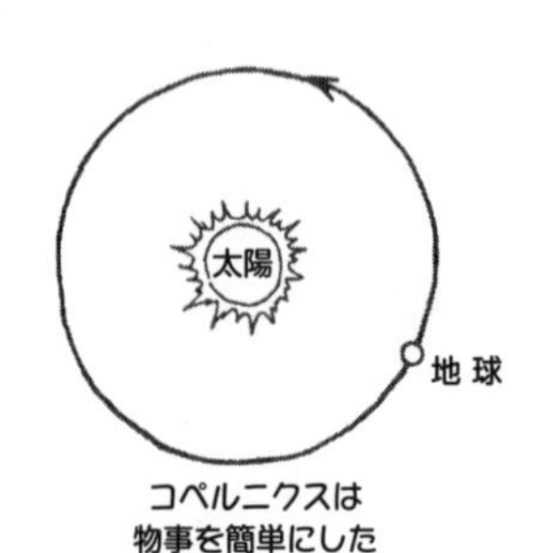

コペルニクスは
物事を簡単にした

測定の単位の選び方も、それらが使いやすくまた測定しやすいものであるべきだという信念に基づいている。自然には、測定法はあれではなくこれにした方がよいと指定するようなものはない。確かにわたしたちの宇宙の性質を考えると、ある測定系は他より理にかなっているが、よかれ悪しかれ最終的に選択権は私たちにある。

暦表時の秒は測定が困難だった

1956年に採用され1967年に廃止された暦表時の秒は、測定という観点からするとあまり使いやすくなかった時間標準の例である。9章で知ったように、暦表時の秒は地球の自転に基づく秒の不規則な性質を克服するために採用された。その点でそれは成功であった。問題は0.05秒の正確さを達成するために、9年間にわたり天文測定をしなければならなかったことである。

すでに述べたように、質量、時間、長さは、さらに基本的な単位に分解できない宇宙の基本的な測定の属性に思える。しかし一方、私たちが相対性理論で行ったように、時間の次元は適切な長さに「おりたたむ」ことにより取り除かれることもまた知った。

「ε」今日はあり、明日は消える

この可能性は新しいことではない。真空の誘電率と呼ばれる定数ε_0がある。この定数はいかによく真空を電場が伝わるかを示している。当時の流儀により、長年にわたってεは現れたり消えたりした。クーロンの法則は、2つの電荷q_1, q_2の間の力Fをそれらの間隔dの関数として与える。SI単位（現在の形式である国際単位系）において、その法則は次の式で与えられる。

$$F = \frac{q_1 q_2}{4\varepsilon_0 \pi d^2}$$

もっと前の時代、静電単位（esu）が流儀であった時、クーロンの法則は

$$F = \frac{q_1 q_2}{d^2}$$

であった。お気づきのようにそこにはε_0がない。何が起こったのか？

答えは、SI単位では電荷は［L］、［M］、［T］の用語では定

義できない別の概念としてみなされ、一方esu単位では、電荷は基本単位ではないということだ。実際その次元はesu単位で

$$\frac{[M]^{1/2}[L]^{3/2}}{[T]}$$

であるが、SI単位ではそれはアンペアと秒の単位で定義され、質量や長さの単位は含まない。

まとめると、ここで生じたことはesu単位でεは電荷の中に吸収されたので、電荷は上に示した次元をもつことになった。SI単位ではεは基本単位の選択のために必要な変換因子である。言いかえると、ただでものは手に入らないということだ。もしたくさんの基本単位をもつことを望むならば、質量、長さ、時間を含む次元をもつ電荷のような量を避けることである。それはよい面である。悪い面は、これらすべての基本単位がたがいにどう関係するかを示すために、εのような定数を必要とすることである。

電荷はesu単位で

$$\frac{M^{1/2}\ L^{3/2}}{T}$$

の

単位をもつ

最終的に、もしすべての基本単位が周波数測定に帰するならば、すべての自然定数はεのような「スケール因子」と呼ばれる数値になる。しかし最後に言っておきたい点は、何を選ぶかは使用者の判断にまかされており、少しでも苦労が軽減される方向に導かれるべきだということだ。

ある程度、科学者の単位と他の測定量の選択は彼らの視点によっている。視点はしばしば科学者が実験屋か理論屋かで変わる。相対性理論の計算をするのに理論物理学者の視点から時間を空間にたたみ込む有利さは、すでに見たとおりだ。しかし理論屋にとってよいことは、必ずしも測定にとってよいことではない。実際、標準測定の視点からは、空間よりむしろ時間に焦点を置くほうがよい。

その理由は理解しやすい。すべての基本単位の中で、時間は最も正確にはかることができる量である。これはすべての基本測定を可能な限り時間測定に関係づけるべきであるということを意味する。この最上の例は、1983年に公式に行われた長さ標準の再定義である。次にいかにしてこれが起こったかを調べよう。

理論屋　対　実験屋
単位の戦い

長さ標準

時間は最も正確にはかることができる

1790年代のフランス革命政府は、当時の寄せ集めの測定システムに秩序をもたらそうと試みた。当時彼らは、世界がメートル法を採用し、メートルは北極と赤道の間の距離の1000万分の1として定義することを提案した。暦表時のように、概念は把握しやすかったが、「標準」のメートルを実現するために必要な測定は非常に大変であった。誰が赤道の場所、ましてや、誰もかつて見たことがない北極の場所を、正確に知っていただろうか！

その数年前、ヴォルテール*は、北極までの距離を測定しようと試みた悲運のノルウェー人探検隊にかんして「これらのノルウェー人は、ニュートンが肘掛け椅子にすわったままみつけ出したものを測定するために、人命や手足を失った」と皮肉を言った。ヴォルテールの精神からすれば、必要であるものはメートルの観念的定義であった。しかしそれがなされたのは1889年になってからのことだった。その年科学者は、メートルをパリ近傍の一定条件件のもとで保管されたプラチナ・イリジウム合金棒上にマークされた2点間の距離として定義した。この長さ標準は約100万分の1という正確さを提供したが、1960年までには全くもって不満足な値になった。その年、メートルは希ガス元素のクリプトン86により放出される赤みを帯びたオレンジ色の光の波長の1 650 763.73倍として再定義された。

* *Voltaire*（本名：*François-Marie Arouet*）（1694-1778）フランスの哲学者。歴史家。

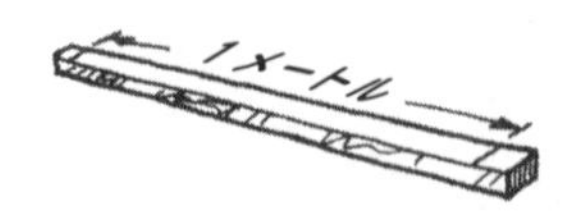

プラチナ・イリジウム合金棒

この標準で、誤差は約10億分の4にまで減じられた。それは地球と月の距離測定に対して、おおよそ2メートルの誤差に相当する。これはたいそうよかったが、ますます増加する宇宙時代の産業に対して、そして相対性理論の精密さや大陸の移動を調査する科学者にとっては問題であった。

1983年、パリでの国際度量衡総会は、時間測定に基づくメートルの新しい定義を採択した。概念的に新しい定義はとてもやさしい。メートルは光が2億9979万2458分の1秒間に進む距離である。新しい定義がなされた時、原子時計は約10^{13}分の1までの正確さであった。一方、クリプトン波長標準の正確さは約10^9分の4であった。したがって改良の可能性は約5000倍であった。

1983年に、
1メートルは光が
1/299 792 458秒に
進む距離に等しいと
採択

残念ながら新しい長さ標準の導入は、言うはやすし行うは難しであった。周知のように、秒は波長3.3センチメートルのマイクロ波周波数で定義される。一方、長さの計量は干渉計のような光の装置で最も容易に行われるが、その波長は3.3センチメートルよりずっと短い。メートルの定義を直接に実現する1つの方法は、マイクロ波周波数で操作される干渉計を作ることであろう。しかしこのような装置は実用に向かないほど大きくなってしまうだろう。

長さとマイクロ波の
周波数測定を
関係づけることは
難しい

かわりのよい方法は、マイクロ波領域の周波数測定を光領域の周波数測定につなぐことである。この問題の主要な研究方法は、セシウム標準のマイクロ波周波数信号から出発して、順々に光の周波数領域までつなぐ一連の周波数源を作ることである。この仕事は科学であると同時に芸術の域にあることがわかった。それにもかかわらず、1983年のメートルの新しい定義以降、大きな前進が達成された。

光の速さは
定義された量

この新しい定義の1つの副産物は光の速さがもはや測定量ではなくなったことである。それは定義された量になった。その理由は、定義によって1メートルは光が指定された時間に進む距離と定められたということだ。その距離を1メートル、5メートルなどと呼ぶのだけれども、光の速さは自動的に決められている。cの値を固定され決められた変換因子に取りかえることにより、長さを時間の言葉で測定する。これは、1つの単位を他の単位で定義することで自然の定数を取り除けるという最高の例である。

周波数で電圧をはかる

すべての測定を
時間に関係づける

最終的に時間、長さ、質量、電流、温度、物質量、そして光度という7つのすべての基本標準を単一の基本標準、すなわち時間で置きかえるということが、多くの度量衡学者の希望である。この可能性が世界中の公的あるいは民間の標準研究所である程度調査されている。この仕事のすべてを調査することは容易ではないが、この話題についての議論を、特に好結果が得られている1つの分野、電圧標準について述べることで締めくくりたい。電圧は基本単位の1つではないが、容易に基本単位に組み入れることができ、その話は一般的な概念を伝えている。

測定を巨視的世界から
微視的世界へ移せ

原子時計において、時間を原子で定義することの大きな利点の1つは、それがセシウム原子の固有共鳴周波数に基づいていることだと指摘した。この周波数は自然に提供されるので、私たちはその測定法をみつけさえすればよい。これはたとえば、振り子時計に基づく時間とは非常に異なっている。と言うのも振り子時計の場合は、基準周波数は望ましい長さの振り子をどれだけうまく作れるかにかかっているからだ。もし測定系のすべての単位が自然現象に関係していて、人の手というものをできるだけ測定から外すことができれば望ましいだろう。

振り子時計に基づく時間標準は正確な時間への巨視的世界の取り組み法であり、一方、原子共鳴周波数に基づくそれは微視的世界の取り組み法であると言えるかもしれない。この立場から、すべての基本測定は微視的世界の現象から導かれるようにしたい。

電流の基本単位であるアンペアはすべての電気的な測定の基礎である。真空中に1メートル離して置かれた2つの平行電線の間に、1メートルあたりある力が生じるために必要な導線に流す電流の量で定義されている。これは明らかに巨視的世界の定義である。

次に、ボルトは1アンペアの一定電流が流れる導線の2点間で消費される電力が1ワットである時、2点間の電気ポテンシャルの差として定義される。これもまた明らかに巨視的世界の定義である。我々が欲しいのは、微視的世界の現象に依存したボルトと周波数の間の関係である。

図は V ボルトの電池と抵抗値 R の抵抗の簡単な電気回路である。V と R、そして回路を流れる電流 I の量の間には、簡単で直観的に得心のいく関係がある。その関係は、流れる電流は電池の電圧 V と抵抗値 R によるということである。電圧を増加させれば電流は増加し、電圧を減少させれば電流は減る。抵抗に対しては逆が正しい。R を増せば電流は下がり、R を減らせば電流は増える。これはきちんと次の式にまとまる。

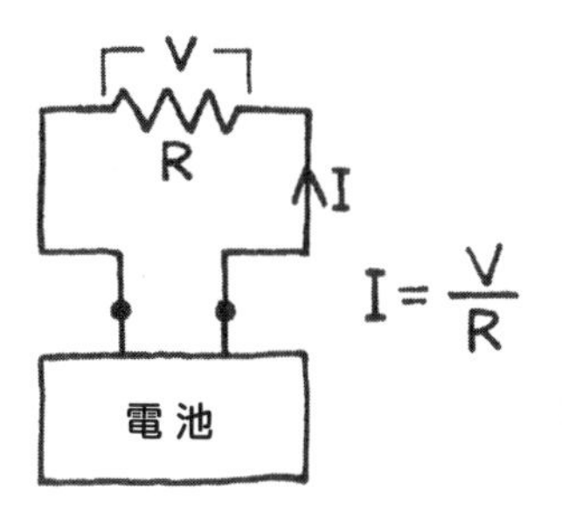

$$I = V/R$$

今度は、図が示すように抵抗を取り除いて隙間を残し、測定のためにその隙間に絶縁体を入れた回路を考えよう。回路は断線しておりまた絶縁されているので、もしパン焼き機のコードが外れていたらパンが焼けないのと同様に、この回路にどんな電流も流れることは期待できないだろう。

しかし隙間を極めて小さく、たとえば原子数個の幅にまで狭めたとしよう。さらに隙間に極めて温度の低い環境にある超伝導材料を置いたと仮定しよう。電流は流れ始めるだろうか？答えは「イエス」だ。これは微視的世界で物事は期待されるようにはふるまわないということの、もう1つの例である。

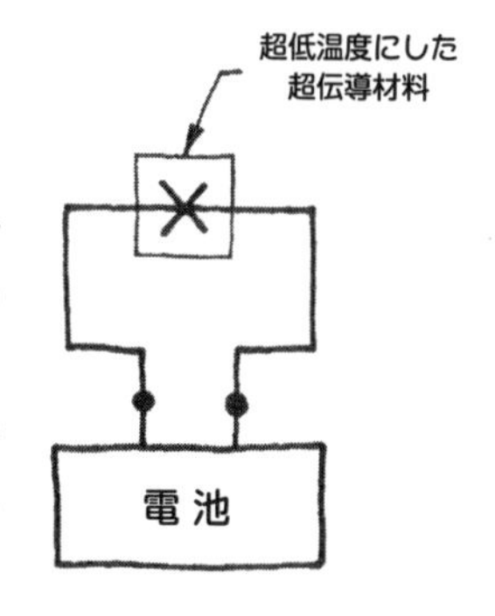

このような素子を電流が流れることの予言は英国の物理学者ブライアン・ジョセフソンによってなされた。ジョセフソンの予測は、微視的世界に対する適切な理論である量子力学を使った装置の解析に基づいている。図は、ずばり「ジョセフソン接合」と呼ばれるジョセフソンの装置を示している。図は、装置が小さな絶縁の隙間によって中断された超伝導材料からなることを示す。

ジョセフソンは、電流はこの接合を流れるだろうと予言しただけでなく、ある条件のもとで電流は直流ではなく、マイクロ波周波数の交流になるだろうと言った。これは交流ジョセフソン効果と呼ばれ、簡単な公式で電圧と関係づけられる。

$$V = \left(\frac{h}{2e}\right) \times f$$

fはマイクロ波の周波数、eは電子の電荷、hはプランク定数である*。この公式は電圧を周波数ではかる鍵になる。

$$V = \left(\frac{h}{2e}\right) \times f$$

* 電気素量　$e = 1.602176634 \times 10^{-19}$sA, プランク定数　$h = 6.62607015 \times 10^{-34}$ m^2kg/s

この接合は、微視的世界で正常であるように、逆でもまた動作する。すなわち、もしマイクロ波信号を接合に印加すれば、その時、接合部に電圧が現れる。電流が増えるにつれ、これらの電圧は離散的なステップで——量子の世界を扱っているという強い手がかり——増加し、上の公式で周波数と関連する。特に電圧の増加は$h/2e$に周波数fを掛けた量の整数倍に等しい。したがって電圧をどれだけ正確に知ることができるかはfの測定の正確さによるのだが、幸運にもそれはセシウム周波数標準で非常によく測定できる。

電圧の増加は $\frac{h}{2e} \times f$ に等しい

V_1
V_2
V_3
V_4
V_5

1つの実際的な難しさは$h/2e$の値はギガヘルツ（10億ヘルツ）あたりたった0.000 002 Vということである。そのためボルトの校正をたった1つのジョセフソン接合で行うことは困難だ。しかしながら今日の技術で、たった数マイクロメーターの薄さのフィルムとして接合の大量生産が可能である。今日私たちは、たくさんのこのような素子を結合して校正のために十分な電圧を発生させることができる。

学生の話に戻る

時間測定は最上の方法である

この章のはじめで、井戸の深さをはかるために体重計を井戸に落とした学生は、それほど的外れではないということを述べた。日常的な方法としてこの方法を推薦はしないけれども、これまでの話で明らかなように、もし最も正確な測定をしたいなら、時間測定はそのための方法である。

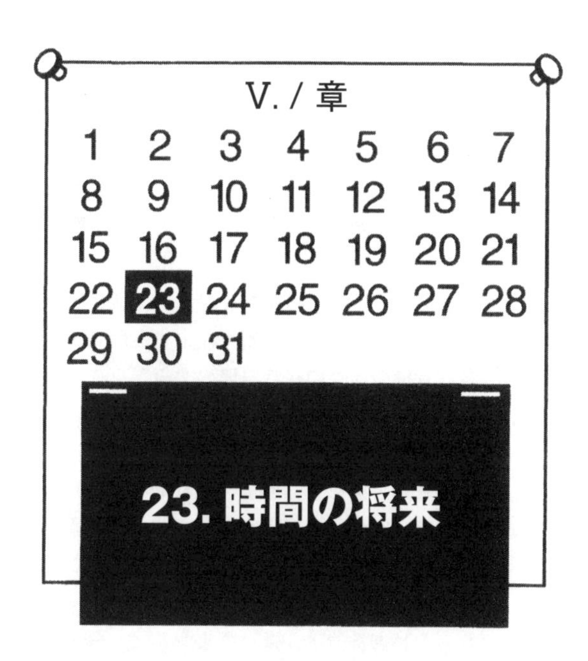

23. 時間の将来

私たちは時間を「優れた管理者」と呼んだ。在来の天然資源が急激に枯渇し始めた世界に不可欠なことは、それらの資源を効率よく使うことである。そして効率のよい使い方のポイントは、計画、情報収集、組織化とモニタリングである。このような活動をサポートするには、時間・周波数技術を活用することが極めて重要だ。

空間を広げるための時間の活用

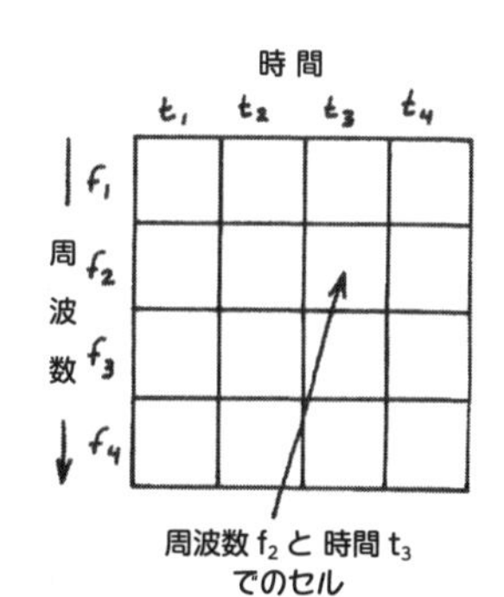

時間・周波数技術は、巨大なマス目を提供するものだと考えられる。その中でエネルギーと物質の流れにかんする情報を整理保存し、追跡し、回収する。時間・周波数技術のレベルが高くなればなるほど、マス目の中のセルにたくさん情報を入れることができる。時間・周波数技術の改良は、マス目のセルを分けている壁をより薄くして、セルの空間をより広くできるということを意味する。それは同時に、システム内のどんなセルの位置もよりはやくみつけることができる。この話題を掘り下げるために、もう１度交通と通信の例を用いよう。

安全対策として飛行機の周囲には、他の飛行機が侵入して飛ぶことが禁止されている空間がある。飛行機の速さが増すほど、それに比例してこの空間の体積も増すが、それはちょうど高速道路で車のスピードが増すにつれ、ドライバーがほとんど無意識のうちに他の車との車間距離を広げるのに似ている。長年にわたって上空での飛行機の平均速度と数は劇的に増加し、飛行機の多い領域では安全を維持することが深刻な問題になるまでになった。

私たちには２つの選択肢がある。飛行機を制限するか、もっとよい空の交通制御対策を設定するかである。後者は実際には、各飛行機の周りの保護空間の大きさを減らすことを意味している。現在、安全性をそこなうことなくより高い飛行機密度が可能な新しいシステムを探求中である。

これを可能にするかもしれないいくつかの方法がある。１つの解は、空の交通管理官がレーダーまたはその他の手段により、付近のすべての飛行機の行路を監視することである。この情報で、問題を起こしそうな飛行機に警告することができる。（これらの制御機能は、近い将来コンピュータ化され、衛星監視局により引き継がれると予想される）これは中央で問題を把握する方法である。

もっと局所化した方法は、実際に飛行機が領域内の他の飛行機に自分の居場所を知らせるというものだ。１つの方法は、飛行機が連続的にパルスを出し、そのパルスが他の飛行機で自動的に受信され送信機により送信し直されるというトランスポンダー方式である。どの２つの飛行機の間の距離も、それにより飛行機のどんな配置も、往復のパルスの遅延時間を２で割ることによって得られる。この２方向技術については、衛星時間座標との関係の中でまた触れることにする。

衝突回避のもう１つのシステムは、パルスの送信の「時間をはかる」同期した時計を積んだ飛行機によるものだ。たとえば飛行機Ａはパルスを送信し、パルスは５マイクロ秒後に飛行機Ｂに到着する。ご存知のように電波は１マイクロ秒に約 300 メートル進むので、飛行機ＡとＢは約 1500 メートル離れていることになる。

このシステムでは、飛行機間の時計を常に同期させておくよう厳しい要請がなされる。時計の同期に１ナノ秒の誤差が生じれば、飛行機間隔で３分の１メートル の誤差になる。時計を同期させる方法とトランスポンダーを用いた方法は、同期と非

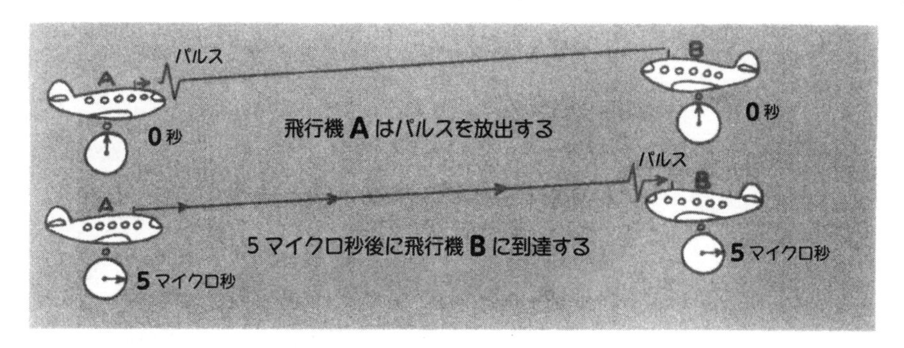

同期のシステムの間のトレードオフの典型的な例である。非同期システムのトランスポンダー方式を用いた衝突回避システムは、飛行機が連続的にパルスを受信、送信する。一方、同期システムでは、飛行機は周りの飛行機との距離を知るために飛行機からのパルスを受信するだけでよい。使用できる電波周波数帯がたくさんある限りは、トランスポンダーを用いたほうが費用が安い。しかし電波周波数帯は限られた自然界の資源であり、必要性が増すにつれて日々貴重になっている。この間、高い性能の時計は徐々に安くなっている。いつか同期システムのほうが経済的だということになるだろう。

11章で、メッセージが正しい送付先に送信され受信されるようにするため、メッセージ率の高い通信システムは時間・周波数技術に強く依存していることを知った。これらのメッセージの多くは、電波周波数帯の異なる部分に割り当てられている電波「メッセージ輸送」のさまざまな種類と一緒に放送電波信号の形で送られる。保護された空間が飛行機の周りに維持されるのと同様に、保護された周波数間隙が電波チャンネルの間に維持されている。さらに空の空間が限られているのと同様に、電波の「空間」も限られている。電波空間の同じ部分を2つの異なる目的で同時に使うことはできない。

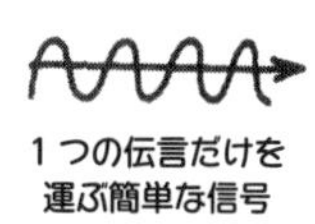

電波空間を最大限に利用するには、各チャンネルに可能な限り多くの情報を詰め込み、チャンネル間の保護周波数間隙を可能な限り小さくしたい。より質のよい周波数情報とはチャンネル間隙を狭くすることができることを意味する。と言うのも1つの電波チャンネルに割り当てられた信号が他のチャンネルに混信する可能性が低くなるからだ。時間・周波数情報を共に向上させることは、複雑な符号化方式を用いることにより、ほと

んど間違いのないたくさんの情報を各チャンネルに詰め込むことの可能性に寄与する。

ここまで述べてきた輸送と通信の例は、それらを支える基礎技術以上には働くことができない。何百倍もの高率のメッセージを作り、何百倍もの高速の飛行機を作ることができるかもしれない。しかしそれらが目的地に信頼性高く安全に到達するということが確信できなければ、それらを「空に」向けて飛び立たせることはできない。

たくさんの伝言を運ぶ複雑な信号

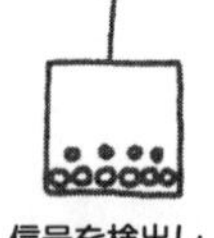
信号を検出し異なる伝言に分離するための複雑な受信機

過去に、世界はあたかも無限の空の空間、無限の電波空間、無限のエネルギー、無限の資源をもっているかのように営まれていた。今、資源が無限であることはもはや根拠がないことで、私たちの計画し組織化する能力は大いに圧縮される時点に急速に近づいている。今こそ時間・周波数技術が人間の最も価値ある便利な道具になるだろうということは疑いもない。

時間・周波数情報——卸売りと小売り

時間・周波数情報の質は最終的には2つのこと、情報を生じる時計の質と情報を広める情報チャンネルの正確さによる。時計の文字盤のガラスが濁っていたら、よい時計を作る意味がない。ある意味で、世界の標準研究所を時間の卸売りとして考え、世界の標準時間と周波数の放送局を時間使用者に対する小売りとしての主要な分配チャンネルとして考えるとよいだろう。将来に対して、さらに優れた普及システムの可能性を調べてみよう。

・時間の普及

現在、時間・周波数情報の普及方法はさまざまな方式の寄せ集めである。たとえば、主に時間・周波数の情報を普及することに専念したWWVのような放送がある。一方、ロランCやGPSのような航法の信号もあり、それらは質の高い時間情報を提供する。と言うのもこのシステム自体、質の高い時間情報なしには機能できないからだ。WWVのような放送の利点は、時間情報が使用者にとって最適化されている形式であることだ。信号に含まれるのは、時間の信号音と使いやすい形式の音声による放送である。一方、航法信号の書式は航法の目的に対して最適化されているので、時間情報はしばしば多少埋もれていて、簡単に使用できない。

電波周波数帯の有効利用という観点からすると、1つの信号に可能な限り多くの使い道をもたせたい。しかしこのような多重目的信号は使用者により大きな負担を強いる。使用者は信号から興味のある情報だけを引き出し、それを自分の目的に合う形式に変換しなければならないのだ。

過去の方針は、利用者の手元での処理ができるだけ少なくなるように、利用者の必要性に応じた形で情報を放送するというものであった。それは受信装置が比較的簡単で、安価ですむということだった。しかしこのような方法は、すでに述べたように、限られた資源である電波周波数帯の浪費である。今日、半導体の発展で、大規模集積回路、ミニコンピューターやマイクロコンピューターなど非常に複雑で精巧な装置を適度な価格で作ることができる。この発展は電波空間をもっと効率的に使う道を開いた。利用者は必要性に応じて情報を引き出し、加工するような装置を安価に入手できるようになったからだ。

このように受信装置の複雑さと電波周波数帯の効率的使用はトレードオフになっている。しかし効率的使用には、もう1つ探求すべき側面がある。時間情報放送の情報内容は、たいていの信号に比べて非常に薄い。と言うのも信号の内容が全く予測どおりだからだ。使用者はちょうど1分前に時間が○時11分だったと聞いたあと、時間が○時12分ですと聞いても驚かな

アニキ

い。そのうえ、すべての標準時間と周波数の局は同じ情報を放送しなければならない。異なる局が異なる時間の目盛で放送し混乱を引き起こしたら困る。実際、世界の国々はすべての局が可能な限り同じ時間を放送するよう大いに努力をしている。しかし情報の視点からは、時間情報の放送はかなり冗長である。

この冗長性はまた他の方法でこっそり入り込んでいる。たとえばWWVやGPSからの放送には大量の冗長な時間情報があるということを必ずしもすぐには気がつかない。と言うのは信号の形式が非常に異なっているからだ。もちろんこの冗長性は偶然ではなく、とりわけ時間情報をGPS信号から引きだすために行われている。他にも数多くのシステムが、隠された形でそれぞれ時間情報を伝えている。テレビの操作の例でこれはすでに見てきた。テレビ信号の1部はスタジオのテレビカメラによって走査された場面と家庭の受信機の画像とを同期させるために用いられる。

そんなに多くの異なるシステムで同じ時間情報を何度も放送することは、実際に必要だろうか？　他のすべてのシステムに対する時間基準として1つの時間信号を供給するのではいけないのか？　このような計画には利点があるだろう。しかし1つの世界共通の時間・周波数システムがすべての用を満たしていて、それが一時的に故障したらどうなるか。その時、依存している他のすべてのシステムは何らかの予備システムがない限り混乱に陥るだろう。

共通の時間・周波数システム1つがよいか、あるいは冗長なシステムを数多くもつことがよいかの問題に簡単な答えはない。共通の時間は、電波周波数帯にとっては明らかに効果的だが、システムが誤動作したならば立ちいかなくなる可能性が増すという代償を払うことになる。それに反して、冗長なシステムは電波周波数帯の浪費であるが、運用のより高い信頼性を保証している。

衛星時間放送は、地上放送に比べて非常に優れている。インドの衛星 INSAT からのような衛星時間信号はマイクロ秒の正確さで地球表面の広い範囲に提供され、利用者も比較的簡単に用いることができる。

前に説明したように、GPS は国際時間比較の必要要素としては原子時計を積載することから変更された。さらによい衛星比較システムを発展させるための研究が現在進行中である。ここで、信号は時計比較を行う 2 つの位置の間で、通信衛星を経て交換される。2 方向のトランスポンダーを用いた衝突回避システムに類似して、これらの 2 方向信号交換は、2 つの局間での信号行路の遅延を極めて正確に、直接測定できる。これは通常数ナノ秒の単位までの正確さであるが、サブナノ秒の正確さが最終的には達成されるという見込みがある。このような高い正確さで行路の遅延を知ることができれば、世界中の最上の時計がほとんど性能低下なしに比較できることになる。

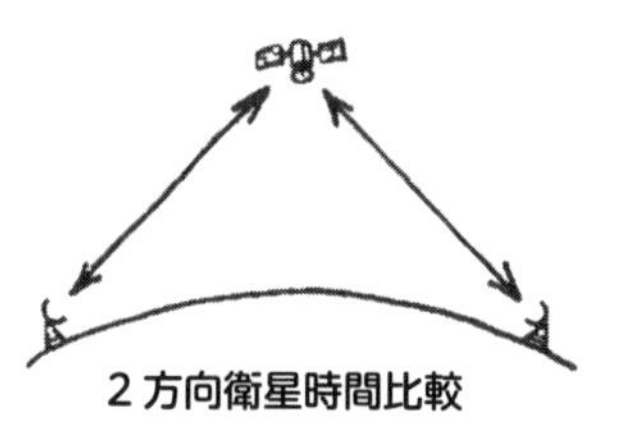
2 方向衛星時間比較

レーザーと光ファイバーの発展は、衛星座標系に等しいか、いくらか優れた時間座標の手段を提供している。11 章で述べた時間座標に対して、ファイバー光通信システムは広い帯域、よい信号対雑音比、安定した行路遅延時間という理想的な特徴をもっている。2 方向信号技術を使った数千キロメートルの距離にわたる実験はすでに 1 マイクロ秒以下の時間転送比較を実証した。

・未来の時計——原子の中のメトロノーム

時計の発展の歴史の局面を振り返るなら、よく知られたパターンに気がつく。まず最初に振り子のようないくらか新しい方法、もっと最近では原子共振器が導入されている。新しい共振器の本質的な性能のために、大きな一歩が生じる。しかしどんな共振器も完全ではない。温度の変動によって引き起こされた振り子の長さの変化が補償されるかどうか、あるいは原子共振器の中で衝突によって引き起こされた周波数変動を減ずることができるかどうかなど、常に克服すべき問題がある。1 つ 1

つの問題を系統的に取り除いていくにつれ、さらなる進歩を遂げるには、ますます大きな努力が必要になってきて、収穫逓減の領域に達する。最終的には停滞期に達し、「躍進」を遂げるには根元的に新しい方法を必要とする。しかしだからと言って、また新たな技術革新が実現した時、過去を放棄するということを決して意味していない。通常新しい物は古い物を基盤として成り立つ。今日の原子時計は昨日の水晶振動子を組み入れている。明日の時計は今日の原子時計をうまく組み入れるかもしれない。

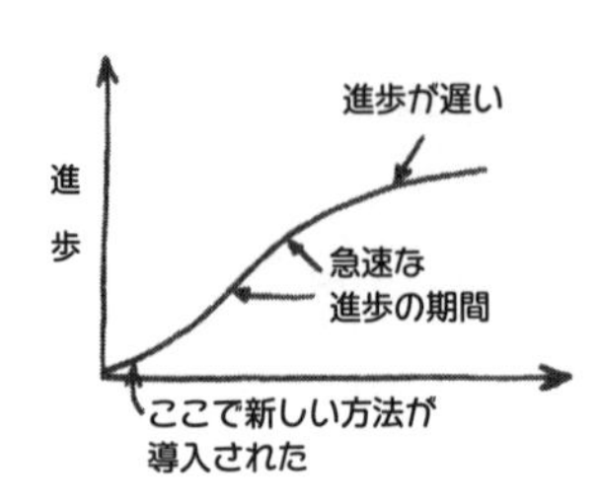

1970年代後半には、米国国立標準技術研究所（NIST）の一次標準原子時計は約30万年にずれが1秒という正確な時間を示した。5章で述べたように、今日の標準器NIST-7は1000万年に狂いが1秒という正確な時間を示す。この正確さの20倍の増大は何年にもわたって着実な改良を続けた結果得られた。いちばん最近の重要な改良は、5章で記述された光ポンピングでなされた。しかし、7章で詳しく掘り下げたように、少数個の原子、あるいは1個の原子に基づく時計の開発に伴い、私たちは今、計時の劇的なブレークスルーが起きようかという境目の局面にいる*。

* 2017年現在の最高性能の光を用いた原子時計は100億年にずれが1秒にまで達している。

当初、2、3の研究所だけがこれらの新しい標準を探求していた。しかし最近、努力は何倍にも増し、多くの方法のどれが勝者となって現れるか明白ではない。実際、いくつかの方法が成長し、成功するかもしれない。と言うのも今日、水晶振動子、水素メーザー、そして原子ビーム共振器装置を含む数多くの装置を受け入れる余地があり、またそうした装置を必要としているからだ。

時計を作り、改良する能力は、結局、自然の法則の理解に基づいている。自然は4つの基本の力で成り立っている。地球と太陽の運動に基づく時計は万有引力の法則の枠組みの中で記述される重力に依存する。原子時計の電子は電磁気力の影響下にあり、それは電磁気学によっている。これらの2つの力は古典物理学の基礎を形作った。

現代物理学は自然界に他の2つの種類の力の存在を認めている。放射性元素が他の元素に崩壊することを完全に理解するためには、いわゆる弱い力の導入が必要になる。岩石や太古の有機物の年代を特定するのに放射年代測定法を用いた時、私たちはこの力に遭遇した。現在の私たちの理解によれば、4つ目、最後の力は核力で、原子内の原子核を1つにまとめる力である。多くの科学者は4つの力が独立ではなく、なにかしら根元的なつながりがあるのではないかと考えている。電磁気力と弱い力は、本当は電磁気力と弱い力の統一された電磁気－弱い力の変形であるということが実験的にすでに証明された。これらはいつの日か、もっと強力な統一理論を生じるであろう。理論的な舞台では、核力をその中に取り込むことでずいぶんと進展がある。しかし重力を含む本当の統一理論は、これまでのところ実質的な進歩が見られない。

力

重力、電磁気力、弱い力、核力（強い力）

このような理論の構築に必要な新しいデータを掘り起こすのに、時間・周波数技術は疑いもなく重要な役割を演じるだろう。同時に時間管理の科学は、自然にかんする新たな深い洞察から恩恵を受けるだろう。

自然への洞察を与え、同時にさらによい時計を作り得る新方法を目指す技術は、1958年、ドイツの物理学者でのちにノーベル賞を受賞したR・L・メスバウアーによる驚くべき発見がもとになっている。メスバウアーは、ある条件のもとで原子内の原子核が極めて安定した周波数の放射を出すことを発見した。その放射はガンマ線と呼ばれ、ちょうど光が電磁波の低エネルギーの形であるように、電磁波の高エネルギーの形である。

これらのガンマ線放射のQ値は、5章で述べたセシウム振動子の1000万に対し、100億を超える。これらの高いQ値のおかげで科学者はアインシュタインの予言を直接検証することができた。光子は質量をもっていないのだけれども、重力の力を受けるということを検証したのだ（私たちは、ブラックホールの近くに置かれた時計の作用について述べた時、この効果について触れた）。

地球に向かって落下する光子は、落下する岩が速さを増大して運動エネルギーを得るように、エネルギーを得る。しかしながら光子はすでに光速——相対論によれば可能な最高の速さ——で動いているので、それ以上はやくはなれない。エネルギーを得るため、光子はその周波数を増大しなければならない。なぜなら光のエネルギーは周波数に比例するからである。光子が移動した距離は30メートルより短かったにもかかわらず、高いQ値のガンマ線を使って科学者はアインシュタインの予言

を証明した。

5章で、軌道間を飛ぶ電子によって生じた放出周波数が高くなるにつれ、自然放出の時間、すなわち自然寿命は短くなるということ、そして遂には非常に短くなり、放射を測定する装置を作ることが困難になるということを述べた。高いQ値のガンマ線は原子の原子核周りの軌道を動く電子が飛ぶことによって生じるのではない。それらは原子内の原子核それ自身から生じる。状況は軌道間を飛ぶ電子によって放射が生じる場合と類似している。と言うのも原子核が内部の再整列を経て、その過程でガンマ線を出すからだ。しかしこれらの原子核放射の自然寿命は、相当する同じ周波数での原子放射に比べてずっと長い。これは原子核放射がよい周波数標準への候補になり得ることを示している。

しかし克服すべき非常に困難な問題が2つある。第一に、時間と長さ標準が結合可能だという話で述べたように、現在はマイクロ波周波数と光周波数を結合できる点まできている。しかしガンマ線周波数——光の周波数の10万倍から2000万倍——にまで結合する能力はまだ手近にはない。第二に、共鳴装置の基礎として役に立つ十分な強度と純度をもつガンマ線信号を生じるための方法をみつけねばならない。現時点で、このようなガンマ線共振器が秒の新しい定義の基礎になるかどうかは確信できない。しかしこの話は、まだ探求すべき新しい方法があること、時計のQ値を改良するための可能性があるということを指示している。

〈余談〉―― 光よりはやい粒子

自然界の4つの力とこれらの力と関係した理論に触れた。相対性理論では、光の速さよりはやく移動できる物体はないという。物体の速さをわずかに増加させるごとにエネルギーの投入が必要になり、光速では投入エネルギーが無限大になる。

しかし、あらかじめ光速よりはやく移動している粒子があるという可能性はないのだろうか？　これらの粒子は光速の境界を越えたのではなく、はじめから反対側にいる。このような粒子はタキオンと名づけられた。もし存在するとして、人間のもつ自然法則の現在の概念に従っているとするならば、それらはいくつかの特徴ある性質をもっているはずだ。たとえばタキオンはエネルギーを失うにつれて速度を得る。静止したタキオンは「虚」の質量をもつ。すなわち、$\sqrt{-1}$倍された質量である。その記号$\sqrt{-1}$は数学者にはよく知られていて、容易に取り扱える。しかし測定できるものではない。タキオンは決して静止しないので、これは問題にはならない。だから測定される虚の質量はない。

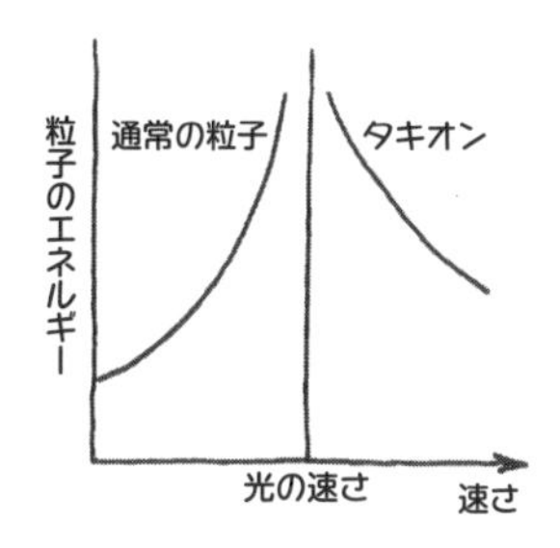

しかしこのすべては時間とどんな関係があるのだろうか？　タキオンが初めて提唱された時、光速より遅いスピードで動いている観測者にとって、タキオンは物理学の因果律――原因は結果に先立つ（時間的考え）――と、無から有は生じないという2つの基礎に違反しているように思えた。

2つの原子A、Bがあると考えよう。速さの臨界領域で動いている観測者に対して、あたかも原子Bは負のエネルギータキオンを、それが原子Aから放出される前に吸収するように見える。明白な因果律の破れである。

負のエネルギータキオンは、いわば無から粒子を作ることができるということを意味する。物理の基本法則に、質量／エネルギーの保存則がある。正味ゼロの質量／エネルギーをもった系は常に正味ゼロの質量／エネルギーであらねばならない。しかし負のエネルギー粒子では無からエネルギーを作ることができ、エネルギーの保存則を破らない。私たちの作った新しい正のエネルギー粒子に対し、その負のエネルギーの相方もまた作ることになり、その結果、正味のエネルギーはゼロである。

幸いにも、この見せかけのジレンマから抜け出す方法がみつけられた。臨界の速さ領域で動いているそれらの観測者に対して、観測を別の形で解釈するとしよう。負のエネルギータキオンが原子Aによって放出される前に原子Bによって吸収されるのが見えたというかわりに、正のエネルギータキオンがBによって放出されAによって吸収されるのが見えるというのだ。

タキオンを探す研究は今も続いている。しかし今日まで、それらが存在するという確かな証拠はない。今言えることはせいぜいタキオンは啓発された科学的な想像の産物であるということであるということだ。

将来の時系

時間管理の歴史は、以前より少しでも優れた一様性のとれた計時システムを探し求めようとする歴史であった。原子時計の開発により、ある点までは到達した。原子時計が刻む時間は地球の自転や太陽の周りの公転により刻まれる時間よりずっと一様であった。これまで見てきたように、天体航法や農業は、時間をはかる必要性を満たすために太陽に対する地球の角度や位置に頼ってきた。しかし通信システムは天空での太陽の位置に関係しない。それらにとっては一様な時間だけが要求される。

指摘したように、私たちの時間を管理する現在の時系（UTC）はこれらの2つの立場の折衷案である。しかし私たちは太陽と地球の運動に基づく時系を望むより、一様な時系を望む方向に進んでいるように見える。航海士でさえ、ますます電子的な航法システムに依存するようになっている。うるう秒の必要性は、将来のある日厳しく異議申し立てがなされるかもしれない。地球時間と積算された原子時の間の差は、100年に1度か、あるいは1000年に1度補正するだけでもいいのかもしれない。なにしろ私たちはもっと大規模な補正、すなわち標準時と夏時間の間の往復を年に2度も行っているのだから。しかし純粋な原子時間が曲がり角付近にきていると結論する前に、私たちは時系を変える他の試みを振り返ることができ、大変革はありそうにないと確信する。

・レッテルの貼り方――秒と10進法

世界中が10と10のべき乗に基づく測定システムを採用するように進んでいる。たとえば100センチメートルは1メートルに等しく、1000 メートルは1キロメートルに等しい。しかし100秒が1時間、10時間が1日などのシステムはどうだろうか？　秒のサブ単位は、すでにミリ秒（0.001秒）やマイクロ秒（0.000 001秒）のように10進法システムで計算されている。逆の方向では「デシ日」（1デシ日は2.4時間に等しい）、「センチ日」（14分と24秒）、「ミリ日」（86.4秒）などが用いられるかもしれない。

10進法時計の構想は新しくはない。実際、1793年にフランスで導入された。想像するように、全く受け入れられなかった。この変革は1年と続かなかった。

またいつの日か10進法の時間が採用される時があるのだろうか？　ないとは言えない。しかしこの問題の答えは、技術より、もっと政治や心理学、そして経済学の領域にある。

・時間――時代を貫いて

実体は流れと変化　*「同じ川の中に2度入ることはできない。常に新しい水が流れてくるのだから」*

ヘラクレイトス　前535～前475

時間は大きさと順序をもつ

時間は「運動の順序の、その連続する部分にかんする数字上の見方」である。

アリストテレス　前385～前322

時間と空間は絶対的で分離される

「絶対的で真の数学的な時間は、
それ自身とそれ自身の性質から、
外部の何物とも関係なく流れる」

ニュートン　1642 ～ 1727

時間と空間は相対的

「2つの出来事の間の、空間にも時間にも、絶対的関係はない。しかし、空間と時間には絶対的な関係がある」

アインシュタイン　1879 ～ 1955

時間って本当に何？

これまで見てきたように、時間にかんする考え方は、それについて考える人の数だけ存在する。しかし時間とは本当に何なのか？　アインシュタインは、ニュートンの絶対空間と絶対時間についての主張を考えた時この問題を熟考した。1時間当たり何キロメートルのような速さの概念は、空間（距離）と時間の両方を組み入れる。もし絶対空間と絶対時間があるとするならば、その時、基準がないのに絶対的な速さはあるのだろうか？　私たちは、自動車が地面に対して毎時80キロメートルで動いているということの意味がわかる。地面は基準の系を提供する。しかし基準なしにどうやって速さをはかることができるだろうか？　それでもニュートンは、絶対空間と時間について語った時、まさにこの種のことを暗示した。

アインシュタインはこの難しさに気づいた。空間と時間は、何もない空間ではなく、物差しや時計が提供するようなある基準系にかんしてだけ意味がある。このような基準系なしには、時間と空間は意味のない概念である。意味のない概念を避けるために、科学者は、作業という観点からそれらの基本的な概念を定義することを試みる。すなわち時間について私たちが考えるものは、いかにそれを測定するかであり、それを定義するかはそれほど重要ではない。作業とは、実験的測定であるかもしれないし、あるいはもし秒がどのくらいの長さか知りたいならば、セシウム原子のある振動の必要な数の周期を積算する機械を作るという趣旨の表現かもしれない。

少なくとも科学者にとって作業的な側面から定義を行うことで、多くの混乱と誤解を避けることができる。しかしもし歴史に範を取るならば、結論はまだ出ていない。そしてたとえ出ていたとしても、時間は私たちの確固とした理解を超えているだろう。J・B・S・ホールデーン*はいみじくも次のように語っている。

「宇宙は、私たちが想像するより不思議であるだけでなく、私たちが想像できるよりも不思議である」

* *John Burdon Sanderson Haldane*
（1892〜1964）
英国の生物学者。一般向け解説書を多数執筆。

ACKNOWLEDGEMENTS

As I said in the preface, time and frequency is a vast subject which no single person can be expert in. Therefore this book could not have been written without the help and support of many people. The first edition benefited greatly from the encouragement and suggestions of James A. Bernes who first conceived the idea of writing this book. That first edition also came under the scrutiny of George Kamas who played the role of devil's advocate. Critical and constructive comments came from others who helped to extend and clarify many of the concepts. Among those were Roger E. Beehler, Jo Emery, Helmut Hellwig, Sandra Howe, Howland Flower, Stephen Jarvis, Robert Mahler, David Russell, Collier Smith, Jhon Hall, William Klepczynski, and Neil Ashby. Finary, Joanne Dugan, diligently and good naturedly prepared the manuscript in the face of a parade of changes and rewrites.

Like the first edition, the second edition owes much to a host of people. First, Don Sullivan, Chief of the Time and Frequency Divisions of the National Institute of Standards and Technology, like his predecessor Jim Barnes, provided continuing support and much beneficial criticism. Without his efforts this second edition would have not materialized. Matt Young, with his ever present eagle eye, found more ways to improve the book than I ever could have imagined. Barbara Jameson brought coherence to many a disjointed thought while Edie DeWeese corrected many a miscue.

I also thank the following people for their useful and critical comments on individual chapters: Fred Walls, Mike Lombardi, Dave Wineland, Marc Weiss, Chris Monroe, John Bollinger, and Jun Liang.

Much of the success of the first edition was due to the novelty and ingenuity of the art work. Fortunately, for me, Dar Miner has been able to continue that tradition.

Last, but not least, hurrahs to Gwen Bennett who not only prepared the manuscript, but deciphered my practically undecipherable scribbling.

訳者あとがき

『時間と時計の歴史』の原著が出版されて以来20年が経つ2018年11月、精密科学の進展に呼応し、秒を除く国際単位（メートル、キログラム、アンペア、ケルビン、モル）は物理定数値（真空中の光速度、プランク定数、電気素量、ボルツマン定数、アボガドロ定数）に基づき定義されることが議決され、時間・周波数はそれらの定義値の実現に関して重要な量となる。21世紀に入り、人類は光とマイクロ波をつなぐ手法を手に入れ、原子から出る光の時計を作りあげた。1つは本書でも取りあげられている1個の冷却イオンを使うイオントラップ時計で、もう1つは東京大学の香取秀俊教授が考案した数十万個の光のポテンシャルに閉じ込められた冷却原子を使う光格子時計である。どちらも100億年に1秒の正確さを確立しようとしているが、後者の方が圧倒的に短い計測時間で高い正確さが得られる利点がある。このような非常に正確な時計と光ファイバー網による光周波数のネットワークが構築され、時空間は1つに結ばれようとしている。

一方、本書で述べられている原子核に基づく時計は、現在研究者の挑戦は続いているが実現していない。今後10年の進展の具合により、秒が光の時計により再定義される可能性は高い。その時、本書は再定義のためにいくつかの新しい章を追加し、「日時計から光時計」という内容に拡大され出版されることになるだろう。

本書は、このような精密な時計に基づく時間・周波数の技術がどのように私たちの社会生活の上で重要な役割を果たしているかを述べている。日本でも、2018年度から国立研究開発法人科学技術振興機構の未来社会創造事業の1つとして、「通信・タイムビジネスの市場獲得等につながる超高精度時間計測」という大規模プロジェクトが10年計画で開始される。現在の精度を超える時計の開発や、超高精度時間計測技術をあらゆる学術・産業分野へ導入するための小型化・低消費電力化の促進、そして時間を利用した同期技術による通信システムや情報機器などの高度化を目標としている。人類は光の時計とビッグデータ、人工知能、宇宙を結びつけ、どんな未来を手に入れることができるのだろうか、研究の進展が楽しみである。これからの未来社会を担う人たちにとって、本書が羅針盤の1つになれば訳者として幸いである。

本書は、本作り空Solaの檀上聖子氏により翻訳本の出版が企画され、2011年から、計測工学の専門家で科学史研究でも著名な髙田誠二先生により翻訳が開始された。髙田先生は名著『単位の進化』で知られるように文章のうまさに定評がある。当初髙田先生から翻訳を楽しまれているご様子の御葉書を受け取っていたが、2012年夏頃突如手の筋肉のご病気にかかられ、その後リハビリをしながら苦労して翻訳を続けられていた。その頃、檀上氏宛にメールで、「2014年の邦訳計画は果たせると信じます。目下、リハビリの待ち時間など活用して原著にエンピツで詳しい書き込みを加えています。ある時期から、一挙に印字します。マンガ調の挿絵をそれらしく訳すのが苦労です」と近況を報告されていた。しかし薬石効なく、2015年2月に未完のままお亡くなりになられた。先生のご葬儀の際、先生と計量研・計量史学会でご懇意のあった大井みさほ東京学芸大学名誉教授から私に翻訳の完成が依頼された。かねてより髙田先生から経緯をうかがっていたこともあり、謹んで引き受けることにした。ご子息の髙田洋一氏が苦労して本書の約2/3の遺稿をみつけだされ、それをもとに未訳の1/3を翻訳した。全体の整合をとり校正を行って原稿が一通り完成したのは2017年正月であった。その後本作り空Solaの優秀な校正者の方々が訳文の間違いを多々みつけ、また日本文として読みやすくなるよう校正をしていただいた。本作り空Solaの製作の方には本の体裁を原著の雰囲気そのままに絶妙の割りつけをしていただいた。タイトルは、多くの人に読まれるようにと原書房の発案で『時間と時計の歴史』と決まった。こうして数回の校正と校閲を慎重に重ねて本書の出版に至った。すでに原著の出版から19年、髙田先生が亡くなられて3年半が経過していた。それでも出版できたことは、檀上氏と出版社の原書房の成瀬雅人氏の継続的な支援のおかげである。また邦訳書を出すことについてNISTの文献管理責任者から了解が得られた。

髙田誠二先生は量子論や現代物理学の発展に対して高い見識をお持ちで、私は計量研入所以来先生のお話を伺うのが楽しく、その後お互いに別々の大学に移動したあともたびたびお会いし、多くのことをご教示頂いた。特に、年代は異なるが共通の留学先であったドイツの科学技術についてはしばしば話題にした。私が過去に時計の訳本を出した時、文章はテンポ良く書けているとほめて頂いたが、ドイツ語の日本語表記の間違いなどは厳しく指摘された。本書の出来栄えを髙田先生が見られたらどう評価されるだろう。先生から科学に対する薫陶を受けたひとりとして、感謝を込めて本書の出版を先生に報告したい。

2000年の時を経て大賀ハスの咲く千葉にて
盛永篤郎

参考図書案内

(2000年以降出版のもの)

(1) 時間にかんするグラビア誌

『時間の図鑑』アダム・ハート=デイヴィス、日暮雅通監訳、悠書館、2012

(2) 時計の原理について書かれた一般書

『時とはなにか　暦の起源から相対論的“時”まで』虎尾正久、講談社学術文庫、2008
(日本人の書いた名著の複刻版。世界時・暦表時が詳しい)

『ガリレオの振り子』ロジャー・ニュートン、豊田彰訳、法政大学出版局、2010
(振り子時計を中心に、ガリレオ、ニュートンの歴史的背景を描いている)

『原子時間を計る　300億分の1秒物語』トニー・ジョーンズ、松浦俊輔訳、青土社、2001
(一般書)

『量子の鼓動　原子時計の原理と応用』
F・G・マジョール、盛永篤郎訳、シュプリンガー・フェアラーク東京、2006
(やや専門的)

『1秒って誰が決めるの？　日時計から光格子時計まで』安田正美、筑摩書房、2014
(最新の光格子時計への入門書)

(3) 時間と一般相対性理論・宇宙についての一般書

『時間と宇宙のすべて』アダム・フランク、水谷淳訳、早川書房、2012
(時間と宇宙と社会)

『時間とは何か、空間とは何か　数学者・物理学者・哲学者が語る』
A・コンヌ他、伊藤雄二訳、岩波書店、2013
(やや専門的)

索引/INDEX

●さ●

● た ●

● ま ●

●や●

●ら●

●わ●

著 者

ジェームズ・ジェスパーセン
1934-2011。米国コロラド州生まれ。コロラド大学物理学科卒。米国国立標準技術研究所研究員。専門は電波天文学・通信理論。児童・若者向け科学教養書多数執筆。

ジェーン・フィッツ=ランドルフ
1925-2016。米国アラバマ州生まれ。ソルボンヌ大学（パリ）修士号取得。中学・高校でフランス語教師。"How to Write for Children and Young Adults : A Handbook" など著書多数。

訳 者

高田誠二（たかだせいじ）
1928-2015。東京大学工学部計測工学科卒。工学博士。通商産業省計量研究所、北海道大学教授、同名誉教授、久米美術館参事。専門は熱学、計測工学、科学史。著書に『単位の進化』（講談社）、『計測の科学的基礎』（コロナ社）、『維新の科学精神』（朝日新聞社）など。訳書に『熱学の諸原理』（東海大学出版会）など。

盛永篤郎（もりながあつお）
1948年生まれ。東京工業大学理学部応用物理学科卒。理学博士。通産省工業技術院計量研究所、東京理科大学理工学部教授、現在同大名誉教授。科学技術振興機構未来社会創造事業「超高精度時間計測」研究開発運営会議委員。専門はレーザー分光学、原子光学。訳書に『原子光学』、『量子の鼓動』（ともにシュプリンガー・フェアラーク東京）がある。

装 丁
中浜小織

協 力
三嶽 一（Felix）

企画・編集・制作
株式会社本作り空 Sola
http://sola.mon.macserver.jp/

時間と時計の歴史
日時計から原子時計へ

●

2018年11月15日 第1刷

著 者
ジェームズ・ジェスパーセン
ジェーン・フィツ＝ランドルフ

絵
ジョン・ロブ
ダール・マイナー

訳
高田誠二・盛永篤郎

発行者
成瀬雅人

発行所
株式会社 原書房
〒160-0022 東京都新宿区新宿1-25-13
電話・代表 03-3354-0685
http://www.harashobo.co.jp
振替・00150-6-151594

印刷・製本
明光社印刷所

ISBN978-4-562-05605-7